Diskursive Anforderungsanalyse

Europäische Hochschulschriften

Publications Universitaires Européennes
European University Studies

Reihe XLI
Informatik

Série XLI   Series XLI
Informatique
Informatic

Bd./Vol. 25

PETER LANG

Frankfurt am Main · Berlin · Bern · New York · Paris · Wien

Urs Andelfinger

Diskursive Anforderungsanalyse

Ein Beitrag zum Reduktionsproblem bei Systementwicklungen in der Informatik

PETER LANG
Europäischer Verlag der Wissenschaften

Die Deutsche Bibliothek - CIP-Einheitsaufnahme

Andelfinger, Urs:

Diskursive Anforderungsanalyse : ein Beitrag zum
Reduktionsproblem bei Systementwicklungen in der Informatik /
Urs Andelfinger. - Frankfurt am Main ; Berlin ; Bern ; New York ;
Paris ; Wien : Lang, 1997
   (Europäische Hochschulschriften : Reihe 41, Informatik ;
   Bd. 25)
   Teilw. zugl.: Darmstadt, Techn. Hochsch., Diss., 1995 u.d.T.:
   Andelfinger, Urs: Diskursive Anforderungsanalyse und
   Validierung
   ISBN 3-631-30676-8

NE: Europäische Hochschulschriften / 41

D 17
ISSN 0930-7311
ISBN 3-631-30676-8

© Peter Lang GmbH
Europäischer Verlag der Wissenschaften
Frankfurt am Main 1997
Alle Rechte vorbehalten.

Inhaltsverzeichnis

Abbildungsverzeichnis

Kapitel 1

Einführung

1.1 Motivation

Systementwicklungen in der Informatik können als zyklisch-iterativer Prozeß der Gestaltung und der Realisierung informationstechnischer Systeme unter Berücksichtigung und meistens auch der Mitgestaltung ihrer Nutzungsumgebung verstanden werden. Eine wesentliche Aufgabe bei Systementwicklungen ist, aus einer Menge von Gestaltungs*möglichkeiten* nach der Maßgabe menschlicher Zwecksetzungen und Zielvorgaben und unter Nutzung technischer Ressourcen und Kompetenzen zu bestimmen, wie die konkrete (software-)technische Gestaltung und praktische Nutzung erfolgen *soll*. Systementwicklungen in der Informatik können daher in Anlehnung an Simon als eine *Design-Disziplin* charakterisiert werden, in deren Mittelpunkt die Frage „How things *ought* to be?" steht. [Sim81b, p. 6]

Damit unterscheidet sich das Handeln von Informatikern bei Systementwicklungen insbesondere vom traditionellen naturwissenschaftlichen Ideal, das von einer neutralen und objektiven Erforschung von (gegebenen) *Tatsachen* ausgeht. Im Unterschied hierzu können zwar auch bei Systementwicklungen naturgesetzliche Vorgaben nicht vollkommen außer acht gelassen werden können, sie zeichnen sich jedoch wesentlich durch ihre Orientierung an *menschlichen* Zielsetzungen und Interessen aus. Damit rücken für Systementwicklungen neben den dafür notwendigen (software-)technischen Kompe-

tenzen und Ressourcen auch die sozialen Interaktionen, in denen die
Zielsetzungen und konkreten Gestaltungsentscheidungen gemeinsam
vereinbart oder zumindest faktisch getroffen werden, als weitere notwendige Bedingung in den Mittelpunkt des Interesses. Die zentrale
Frage dabei ist, wie die technischen und sozialen Faktoren miteinander verwoben sind: „There is no question that technical work gets
done - the question is 'how it is that the social activity produces the
technical results.'" [Min91, p. 64]

Geleitet von dem hier skizzierten Technikverständnis, das auch
den sozialen Entstehungskontext ausdrücklich miteinbezieht, charakterisiert die *Gesellschaft für Informatik* (GI) in der Präambel ihrer
Ethischen Leitlinien das berufliche Handeln von Informatikern folgendermaßen: „Das Handeln von Informatikerinnen und Informatikern steht in Wechselwirkung mit unterschiedlichen Lebensformen
und -normen. Diese Wechselwirkungen (sind) als wesentlicher Teil
des eigenen individuellen und institutionellen beruflichen Handelns
zu betrachten." [Inf94, Präambel]

Mit dieser Charakterisierung des Handelns von Informatikern
nimmt die GI Vorschläge und Vorstellungen aus der Informatik auf,
wie sie z. B. von Nygaard unter der Bezeichung *Program Development as a Social Activity* und von Floyd u. a. unter der Charakterisierung von *Softwareentwicklung als Realitätskonstruktion* schon
lange vertreten wurden (s. etwa [Nyg86], [Flo89b], [FZBKS92] und
[Flo94]). Zugleich folgt die GI mit dem in den ethischen Leitlinien
vertretenen Technikverständnis ähnlichen Entwicklungen in den traditionellen Ingenieurwissenschaften. So versteht beispielsweise auch
der Verein Deutscher Ingenieure (VDI) in seiner Richtlinie *Technikbewertung – Begriffe und Grundlagen* [VDI91] Technik explizit als
einen mehrschichtigen sozialen Handlungszusammenhang.

Die zentrale berufs*ethische* Herausforderung, die sich aus diesem
Technikverständnis für das Handeln von Informatikern ergibt, formuliert die GI in ihren Ethischen Leitlinien folgendermaßen: „Handlungsalternativen und ihre absehbaren Wirkungen fachübergreifend
zu thematisieren, ist ... eine notwendige Aufgabe. ... Deshalb hält
es die GI für unerläßlich ... dafür Verfahren zu entwickeln." [Inf94,
Präambel]

Einen hierfür geeigneten programmatischen Ausgangspunkt bietet meines Erachtens die von Wille vorgeschlagene Leitvorstellung einer *Allgemeinen Informatik* [Wil94]. Im einzelnen läßt sich *Allgemeine Informatik* charakterisieren durch

- „die *Einstellung*, Informatik für die Allgemeinheit zu öffnen, sie prinzipiell lernbar und kritisierbar zu machen,

- die *Darstellung* informatischer Entwicklungen in ihren Sinngebungen, Bedeutungen und Bedingungen,

- die *Vermittlung* der Informatik in ihrem lebensweltlichen Zusammenhang über die Fachgrenze hinaus,

- die *Auseinandersetzung* über Ziele, Verfahren, Wertvorstellungen und Geltungsansprüche." [Wil94, S. 13]

Die vorliegende Arbeit bettet sich ein in den von der Design-Sicht, von den Ethischen Leitlinien der GI und von der Leitvorstellung einer Allgemeinen Informatik programmatisch aufgespannten Kontext. Die Arbeit versteht sich als ein konstruktiver Beitrag zu dem von der GI formulierten Auftrag, geeignete Verfahren zur fachübergreifenden Thematisierung von Handlungsalternativen und ihren absehbaren Wirkungen bei Systementwicklungen auszuarbeiten. Als Ausgangspunkt meiner Überlegungen knüpfe ich an die mit jeder Systementwicklung in der Informatik verbundene Reduktionsproblematik an, worauf ich im folgenden Abschnitt näher eingehe.

1.2 Problemstellung

Die hauptsächlich gewählte Vorgehensweise bei Systementwicklungen in der Informatik kann in der *Modellmethode* gesehen werden, die Steinmüller sogar als ein *Paradigma* der Informatik bezeichnet ([Ste93, S. 29ff.]). Gemäß der Modellmethode wird vor dem Hintergrund eines gegebenen lebensweltlichen Zusammenhangs ein Ausschnitt daraus in mehreren Zwischenschritten *zeichenhaft* in ein Modell abgebildet und dann in transformierter Form, nämlich als in Soft- und Hardware materialisiertes (Computer-)Programm wieder

in den ursprünglichen oder auch in weitere Weltausschnitte eingebracht. Durch diesen Schritt verliert das Programm endgültig seinen
zeichenhaften Modellcharakter, und tritt stattdessen den Menschen
fortan als Teil einer neuen, sozial konstruierten Realität gegenüber,
weil das Programm ja selbst nun Teil des ursprünglichen Weltausschnittes geworden ist und diesen dadurch zugleich verändert hat.

Mit dem Einsatz der Modellmethode bei Systementwicklungen
sind jedoch zwangsläufig Reduktionen gegenüber der zugrundeliegenden Situation verbunden. Dies ergibt sich aus grundsätzlichen Überlegungen der Modelltheorie, wonach Modelle und mithin auch die auf
ihnen basierenden Systementwicklungen immer nur *für einen ganz
bestimmten zugrundeliegenden Weltausschnitt, für bestimmte Personen oder Personengruppen, für einen bestimmten zeitlichen Rahmen
und für bestimmte Aspekte oder Zwecke* als *gültig* angesehen werden
können ([Sta89a, S. 219], [Fus90]).

Bei Systementwicklungen treten nun vor allem die folgenden
Reduktions- und Formalisierungsbereiche auf (s. auch [Nak93, S.
168ff.], [Krä88, S. 1ff.]):

- *Semiotisierung*: Mithilfe der Semiotisierung wird der interessie-
  rende Ausschnitt des gegebenen lebensweltlichen Zusammenhangs *zeichenhaft* gefaßt und damit für menschliche Erkenntnis
  und intersubjektive Reflektion von Welt überhaupt erst zugänglich gemacht. Zugleich ist Semiotisierung notwendige Bedingung für sich anschließende Systementwicklungen in der Informatik: „Den Dingen muß immer erst eine Zeichenhaut wach-
  sen, deren sich der Computer annehmen kann." [Nak93, S. 168]
  Bereits hierdurch findet eine grundlegende Transformation und
  Reduktion statt: Das unmittelbare Erleben einer Situation wird
  in Sprache oder in andere geeignete Zeichensysteme wie z. B.
  Diagramme gefaßt. Damit tritt einem die Situation nun sowohl
  unmittelbar *als Situation* wie auch *zeichenhaft* gegenüber.[1]

---

[1]Allerdings kann nie die gesamte Situation zugleich auf diese Art thematisiert werden. Dies ergibt sich aus meinem Lebensweltbegriff im Sinne der Habermas'schen *Theorie des kommunikativen Handelns*: „Jeder Verständigungsvorgang
findet vor dem Hintergrund eines kulturell eingespielten Vorverständnisses statt.
Das Hintergrundwissen bleibt als ganzes unproblematisch, ... das uns insofern

- *Formalisierung*: Im Rahmen der Formalisierung wird gegenüber der Semiotisierung zusätzlich von den kontextspezifischen Bedeutungen und Interpretationen abstrahiert, um den Weltausschnitt mit *standardisierten* Zeichen beschreiben zu können. Die Pointe dieses Schrittes liegt darin, „daß wir bei Operationen innerhalb der formalen Sprache keinen Bezug zu nehmen brauchen auf das, was ihre Zeichen bedeuten. Über die Richtigkeit oder Falschheit eines Ausdrucks innerhalb einer formalen Sprache läßt sich entscheiden ohne Bezugnahme auf die Interpretation dieses Ausdruckes." [Krä88, S. 2f.]

- *Algorithmisierung*: Durch die Algorithmisierung werden schließlich die bislang in formalisierten Zeichensystemen dargestellten realen Handlungszusammenhänge als formal berechenbare Verfahren beschrieben. An die Stelle des geschichtlichen Charakters menschlicher Handlungen tritt „die unbegrenzte Wiederholbarkeit der zu beschreibenden Handlungsabläufe." [Krä88, S. 2]

Der Einsatz der Modellmethode bei Systementwicklungen mit den drei beschriebenen Transformations- bzw. Reduktionsschritten der Semiotisierung, der Formalisierung und der Algorithmisierung führt also einerseits zur Entstehung *symbolischer Welten* im Sinne von Krämer, in denen durch Computerprogramme formale Symbolreihen beliebig wiederholbar algorithmisch transformiert werden können. Andererseits ist damit der Gesamtprozeß der Systementwicklung noch nicht abgeschlossen. Vielmehr wird im weiteren Verlauf der Systementwicklung das entstandene Computerprogramm wieder in den zugrundeliegenden Weltausschnitt eingebracht, wo den formalen Symboltransformationen der Computerprogramme wieder eine konkrete inhaltliche Bedeutung zugewiesen wird und dadurch die symbolische Welt sozusagen Teil des geschichtlich-lebensweltlichen Gesamtzusammenhangs wird.

Systementwicklungen zeichnen sich also insgesamt durch einen eigentümlichen Doppelcharakter der gleichzeitigen „Teilhabe an den

---

nicht zur Disposition steht, als wir es nicht nach Wunsch bewußt machen und in Zweifel ziehen können." [Hab81, Band I, S. 149, S. 450]

heterogenen Welten der formalen Modelle und deren sozialer Wirklichkeit" [Pfl94, S. 251] aus. Genau hierin dürfte nun eine der tieferen Ursachen der viel diskutierten *Software-Krise* liegen. Zugleich jedoch macht diese Einsicht deutlich, weshalb die bereits seit mehr als 25 Jahren diskutierte *Software-Krise* durch Fortschritte auf technologischem Gebiet alleine wohl nicht bewältigt werden kann.[2] Hieraus ergibt sich nun zusammenfassend die *Problemstellung* der vorliegenden Arbeit:

Systementwicklungen in der Informatik stehen in einem inhärenten Spannungsfeld zwischen *nichtformaler Welt* und *formalem Modell* bzw. zwischen der *mathematisch-symbolischen Natur* von Modellen und dem *außermathematischen Status* dieser Modelle (vgl. etwa [BBP89, p. 167], [FK92b]). Das aus diesem Spannungsfeld resultierende inhärente Reduktionsproblem bei Systementwicklungen äußert sich konkret in drei charakteristischen *Lücken* (vgl. hierzu auch Abbildung 1.1), die bei jeder Systementwicklung zu bewältigen sind, nämlich

- die *pragmatische* Lücke

- die *Kohärenz- und Korrektheits*lücke und

- die *Anwendungs*lücke.

Die *pragmatische* Lücke tritt auf beim Übergang vom gegebenen lebensweltlichen Zusammenhang zur symbolischen Welt, wenn bestimmt wird, was als gemeinsame (zukünftige) Welt gelten *soll* und welche Anforderungen sich daraus für die Systementwicklung ergeben. Die pragmatische Lücke ist also eng verbunden mit dem oben beschriebenen Reduktionsschritt der Semiotisierung. Wichtige Kriterien zu ihrer Bewältigung sind die Nachvollziehbarkeit, die Konsensfähigkeit und der Kontextbezug der Anforderungsdefinition.

Die *Kohärenz- und Korrektheits*lücke tritt auf bei der programmtechnischen Umsetzung und Implementation der zuvor festgelegten Anforderungen und ist eng verbunden mit den oben beschriebenen Reduktionsschritten der Formalisierung und der Algorithmisierung.

---

[2]Hierauf komme ich in Kapitel 3 ausführlich zurück.

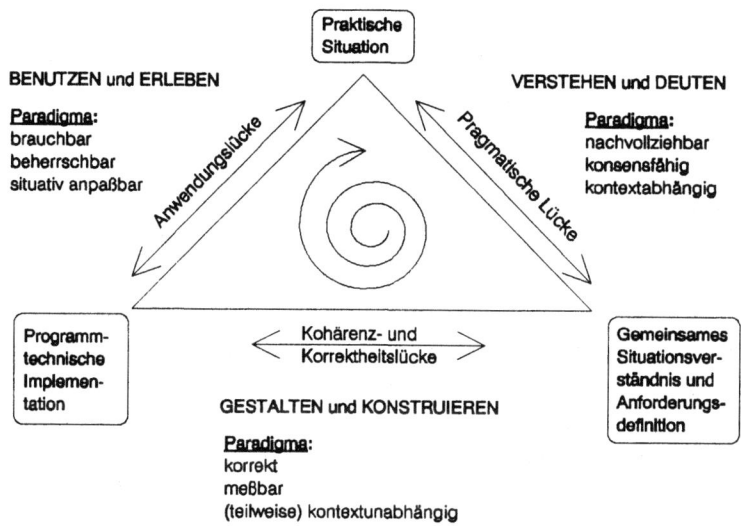

Abbildung 1.1: Reduktionsprobleme bei Systementwicklungen

Dabei können die formal definierten Anforderungen *korrekt* umgesetzt werden. Viele Anforderungen jedoch, vor allem im nicht-funktionalen Bereich, müssen *kohärent*, d.h. plausibel für die zugrundeliegende Anwendungssituation umgesetzt werden, weil für sie eine komplett formale Beschreibung nicht angemessen möglich ist. Vor allem in diesem Fall muß zusätzlich auf das zuvor erarbeitete gemeinsame Situationsverständnis zurückgegriffen werden können, um eine *kohärente* Implementierung zu gewährleisten.

Die *Anwendungs*lücke tritt auf, wenn die auf Basis des gemeinsam erarbeiteten Situationsverständnisses und den dabei festgelegten Anforderungen erfolgte programmtechnische Implementation in den konkreten Weltausschnitt eingeführt und praktisch genutzt wird. Die *Anwendungs*lücke ist damit ein Indikator für den Umfang und die Güte der Bewältigung der *pragmatischen*, der *Kohärenz-* und der *Korrektheits*lücke, weil sich in der praktischen Anwendung der Nutzen, die Zuverlässigkeit und die Akzeptanz der Systementwicklung zu erweisen haben.

Selbst bei gezielten Anstrengungen zur Bewältigung der benannten Lücken ist meines Erachtens jedoch grundsätzlich davon auszugehen, daß das inhärente Spannungsfeld zwischen formalem Modell und
nichtformaler Welt und damit auch die Software-Krise insgesamt zwar
in geeigneter Weise verringert, nicht jedoch gänzlich beseitigt werden
kann. Vielmehr wird sich in aller Regel nach der Erstentwicklung und
-anwendung eines Computerprogramms eine zyklisch-iterative Wie-
derholung des gesamten Systementwicklungsprozesses als notwendig
erweisen, wobei sich im Laufe der Zeit selbstverständlich weitere Ler-
neffekte und damit eine Verringerung der aufgezeigten Lücken ergeben werden. Die zentrale berufsethische Herausforderung, die sich aus
der geschilderten Problemstellung für das Handeln von Informatikern
ergibt, ist demnach, wie das inhärente Reduktionsproblem bei Systementwicklungen in der Informatik angemessen zu *bewältigen* (nicht:
zu beseitigen) ist. Im Rahmen dieser Arbeit beschränke ich mich auf
die Behandlung dieser Fragestellung für die *pragmatische* Lücke. Im
nächsten Abschnitt gehe ich näher auf diese Zielsetzung ein.

1.3 Zielsetzung der Arbeit

Die im vorigen Abschnitt beschriebene *pragmatische Lücke* tritt beim
Übergang vom lebensweltlichen Zusammenhang zur formal-symboli-
schen Ebene auf. Dieser Schritt wird in der Informatik häufig auch als
Anforderungsanalyse bezeichnet, wobei zunehmend auf die zentrale
Bedeutung der Anforderungsanalyse für die Gültigkeit der gesamten
weiteren Systementwicklung hingewiesen wird, so z.B. von Brooks in
seinem vielbeachteten Aufsatz zu *Essence and Accidents of Software-
Engineering*: „The hardest single part of building a software system
is deciding precisely what to build. ... No other part of the work so
cripples the resulting system if done wrong." ([Bro87, p. 17], ähnlich
auch [Boe84])

Vor diesem Hintergrund kommt einem genauen Verständnis der
pragmatischen Lücke und ihrer Überwindung durch geeignete Vorgehensweisen zur Anforderungsanalyse eine Schlüsselstellung auch
für die Bewältigung der *Software-Krise* insgesamt zu. In meiner Arbeit setze ich daher zur Analyse und Bewältigung der pragmatischen

Lücke vor allem an der Anforderungsbestimmung innerhalb des Gesamtprozesses von Systementwicklungen an.

Hintergrund meiner Überlegungen ist weiterhin, daß Systementwicklungen und mithin auch die Anforderungsanalyse nur angemessen verstanden werden können, wenn sie in ihrem komplementären Doppelcharakter *als Produkt* und *als Prozeß* im Sinne von Andersen und Floyd ([Flo89a], [Flo94], [A⁺90]) gesehen werden.[3] Die doppelte Perspektive erlaubt es, die in der Anforderungsdefinition (als Produkt) notwendigerweise enthaltenen Reduktionen als Ergebnis *menschlicher* Handlungen und Reduktionsschritte während der Anforderungsdefinition (als Prozeß) zu rekonstruieren. Die Reduktionen werden dadurch in ihrer *sozialen* Genese im Sinne der obigen Design-Sicht ausweisbar, womit immer „auch die ethische Dimension anerkannt (ist), da die Beteiligten *eigenverantwortete Entscheidungen* treffen." [Flo94, S. 36]

Eine wichtige Erkenntnis aus der beschriebenen dualen Sichtweise der Anforderungsanalyse ist, daß die Entstehung der pragmatischen Lücke konstitutiv mit den sozialen Verständigungsprozessen im Verlauf der Anforderungsanalyse zusammenhängt. Die Einsicht in die *wesentliche* Rolle der sozialen Verständigungsprozesse bei der *Entstehung* der pragmatischen Lücke bietet jedoch meines Erachtens zugleich auch den Schlüssel zu ihrer *Bewältigung*, was mich nun zur *Ausgangsthese* für die vorliegende Arbeit führt:

Die Bewältigung (nicht: Beseitigung) der pragmatischen Lücke kann unterstützt werden durch einen *sozialen* Verständigungsprozeß über die Gültigkeit und Angemessenheit der beabsichtigten Systementwicklung bezüglich des gegebenen lebensweltlichen Zusammenhangs. Ziel dieser Verständigung ist die intersubjektiv gültige Vermittlung zwischen den konkreten lebensweltlichen Zusammenhängen bzw. inhaltlichen Anforderungen und den Möglichkeiten bzw. Grenzen ihrer formalen Repräsentation und informationstechnischen Un-

---

[3]Wie ungewohnt diese Sichtweise allerdings bis heute für die Informatik ist, macht Floyd deutlich, wenn sie ihren Vorschlag für diese Sichtweise als *'Paradigm Change in Software Engineering'* [Flo89a] bezeichnet. Ähnlich z. B. auch Agresti, der in Erweiterung dieser Sichtweise gar auf den *triadischen* Zusammenhang von „processes, products, and settings"[Agr93, p. 37] aufmerksam macht.

terstützung. Aus der hier formulierten Ausgangsthese ergibt sich unmittelbar die *Zielsetzung* für meine Arbeit:

Einerseits ist eine genauere *inhaltlich-theoretische Klärung* der jeder Systementwicklung inhärenten pragmatischen Lücke vorzunehmen. Andererseits ist ein *methodischer Ansatz* zur Bewältigung
(nicht: Beseitigung) der pragmatischen Lücke zu entwickeln und praktisch zu erproben. Diesen Ansatz bezeichne ich aufgrund der expliziten Berücksichtigung der sozialen Verständigungsprozesse als *diskursive Anforderungsanalyse*.

Da nun allerdings die Informatik für diese Zielsetzung bislang weder über einen spezifisch hierfür geeigneten theoretischen noch über
einen entsprechenden methodischen Bezugsrahmen verfügt, gehe ich
in meiner Arbeit von folgenden Grundannahmen aus, die ich im weiteren Verlauf zu einem *Methodenrahmen* zur diskursiven Anforderungsanalyse spezialisieren werde:

Als theoretischen Ausgangspunkt für eine diskursive Anforderungsanalyse orientiere ich mich an der *Theorie des kommunikativen Handelns* von Jürgen Habermas [Hab81]. Im kommunikativen
Handeln verständigen sich die Beteiligten vor dem Hintergrund einer gemeinsam geteilten Lebenswelt über die Gültigkeit und Angemessenheit ihrer jeweiligen Handlungspläne, hier also über die beabsichtigte Systementwicklung einschließlich den dafür relevanten
Anforderungen.[4]

Weiterhin gehe ich davon aus, daß die erforderliche intersubjektive Verständigung ihrerseits auf geeignete sprachliche Ausdrucksmittel
und -formen angewiesen ist (s. z. B. [Hab81, Band I, S. 387], [Ape76,
insbes. Bd. 2, S. 358ff.]). Eine zentrale Bedeutung kommt dabei dem
intersubjektiven Begründungsprozeß zu, den ich im Apelschen Sinne
verstehe „nicht als *Ableitung von Sätzen aus Sätzen* in einem objekti-
vierbaren Satz-System, in dem von der aktuellen pragmatischen Dimension des Argumentierens immer schon abstrahiert wird, sondern

---

[4]Allerdings geht der Anspruch der gegenseitig erreichbaren Verständigung nicht
so weit, daß ein Gegensatz in den grundlegenden Lebensformen selbst diskursiv
entscheidbar wäre. Hierauf macht Habermas ausdrücklich aufmerksam, wenn er
betont, daß es ihm nicht um Fragen des *guten*, sondern des *gerechten* Lebens geht
und daß es die Diskursethik insofern „nicht mit der Präferenz von Werten, sondern
mit der Sollgeltung von Handlungsnormen zu tun hat." [Hab83a, S. 114]

... als *Beantworten von Warum-Fragen aller Art im Rahmen des argumentativen Diskurses.*" [Ape89, S. 19] In einem solchen Diskurs können die *individuellen* Weltaneignungen, Interessen und Zwecksetzungen im Sinne *sprachlichen Probehandelns* auf angemessene Weise gegenseitig mitgeteilt, rekonstruiert und zu einer *gemeinsamen* Situationsdeutung, Modellbildung und *intersubjektiv gültigen* Handlungskoordination weiterentwickelt werden.

Mit der Betonung des Argumentativen und der dafür konstitutiven pragmatischen Dimension unterscheidet sich meine Zielsetzung zugleich vom Anliegen der *Verifikation* von Systementwicklungen, wo von pragmatischen Sinnzusammenhängen bewußt abstrahiert wird. Als Beurteilungskriterium gilt bei der Verifikation vielmehr die formal-deduktive Beurteilung der Übereinstimmung zwischen der programmtechnischen Implementierung und zuvor ebenfalls formal formulierten Anforderungen. Die Verifikation ist damit eine Antwort auf die *Korrektheits*lücke bei Systementwicklungen. Der Stellenwert der Verifikation für die Bewältigung der *pragmatischen* Lücke hingegen scheint derzeit am besten als *subsidiär* gegenüber argumentativen Ansätzen charakterisiert zu werden, denn „ein Korrektheitsbeweis gibt zwar die *größtmögliche* Sicherheit, daß eine Implementierung tatsächlich ihrer formalen Spezifikation genügt, aber auch diese Sicherheit kann nicht absolut sein. ... (Es) kann nicht garantiert werden, daß die Spezifikation auch wirklich die Anwendungsbedürfnisse adäquat modelliert. ... Es scheint daher zumindest für die nähere Zukunft erfolgversprechender zu sein, die beweisführende Person in den Beweisgang mit einzubeziehen."[5] [HWW94, S. 193ff.]

---

[5]Einen guten Überblick über die derzeit hauptsächlich vertretenen Positionen zum Verhältnis von in der syllogistischen Tradition stehenden Verifikationsansätzen und dazu komplementären eher argumentativen Ansätzen gibt z. B. der Sammelband von Colburn et al. [CFR93].

1.4   Gang der Untersuchung

Anspruch und These der vorliegenden Arbeit ist, daß die Bewältigung der pragmatischen Lücke *notwendig* auf diskursiv-kommunika-
tive Elemente angewiesen ist, selbstverständlich unter Einbeziehung
entsprechender technischer Kompetenzen und Ressourcen. Zielsetzung dieser Arbeit ist es, diesen Anspruch inhaltlich-theoretisch zu
begründen und methodisch umzusetzen. Hieraus ergibt sich der folgende weitere Gang der Untersuchung:

In Kapitel 2 stelle ich idealtypische Sichtweisen von Systementwicklungen in der Informatik vor. Ich beschreibe exemplarisch die
systemtheoretisch-funktionalistische und die *sozio-technische* Sichtweise und stelle sie einer *human-handlungsorientierten* Sichtweise gegenüber. Abschließend diskutiere ich die Notwendigkeit einer integrierten Sichtweise für die Zielsetzung diskursiver Anforderungsanalyse.

In Kapitel 3 führe ich in den Bereich der Software-Technik ein.
Software-Technik umfaßt diejenigen Teildisziplinen der Informatik,
die sich mit Systementwicklung beschäftigen. Im einzelnen stelle
ich dazu das *Software-Engineering* und das *Requirements-Engineering* vor. Dieses Kapitel kann als Kontrapunkt zu Kapitel 2 bei der
Beschäftigung mit dem Gesamtzusammenhang von Systementwicklungen verstanden werden: Während im zweiten Kapitel die idealtypische Sichtweise dominierte, steht hier eine eher an der praktischen
Umsetzbarkeit interessierte Perspektive im Vordergrund.

Kapitel 4 diskutiert den aktuellen Stand der Software-Technik
vor dem Hintergrund der oben eingeführten idealtypischen Sichtweisen u. a. aus erkenntnistheoretischer Perspektive. Das Ziel ist, die
inhärente Reduktionsproblematik bei Systementwicklungen und das
Phänomen der *Software-Krise* besser zu verstehen. Ich gehe dazu insbesondere auf die Problematik einer angemessenen Berücksichtigung
der empirischen Aspekte von Systementwicklungen und auf wichtige Determinanten pragmatisch erfolgreicher Systementwicklung ein.
Außerdem diskutiere ich philosophische Aspekte von Systementwicklungen und stelle mit der dialogischen Design-Sicht eine Verbindung

her zu dem in den Kapiteln 5 bis 7 zu entwickelnden Ansatz für eine diskursive Anforderungsanalyse.

In Kapitel 5 stelle ich den *diskursethischen Bezugsrahmen* für meinen Ansatz zur diskursiven Anforderungsanalyse dar. Vor dem Hintergrund des Auftrags der ethischen Leitlinien der GI führe ich zunächst in die Grundidee der *Theorie des kommunikativen Handelns* von Habermas ein. Anschließend diskutiere ich Ergänzungserfordernisse für eine praktische Umsetzung der Habermas'schen Leitidee in eine diskursive Vorgehensweise bei Systementwicklungen. Schließlich erweitere ich meinen diskursethischen Bezugsrahmen zu einer *kritischen Verantwortungsethik* im Sinne der von Apel vorgeschlagenen zweistufigen Diskursethik.

In Kapitel 6 stelle ich dann meinen *Methodenrahmen* zur diskursiven Anforderungsanalyse vor. Von besonderer Bedeutung ist dabei das Verständnis meiner Konzeption als mehrstufiger Methoden*rahmen*, der nicht situationsinvariant eingesetzt werden darf. In knapper Form stelle ich dann dar, wie sich mein Methodenrahmen in den Gesamtzusammenhang von Systementwicklungen in der Informatik einordnet. Abschließend beschreibe und diskutiere ich ausführlich die von mir vorgesehenen methodischen Grundelemente, wie sie zum großen Teil aus den praktischen Erfahrungen der von mir durchgeführten Fallstudien entstanden sind. (Ergänzend dazu beschreibe ich in Anhang B konkrete Hilfestellungen für den praktischen Einsatz der vorgestellten Grundelemente.)

Kapitel 7 dokumentiert in Auszügen die von mir durchgeführten Fallstudien zur praktischen Evaluation des Methodenrahmens zur diskursiven Anforderungsanalyse. Zielsetzung dieses Kapitels ist es, den Übergang von der *diskursethischen* Leitfrage (*Wie kommen wir zu einer gültigen Situationsdefinition und Handlungskoordination?*) zur *informationstechnischen* Leitfrage (*Wie kommen wir zu einem gültigen Modell?*) anhand konkreter Situationen und unter Zuhilfenahme des Methodenrahmens exemplarisch darzustellen. Dabei habe ich die Auswahl der Fallstudien danach vorgenommen, daß in ihnen jeweils verschiedene Teile des Methodenrahmens in unterschiedlicher Gewichtung zum Tragen kamen.

Kapitel 8 enthält eine zusammenfassende Bewertung der Ergebnisse, insbesondere unter dem Aspekt der Vermittlung zwischen der diskursethischen Motivation und der praktischen Umsetzung dieses Anspruchs im Methodenrahmen zur diskursiven Anforderungsanalyse. Außerdem gebe ich einen Ausblick auf weiteren Forschungsbedarf.

Im Anhang A stelle ich wichtige mathematische Grundelemente der von mir zur begrifflichen Verständigung eingesetzten Methode der Formalen Begriffsanalyse vor.

Anhang B enthält ausführliche Hilfestellungen zum praktischen Einsatz des Methodenrahmens.

Die vorliegende Arbeit kann auf zwei Wegen sinnvoll gelesen werden:

Wer stärker an den praktischen Inhalten zur Bewältigung der pragmatischen Lücke bei Systementwicklungen interessiert ist, der kann nach dieser Einführung direkt zu Kapitel 3 (Software-Technik) übergehen und von dort zu Kapitel 6 (Methodenrahmen) weitergehen. Die eher theoretisch orientierten Überlegungen der Kapitel 2, 4 und 5 können auch danach noch gewinnbringend gelesen werden.

Wer dagegen den vorgestellten Methodenrahmen auch in seiner erkenntnis- und wissenschaftstheoretischen Begründung und seinen Beitrag zur Bewältigung der *Software-Krise* verstehen will oder am hier vorgestellten Versuch einer grundsätzlichen Standortbestimmung von Informatik als Wissenschaftsdisziplin interessiert ist, der sollte die Kapitel in der vorgesehenen Reihenfolge lesen.

Kapitel 2

Idealtypische Sichtweisen von Systementwicklungen

In diesem Kapitel stelle ich idealtypische Sichtweisen von Systementwicklungen vor.[1] Die Unterscheidung der einzelnen Sichtweisen orientiert sich am Systembegriff und knüpft an Vorarbeiten von Nurminen
[Nur88] an. Zugleich folgt die Darstellung ungefähr der historisch-ge-
netischen Entstehungsgeschichte der einzelnen Ansätze, wie sie sich
als ein sozialer Lernprozess aufgrund des zunehmenden Erfahrungs-
potentials mit Systementwicklungen in der Informatik ergeben hat.
Im einzelnen ist das Kapitel folgendermaßen aufgebaut:

Zu Beginn (Abschnitt 2.1) gehe ich auf wissenschaftstheoretische
Vorüberlegungen ein und stelle eine knappe Begriffsklärung von *System* vor, wie ich sie den weiteren Ausführungen zugrundelege.

Als erste idealtypische Sichtweise beschreibe ich dann in Abschnitt 2.2 den *Funktionalistisch-Systemtheoretischen Ansatz*. Damit bezeichne ich eine Sichtweise, die Welt bzw. zugrundeliegende Welt*ausschnitte* aus einer (idealtypisch) reinen Beobachterpositi-

---

[1]Die idealtypischen Beschreibungen sind in Anlehnung an Webers Begriff des
Idealtypus [Web80, S. 3, 10] als *Konstruktionen* aufzufassen und nicht als realistische Darstellungen der *Praxis* von Systementwicklungen. Auf die konkrete Praxis
von Systementwicklungen wird insbesondere in Kapitel 3 und Kapitel 4 eingegangen. Interessante alternative Differenzierungen zur idealtypischen Klassifizierung
von Systementwicklungen werden z. B. von Hirschheim und Klein [HK89] sowie
von Gioia und Pitre [GP90] vorgeschlagen.

on als funktionale Systemzusammenhänge von Informationsprozessen begreift und sich folglich auf deren informations*technische* Modellierung bzw. Realisierung im Sinne der Shannon'schen Informationstheorie konzentriert [Nur88]. Selbstverständlich handelt es sich bei dieser Darstellung um einen extremen Idealtypus, wenngleich die Praxis der Systementwicklung bis heute deutlich von funktionalistischen Vorstellungen einer objektiv gegebenen Welt von Informationsprozessen dominiert ist ([HM75], [Mil85], [Suc87], [WF89], [CB89], [CS90] sowie [Flo94]).

Anschließend (Abschnitt 2.3) stelle ich den *Sozio-Technischen Systemansatz* dar. Damit bezeichne ich eine Sichtweise, die Welt bzw. zugrundeliegende Welt*ausschnitte* als Systemzusammenhänge von Informationsprozessen begreift, die allerdings in einem untrennbaren Zusammenhang mit einem davon qualitativ zu unterscheidenden sozialen System stehen. Der sozio-technische Systemansatz trägt dieser Einsicht dadurch Rechnung, daß Systementwicklungen unter expliziter Berücksichtigung der spezifischen Bedürfnisse der wechselseitig komplementären sozialen und technisch-organisatorischen Kontexte erfolgen.

Danach beschreibe ich in Abschnitt 2.4 den *Human-handlungsorientierten*[2] bzw. auch kurz *handlungsorientierten Ansatz*. Damit bezeichne ich eine von den beiden vorgenannten Ansätzen grundsätzlich verschiedene Sichtweise, der eine anthropologische Orientierung zugrundeliegt, wonach Menschen von den Anforderungen ihrer lebensweltlichen Praxis ausgehend als (teil-)autonome Entscheider[3] gemeinsam über die Art und Weise der zur Situationsbewältigung notwendigen Handlungen bestimmen. In dieser Sichtweise ist der Stellenwert von Technik und Systemdenken nicht gegeben, sondern beide werden als immer wieder aufs Neue legitimationsbedürftige Möglich-

---

[2]Ähnliche Überlegungen und Bezeichnungen finden sich z. B. bei [Nur88]: *Humanistic Perspective*; bei [HK89]: *Neohumanism*; bei [GP90]: *Radical Humanism* und bei [A⁺92]: *Humanzentrierter Pfad*.

[3]In der Psychologie und in der Soziologie ist der Grad der *Autonomie* des Menschen in seinen Handlungen nicht endgültig geklärt. Es kann jedoch zumindest im Rahmen kultureller u.ä. Konventionen davon ausgegangen werden, daß tatsächlich Entscheidungsspielräume bei den meisten unserer Handlungen bestehen, weshalb ich im Rahmen dieser Arbeit Menschen als *(teil-)autonome Entscheider* bezeichne.

keiten gesehen, der anthropologischen Grundbedingung nach gemeinsamer Situationsbewältigung als sinnvolle Instrumente zu dienen.

Im abschließenden Abschnitt 2.5 diskutiere ich die Notwendigkeit einer integrierten Sichtweise der beschriebenen Ansätze, wobei die human-handlungsorientierte Sichtweise als Orientierungsrahmen für den Ansatz *diskursiver Anforderungsanalyse* gewählt und begründet wird.

2.1 Theoretische Vorbemerkungen

2.1.1 Wissenschaftstheoretische Vorüberlegungen

Systementwicklungen in der Informatik sind inhärent mit Reduktionen behaftet. Der Umgang mit und das Wissen um diese Reduktionen wird wesentlich davon beeinflußt, welche expliziten und impliziten Annahmen bei der Systementwicklung zugrundegelegt werden. Die zu treffenden Annahmen beziehen sich z. B. auf *ontologische* Grundannahmen zum Status von Welt und zum Status der gegebenen lebensweltlichen Situation, auf *epistemologische* Grundannahmen, d. h. in welcher Art Wissen über Welt bzw. die gegebene Situation möglich ist und schließlich auf *methodologisch-praktische* Annahmen, d. h. beispielsweise in welcher Weise Systementwicklung erfolgen soll und welches Verhältnis die Systementwicklung zur Welt hat.

Selbstverständlich bestehen zwischen den verschiedenen benannten Bereichen auch wechselseitige Einflüsse. So beeinflussen Annahmen unter einem der skizzierten Aspekte die unter den anderen Aspekten zu treffenden Annahmen. Von besonderer Bedeutung im Rahmen dieser Arbeit sind diese Annahmen deshalb, weil sie entscheidenden Einfluß auf Systementwicklungen als Produkt und als Prozeß haben: „These assumptions play a central role in guiding the information systems development (ISD) process. They also dramatically affect the system itself." ([HK89, p. 1199] , ähnlich [GP90] und [Nur88])

Aus wissenschaftstheoretischer Perspektive sind Annahmen notwendige Voraussetzung und Begrenzung für wissenschaftliche Erkenntnis zugleich: „Assumptions are of crucial importance ... Assumptions make (situations) researchable, often at the cost of great over-simplification, and in a way that is highly problematic." [Mor83, p. 377] Werden im Laufe des Erkenntnisprozesses die zugrundeliegenden Annahmen vergessen oder verdrängt, besteht die Gefahr, daß die gewonnene Erkenntnis nicht mehr in ihrer Bedingtheit wahrgenommen wird, weshalb Wissenschaft stets auch die kritische Reflexion ihrer Annahmen zu leisten hat: „Scientific communities may be bound together by various bonds and commitments, which, insofar as they build on taken for granted assumptions, are basically unscientific." [Mor83, p. 377]

Eine zentrale Konsequenz aus der prinzipiellen Bedingtheit menschlicher Erkenntnis, an der sich ihre Wissenschaftlichkeit zu erweisen hat, ist deshalb ganz im Sinne der oben beschriebenen Konzeption *Allgemeiner Informatik*, daß ihre Inhalte und Vorgehensweisen *intersubjektiv kommunizierbar* sein müssen: „Wissenschaften *haben* miteinander zu kommunizieren; Wissenschaften haben sich dauernd der von ihnen ausgeblendeten Aspekte zu versichern; Wissenschaften haben dabei füreinander verständlich zu sein. Und das nicht nur, weil es nützlich ist und ihre Kontrolle erleichtert, sondern weil 'Wissenschaft' ja (gerade) darin besteht, daß sie ihren Gegenstand intersubjektiv ... verfügbar macht." [vH72, S. 27f] Nur, wo *Wissenschaft* also intersubjektiv kommunizierbar ist, *ist* sie Wissenschaft - im Sinne 'richtiger Disziplinarität', wie sie von Hentig hier formuliert.

2.1.2   Anmerkungen zum Systembegriff

Die in diesem Kapitel verfolgte Darstellung verschiedener Sichtweisen von Systementwicklung orientiert sich am Begriff *System* und seiner Bedeutung bzw. seiner Rolle in den einzelnen Sichtweisen. Die zentrale Bedeutung des *System*begriffs in der Informatik läßt sich historisch erklären u. a. durch die Herausbildung von *Kybernetik*, *Systemanalyse* und *Systemdesign* als Modellierungs-, Prognose- und Kontrollinstrumente realweltlicher Phänomene in der ersten Hälfte unseres Jahrhunderts, deren Ursprünge jedoch bis in die griechische Philosophie zurückreichen ([Jan89, S. 331], [Nur88, p. 26ff.], [Sta89a, S. 183], [Ber68]).[4]

In der weiteren Arbeit lege ich folgende idealtypisch zu verstehende Bestimmung von *System* zugrunde, wie sie sich als *gemeinsamer Nenner* inzwischen in den allermeisten in der Literatur diskutierten Systembegriffen findet (s. etwa [Luf88, S. 234ff.]):

Systeme können als ein aus Teilen bestehendes (gedankliches) Ganzes verstanden werden, nämlich als eine bestimmte Menge von (System-)*Elementen* oder (System-)*Komponenten* mit jeweils *bestimmten Eigenschaften*. Systeme und Systemzusammenhänge *werden* in der Regel von bestimmten Personen und für bestimmte Zwecke durch Zuschreibung *konzipiert*.[5] Zwischen den Systemelementen bzw. ihren Eigenschaften bestehen (definierte) *strukturelle* und bzw. oder *funktionale* Verknüpfungen. Ein System weist *Gesamt*funktionen oder -wirkungen auf, die sich *nicht* aus den *Einzel*elementen und ihren *Einzel*relationen alleine ergeben. Die internen Verknüpfungen und Einzelrelationen können z. B. als Ursache-Wirkungsbeziehungen oder als Rückkopplungen konzipiert sein.

Vor dem Hintergrund dieses Systembegriffes ist die bislang dominierende Vorgehensweise bei Systementwicklungen in der Informatik an einfachen kybernetischen Vorstellungen eines Vergleichs von Ist- und Soll-Zustand orientiert, wobei die Funktion des Systemanalyti-

---

[4]Die zentrale Bedeutung des Systembegriffs für die Informatik läßt sich auch daran beobachten, daß *Programm*entwicklung zunehmend sogar synonym als *System*entwicklung bezeichnet wird. So lautet z. B. der Titel des Lehrbuchs von Andersen et al. zur Methodik der Programmentwicklung: *Professional Systems Development*, [A⁺90]; ähnlich auch [Bal82], dessen Standardeinführung in die Programmentwicklung den Titel *Entwicklung von Software- Systemen* trägt; in diesem Sinne auch das von [ST93] propagierte Verständnis von Informatik als *Informatiksystemtechnik*. Weiterhin die Bezeichnung der IFIP-Workgroup 8.1: *Information System Development Process*; die Bezeichung der IFIP-Workgroup 8.2: *Information Systems Development: Human, Social and Organizational Aspects*; sowie schließlich [HK89], die von *Paradigms of Information Systems Development* sprechen.

[5]Ob und inwieweit dem daraus resultierenden System ein ontologischer Status zukommt, ist eine davon grundsätzlich zu trennende Frage. Sie wird allerdings häufig zugunsten einer abbildtheoretischen Identifizierung des Systems mit der ontologischen Ebene ignoriert, wie z. B. die Diskussion des funktionalistischen Ansatzes in Kapitel 2.2. zeigt.

kers bzw. Systemdesigners idealerweise die eines neutralen, auf die Sache konzentrierten Beobachters außerhalb des Problemfeldes ist. Krauch kritisiert diese Form der Systemanalyse deshalb zu Recht als *instrumentelle* Systemanalyse im Sinne von Horkheimers Kritik *instrumentellen Denkens* [Kra89, S. 342].[6]

Angesichts einer „komplexen und zunehmend spannungsgeladenen Welt mit ihren unterschiedlichen Interessenlagen und Bedürfnissen," [Kra89, S. 342] wie sie sich auch in der pragmatischen Lücke äußert, kommt es meines Erachtens zunehmend darauf an, alternative Ansätze der Systemanalyse und der Systementwicklung zu entwerfen, die geeignet sind, „den technisch-zivilisatorischen Fortschritt in einem demokratischen Sinn lenken zu können." [Kra89, S. 342] Ansätze dieser Art bezeichnet Krauch als *Maieutische Systemanalyse*, die ihre Orientierung in der sokratischen Dialogphilosophie finden, „den Menschen verständnisvoll fragend zu helfen", wozu insbesondere die bewußte Aufgabe der *Fiktion* einer neutralen Beobachterposition gehört. [Kra89, S. 342] Ich werde diese Überlegungen vor allem in meinem Methodenrahmen ab Kapitel 5 aufgreifen.

2.2 Der Funktionalistisch-Systemtheoretische Ansatz

2.2.1 Kurzcharakterisierung

Der funktionalistische Ansatz geht grundsätzlich davon aus, daß Welt als Funktion von Informationsprozessen im Sinne der Shannon'schen Informationstheorie angemessen erfaßt werden kann. Das Organisationsprinzip von Welt wird in objektiv gegebenen und entsprechend beschreibbaren Systemzusammenhängen gesehen. Welt wird also positivistisch konzipiert: als Welt von empirisch beobachtbaren und quantitativ meßbaren Informationsprozessen bzw. als Funktion von solchen Informationsprozessen. Aufgrund dieser Grundeinstellung sowie der zugrundeliegenden korrespondenztheoretischen Auffassung der Er-

---

[6]Kritisch zu einem generellen Gebrauch des Systemdenkens für alle Aspekte einer Systementwicklung auch z. B. [Nyg86]. Zu den militärischen Ursprüngen der Systemanalyse vgl. insbesondere die Darstellung bei [LWZ84, S. 172ff.].

kennbarkeit von Welt durch Menschen gibt es zudem keine systematischen Probleme beim Übergang von der gegebenen real-weltlichen Situation zu einer Abbildung in Form von Systemen und Funktionen von Informationsprozessen und zurück.

Weiterhin zeichnet sich der funktionalistische Ansatz aus durch die *Ausklammerung* des *Menschen* als geschichtliches und zur Selbstbestimmung fähigen Subjektes mit seinen Absichten, Interessen, Zielen, Werten (s. etwa [Nur88, p. 69], [DL91]). Von historischen Aspekten, sozialen Dimensionen und Interessen sowie von den jeweils beteiligten Akteuren wird abstrahiert, sie bilden die *Grenzen* der Sichtweise, ohne daß sie *zur* Sichtweise gehören. Diese Reduktion führt dazu, daß die Einbettung der funktionalistisch verstandenen Informationsprozesse in soziale Interessen- und Sinn-Zusammenhänge aus systematischen Gründen innerhalb des Ansatzes selbst nicht thematisierbar ist.

Die damit verbundenen Reduktionen betreffen z. B. die sozialen Bedürfnisse der Akteure der im System beschriebenen Informationsprozesse. Auch können die Arbeitsbedingungen wie beispielsweise eine gesundheitsgefährdende Arbeitsumgebung oder monoton-repetitive Arbeitsvorgänge durch eine Reduktion der Beschreibung auf äußerlich-funktionale Informationsprozesse nicht angemessen erfaßt werden. Gleiches gilt für unbeabsichtigte Wirkungen, die beispielsweise im sozialen oder real-gegenständlichen Bereich der relevanten Weltausschnitte eintreten. Als Beispiele seien nur die Stichworte Datenschutz, Rationalisierungs- und Arbeitsplatzeffekte sowie Veränderung der Anforderungen am Arbeitsplatz und des täglichen Lebens durch den Einsatz von Informationssystemen genannt (s. etwa [Nur88, p. 39 und 42]). Alle diese Aspekte einer Systementwicklung, die für die Bewältigung der pragmatischen Lücke von wesentlicher Bedeutung sind, können innerhalb der (idealtypischen) funktionalistischen Sichtweise nicht erfaßt und thematisiert werden.

2.2.2 Zur Entstehungsgeschichte des Ansatzes

Die Entstehung des funktionalistischen Ansatzes zur Systementwicklung kann historisch als ein Wechselwirkungsverhältnis zwischen der

Entwicklung der modernen Systemtheorie sowie der Systemanalyse
seit den 30er Jahren unseres Jahrhunderts und der zeitgleich dazu
erfolgten Entwicklung der elektrotechnischen Grundlagen der modernen Informationstechnik betrachtet werden (vgl. auch [Nur88,
pp. 22], [LWZ84]).[7] Verstärkt wurde diese Wechselwirkung durch
die zeitgleiche Notwendigkeit insbesondere der Amerikaner, ballisti-
sche und logistische Probleme im Rahmen des 2. Weltkrieges zu
lösen [LWZ84, S. 90ff. und S. 153ff.]. Vereinfacht gesprochen wurde dabei versucht, praktisch zu lösende Aufgaben als Funktionen
von Informationsverarbeitungs-Prozessen systemtheoretisch zu modellieren, sie im System-Modell zu lösen und die Ergebnisse wieder auf die Praxis zurückzubeziehen. Die Schlüsselbegriffe der sich
entwickelnden Systemtheorie wurden dazu paradigmatisch auf die
mithilfe der entstehenden Informatik neuen Informationsverarbei-
tungsmöglichkeiten[8] und ihre Schlüsselbegriffe *Programm*, *Daten* und
algorithmisch-deterministische Verarbeitung angewendet:

Reale Weltausschnitte werden in der funktionalistischen Sichtweise als objektiv gegebene Systeme bzw. als objektive Funktionen
von Informationsprozessen betrachtet (s. auch [Nur88, p. 40 und pp.
50ff.], [HK89], [Mil85], [CS90] und [Flo94]). Die Struktur*elemente*
dieser Systeme bestehen aus Daten, die funktional durch Informations*prozesse*, d.h. durch Programme und Algorithmen verbunden
sind. Diese Informationsprozesse lassen sich im wesentlichen durch
die Funktionen *Speichern*, *Verarbeiten* und *Übertragen* von Informa-

---

[7]Selbstverständlich ist dies keine erschöpfende Darstellung *aller* relevanter
Faktoren, die die Ausbildung des funktionalistischen Ansatzes beeinflußten.
Zum Teil reichen die Leitvorstellungen sogar mindestens bis in die Renaissance
und in die frühe Aufklärung zurück mit ihrer Herausbildung mechanistischer
Weltbilder, die zweifelsohne auch viel Nützliches zur zunehmenden technisch-
instrumentellen Welt-Beherrschung beitrugen. Hierauf wird in Kapitel 4 ausführlicher eingegangen.

[8]Der Begriff *Information*sverarbeitung wird hier umgangssprachlich verwendet. In Abschnitt 2.2 zur sozio-technischen Sichtweise wird eine genauere Begriffsbestimmung und Abgrenzung zu dem meiner Ansicht nach an dieser Stelle
treffenderen Begriff *Daten*verarbeitung vorgenommen. Da diese Differenzierung
jedoch argumentativ entfaltet werden muß, sei hier wegen der besseren Verständlichkeit des im Moment relevanten Gedankengangs diese Nachlässigkeit in Kauf
genommen.

tion im Sinne der klassischen Informationstheorie z. B. nach Shannon und Wiener charakterisieren. Aufgrund der vorherrschenden korrespondenztheoretischen Auffassung zum Verhältnis von Wirklichkeit und systemtheoretischer Modellierung ist es möglich, die real-weltlich gestellte Aufgabe *vollständig* im Systemmodell zu lösen, womit zugleich das zugrundeliegende Problem als funktional gelöst angesehen wird.

Auch Denning et al. datieren in ihrem Abschlußbericht *Computing as a Discipline* an das ACM Education Board die Herausbildung der Informatik auf die 40er Jahre. Dabei vernachlässigen sie meiner Ansicht nach aber den gesamten sozio-kulturellen Anwendungs- und Bedürfnishintergrund und erwecken stattdessen den Eindruck, daß die Informatik sich ganz unabhängig davon aufgrund von sachlich-objektiven Faktoren herausgebildet habe: „This discipline was born in the early 1940s with the joining together of algorithm theory, mathematical logic, and the invention of the stored-program electronic computer. ... It is the explicit and intricate intertwining of the ancient threads of calculation and logical symbol manipulation, together with the modern threads of electronics and electronic representation of information, that gave birth to the discipline of computing." [D⁺89b, p. 16]

Die Vernachlässigung der besonderen historischen Umstände bei der Herausbildung der funktionalistischen Sichtweise, nämlich in Wechselwirkung mit der Kriegssituation entstanden zu sein, wirkt nach meiner Einschätzung bis heute nach u. a. in der Einstellung, die funktionalistische Sichtweise sei eine *neutrale* Vorgehensweise für Systementwicklungen:

Es ging sowohl im 2. Weltkrieg wie im danach folgenden kalten Krieg vorrangig um die Gewährleistung spezifizierter Funktionen mithilfe informationstechnischer Unterstützung vor einem *stillschweigend gegebenen* gemeinsamen Interessenhintergrund. Individuelle persönliche Interessen und soziale Aspekte traten vergleichsweise in den Hintergrund, „da das Ziel, eine möglichst hohe Wehrkraft zu erreichen, von allen ... Beteiligten anerkannt wurde". [LWZ84, S.174] Dies nährte meines Erachtens die (trügerische) Haltung, daß es bei

der Systementwicklung um die Lösung von neutralen Sachproblemen
ginge.

Sobald ein solcher implizit verbindender Interessenhintergrund
nicht mehr gewährleistet ist, tritt der Einfluß *sozialer* Faktoren bei
Systementwicklungen wieder in den Vordergrund. Die Wirksamkeit
sozialer Faktoren wird dabei umso deutlicher, je mehr sich die Emanzipation der Informatik von ihren militärischen Entstehungszusam-
menhängen und ihre allgemeine Diffusion in zivil-demokratische Bereiche fortsetzen. Danach sind Systementwicklungen Gegenstand und
Ergebnis eines sozialen und historisch kontingenten Aushandlungs-
prozesses, der Interessen- und Wertkonflikte involviert. Umso unan-
gemessener wird es demgegenüber, im Sinne der funktionalistischen
Sichtweise noch von der Sichtweise *gegebener* Problemstellungen auszugehen. Zu recht fordert deshalb beispielsweise Banbury die verstärkte Beachtung der jeder Systementwicklung zugrundeliegenden
sozialen Interaktionsprozessen: „Both the definition of the problem
and the solution devised are seen as emerging out of a process consi-
sting of the particular individuals interacting." (Zitiert nach [Mil85,
p. 63], ähnlich z.B. [Sid94])

Selbst wenn inzwischen diese Einsicht zunehmend an Boden gewinnt, ist doch die von Miles auch als *Hard-Systems-Paradigm* be-
zeichnete funktionalistische Sichtweise noch die vorherrschende für
Systementwicklungen in der Informatik ([Mil85, p. 62], [Flo94]).
Danach sind die Systementwickler vorrangig zuständig für die systemtheoretisch modellierte Seite der *gegebenen* Problemstellung. Um
mehr brauchen sie sich nicht zu kümmern, denn die korrespondenztheoretische Auffassung menschlicher Erkenntnis gibt ihnen ja die
Gewähr, die modellmäßig erarbeitete Lösung hätte zugleich Relevanz
für die zugrundeliegende reale Aufgabe.

2.2.3 Wissenschaftstheoretische und philosophische Aspekte

Ihre philosophische Entsprechung, zumindest in *systematischer* Hinsicht, findet die funktionalistische Sichtweise meines Erachtens
u. a. in den Kerngedanken des Wittgenstein'schen *Tractatus logico-*

philosophicus.[9] Dies gilt ganz besonders für die korrespondenztheoretische Grundhaltung, wonach es eine unmittelbare Entsprechung bzw. Identität zwischen der logisch-systemtheoretischen Beschreibung und den Sachverhalten gibt: „Die Tatsachen im logischen Raum sind die Welt". [Wit84, Satz 1.13] Auch das skizzierte Defizit, daß pragmatische Aspekte und der soziale Gehalt, z. B. die von den Systembildnern mit dem System intendierten oder mitgedachten Zwecke *im* funktionalistischen Ansatz qua Definition nicht ausgewiesen werden können, läßt sich meines Erachtens in analoger Weise in den Denkweisen des *Tractatus logico-philosophicus* wiederfinden:[10]

Wittgenstein geht in Satz 1 zunächst definitorisch von der Annahme aus, „Die Welt ist alles, was der Fall ist". In Satz 2 wird der Fall näher bestimmt als eine korrespondenztheoretische Beziehung zwischen Tatsachen und Sachverhalten, nämlich „Was der Fall ist, die Tatsache, ist das Bestehen von Sachverhalten". Für Sachverhalte gilt wiederum definitorisch laut Satz 2.01: „Der Sachverhalt ist eine Verbindung von Gegenständen". Damit wird zugleich bestimmt, daß alles, was nicht eine Verbindung von Gegenständen ist, nicht die Welt sein kann. Hierin zeigt sich deutlich die systematische Verwandtschaft zwischen der frühen Wittgenstein'schen Philosophie und der Grundeinstellung der funktionalistischen Sichtweise, die sich auf die Behandlung von empirisch Beobachtbarem und physikalisch Quantifizierbarem beschränkt. Nur durch eine solche positivistische Beschränkung kann nämlich die streng duale Logik des Tractatus gewährleistet werden, die z. B. in Satz 2.21 fordert: „Das Bild stimmt mit der Wirklichkeit überein oder nicht; es ist richtig oder unrichtig, wahr oder falsch", andere Möglichkeiten sind nicht zugelassen.

In ähnlicher Weise lassen sich auch für den Ausschluß des Menschen als Subjekt im funktionalistischen Ansatz systematische Entsprechungen im Tractatus aufzeigen. So postuliert Wittgenstein in Satz 5.631: „Das denkende, vorstellende Subjekt gibt es nicht." In

---

[9]Den Hinweis auf solche *systematischen* Beziehungen zwischen dem frühen Wittgenstein, dem Wiener Kreis des Neo-Positivismus und der Informatik verdanke ich insbesondere Zemanek [Zem93].

[10]Die folgenden Zitate sind alle aus [Wit84], im laufenden Text sind die genauen Sätze jeweils angegeben.

Satz 5.632 erfolgt dann eine Ergänzung dieser Setzung: „Das Subjekt gehört nicht zur Welt, sondern es ist eine Grenze der Welt." Ganz ähnlich könnte der funktionalistische Ansatz charakterisiert werden:

Das Subjekt mit seinen Vorstellungen, Werten, Zielen und Interessen gehört nicht *in* den funktionalistischen Ansatz, es ist eine *Grenze* des Ansatzes. Zugleich jedoch nimmt uns Wittgenstein kategorisch jede Hoffnung, überhaupt etwas von dieser Grenze in den Ansatz zu integrieren, wenn er in Satz 5.641 darauf insistiert, daß das Subjekt „die Grenze - nicht ein Teil - der Welt" sei. Ähnlich verfährt er schließlich in Satz 6.41 mit der Frage nach dem Sinn und Zweck von Welt und mithin mit der Frage nach den pragmatischen Anteilen von Systementwicklungen, wenn er Sinn definitorisch ausschließt: „Der Sinn der Welt muß außerhalb ihrer liegen. In der Welt ist alles, wie es ist, und geschieht alles, wie es geschieht; es gibt *in* ihr keinen Wert - und wenn es ihn gäbe, so hätte er keinen Wert."

Aus der skizzierten philsophischen Grundhaltung heraus, wie sie meines Erachtens analog auch der *idealtypischen* funktionalistischen Sichtweise zugrundeliegt, wird verständlich, warum die Berücksichtigung menschlicher Akteure mit ihren Interessen, Sinn- und Zweckabsichten gar keine Rolle spielt: in dieser Sichtweise geht es ums reine Funktionieren, Welt erschöpft sich in den äußerlich-gegenständlichen Funktionen von Informationsverarbeitungsprozessen, wie sie einer korrespondenztheoretischen Sichtweise eben zugänglich sind.

2.2.4 Kritische Würdigung des Ansatzes

In diesem Abschnitt diskutiere ich die folgenden Problembereiche des idealtypischen funktionalistischen Ansatzes für die Praxis der Systementwicklung:

- Die Ausklammerung des Menschen als (teil-)autonomes Subjekt.

- Die Ausblendung der Integration der Systementwicklung in menschliche Handlungszusammenhänge zugunsten einer Konzentration auf *objektive* Informationsprozesse.

- Die Beschränkungen des Ansatzes durch die Fixierung auf eine ausschließlich systemorientierte Sichtweise von Welt.

Ausklammerung des Menschen als autonomes Subjekt

Der funktionalistisch-systemtheoretische Ansatz kann idealtypisch als ein vollkommen unpersönlicher und a-sozialer Ansatz konzipiert und verstanden werden. Die Ausklammerung des Menschen als (teil-)autonom und absichtsvoll handelndes Subjekt, wie sie als eine Grundannahme der funktionalistischen Sichtweise zugrundeliegt, wird jedoch zunehmend fragwürdig. Der funktionalistische Ansatz steht sich damit *systematisch* selbst im Weg, die oben skizzierten wissenschafts- und erkenntnistheoretischen Vorüberlegungen aufzunehmen, wonach *menschliche* Erkenntnis- und Interpretationsleistung zugleich Bedingung wie Begrenzung unseres Wissens von und über Welt ist. Wichtige selbstauferlegte Begrenzungen des funktionalistischen Ansatzes sind beispielsweise die folgenden Grundannahmen:

- Die systematische Abstraktion von Subjekten als (teil-)autonome Akteure führt zu einem rein mechanischen, willenlosen Menschenbild und impliziert eine rein korrespondenztheoretische Erkenntnistheorie.

- Die außerhalb der quantitativ beobachtbaren Informationsprozesse liegenden sozialen Bedürfnisse und Interessen der jeweiligen Akteure in den Informationsprozessen werden systematisch ignoriert.

- Die mit der Systementwicklung verfolgten Zwecke und Ziele, die in der Regel außerhalb des Bereichs der expliziten oder explizierbaren Funktionen der Informationsprozesse auf einer pragmatischen Ebene liegen, werden systematisch ignoriert.

- Die benannten Reduktionsbereiche ver-führen zur systematischen Unterschätzung der subjektiven Anteile menschlicher Erkenntnis und damit auch zur Unterschätzung des Interessen-, Wert- und Politikgehaltes von Systementwicklungen.

Insgesamt *verhindert* der idealtypisch verstandene funktionalistische Ansatz durch die Ausblendung des Menschen als Subjekt *systematisch*, daß Systementwicklung als sozialer Prozeß verstanden werden kann. Zugleich ignoriert er die darin auftretenden Kommunikationsprobleme, die ihre Ursachen wiederum in den je nach Akteur verschiedenen Sichtweisen und Erlebnishorizonten oder in den verschiedenen mit der Systembildung verfolgten Zwecken und Interessen haben.

Ausklammerung der Integration der Informationsprozesse in menschliche Handlungszusammenhänge

Die Sichtweise von Welt als eine Welt von Informationsprozessen, wie sie dem funktionalistischen Ansatz zugrunde liegt, ignoriert meines Erachtens wichtige Teile von Welt. Sie ist eher eine reduzierende Sichtweise *von* Welt als eine Darstellung *der* Welt, wie die folgende Überlegung zeigt (s. auch [Nur88, p. 46]):

Bedienungsanleitungen und Konstruktionszeichnungen von technischen Geräten genügen zwar einerseits, sofern sie formal vollständig sind, den Vorstellungen der funktionalistischen Sichtweise, indem sie Welt als eine Welt von Informationsstrukturen (z. B. die Bezeichnung der verwendeten Teile) und Informationsprozessen (z. B. die Beschreibung von Montagevorgängen) darstellen. Auf der anderen Seite zeigt die empirische Erfahrung, daß ein sinnvolles Arbeiten mit diesen Dokumenten häufig ohne ein eigenes (implizites) Vorverständnis des Sachverhaltes nicht möglich ist.[11] Diese Bedingung läßt sich jedoch in einer Welt von Informationsprozessen nicht angemessen ausdrücken, weil es implizite Anteile darin gar nicht geben darf.

Ehn und Kyng weisen sehr plausibel auf weitere Unzulänglichkeiten des reinen Informationsverarbeitungs-Ansatzes hin. Zunächst gehen sie von einem Systementwicklungsverständnis ganz im Sinne unserer Design-Sicht aus: „Design of computer support is design of (conditions for) labour processes." [EK89, p. 51] Die hier formulierte

---

[11]Naur hat unter dem Titel *Programming as Theory Building* ähnliche Überlegungen konkret für den Bereich von Systementwicklungen formuliert [Nau85], worauf ich unten näher eingehe.

Design-Sicht impliziert unmittelbar, daß Systementwicklungen (in der Regel) die Arbeitsbedingungen von Menschen beeinflussen und deshalb auch deren Bedürfnisse und Interessen berücksichtigen sollten. Das in der Informatik vorherrschende Verständnis von Systementwicklung scheint demgegenüber in einem eigentümlichen Mißverhältnis zu dieser Sichtweise zu verharren, das sich eher an der funktionalistischen Sichtweise orientiert:

„Dominating schools and practices within systems development

- reduce the jobs of workers to algorithmic procedures, and

- view people and computers as information processing systems, on which the designed data processing has to be distributed

...

According to these methods a new design is supposed to be based solely on an abstract information model." [EK89, p. 52]

Die von Ehn et al. beschriebene Diskrepanz zwischen der Empirie von Systementwicklungen und der Ausblendung der Integration in menschliche Handlungs- und Sinnzusammenhänge in der funktionalistischen Sichtweise ist umso gravierender, als der Einsatz von Informationssystemen seine Ziel- und Zwecksetzung *in der Regel* außerhalb der darin beschriebenen Informationsprozesse hat. Diese für Systementwicklungen konstitutiven Rahmenbedingungen können jedoch aufgrund der oben benannten restriktiven Grundannahmen *im* funktionalistischen Ansatz selbst nicht hinreichend berücksichtigt und reflektiert werden.

Weitere Beschränkungen einer ausschließlich systemorientierten Sichtweise

Oben wurde bereits diskutiert, daß eine ausschließlich systemorientierte Sichtweise von Welt den vielfältigen individuellen und sozialen Erlebnisformen, Sichtweisen und Beschreibungsformen von Welt nicht gerecht wird. Nygaard bemerkt deshalb auch warnend zur ausschließlich systemorientierten Sichtweise von Weltausschnitten: „(A part of the world) may be regarded as being a system by us, if we at the time choose to do so. It may, however be useful **not** to regard that part of the world as a system." [Nyg86, p. 192]

Zugleich haben Nygaard et al. in ihrem *Perspective Concept of Informatics* unter Rückgriff auf wissenschaftstheoretische und erkenntnistheoretische Überlegungen eindringlich darauf hingewiesen, daß Systemzusammenhänge im allgemeinen nicht als ontologisch gegeben angenommen werden können, sondern erst durch Zuschreibung von Akteuren konstituiert werden, was zwangsläufig mit *Perspektivität* und *Selektivität* verbunden ist (s. [NS87]). Danach hängt das, was als System *gilt*, wesentlich vom „jeweiligen Standpunkt eines Systembetrachters" ab, d. h. insbesondere von dessen Entscheidungen, „welche Elemente mit welchen Eigenschaften und welchen Beziehungen zu einem System gerechnet werden und welche nicht". ([Luf88, S. 236], ähnlich [Jan89, S. 330])

Als Fazit der vorgestellten Überlegungen sollte meines Erachtens die von der funktionalistischen Sichtweise postulierte *ausschließliche* Auffassung von Welt als System von bzw. als Funktion von Informationsprozessen als unzureichend für valide Systementwicklung angesehen werden. Stattdessen sollte die Sichtweise von Welt als Welt von Informationsprozessen als *eine* Sichtweise angesehen werden, die Welt - auf bestimmte Aspekte *reduziert* - 'beschreibt', jedoch nie mit Welt gleichgesetzt werden kann.[12]

Selbstverständlich kann es im Rahmen von Systementwicklungen Teilaufgaben geben, die von einer funktionalistischen Sichtweise angemessen erfaßt werden. Die *generelle* Phänomenologie von Systementwicklungen kann jedoch im Rahmen der funktionalistischen Sichtweise nicht angemessen verstanden werden. Deshalb sollte der funktionalistisch-systemtheoretische Ansatz um die Berücksichtigung menschlicher bzw. sozialer Komponenten erweitert werden. Hierzu

---

[12]Diese Konsequenz ergibt sich u. a. daraus, daß bereits in jeder *Beschreibung* eine qualitative Transformation bzw. Konstruktion enthalten ist. Hierauf wurde in Kapitel 1 bei der Beschreibung des Phänomens der *Semiotisierung* hingewiesen. Ähnlich hierzu z. B. Reisin: „Schon dadurch, daß die Benutzer beginnen, den Entwicklern ihre Arbeitsprozesse kommunikativ zu vermitteln, treten sie aus ihrer Alltagswirklichkeit 'heraus' und transzendieren sie zu einem Gegenstandsbereich, der ... damit anders als täglich üblich, auf neue Weise gesehen werden kann." [Rei92, S. 174]

wird im folgenden Abschnitt der sozio-technische Systemansatz vorgestellt und diskutiert.

2.3 Der Sozio-Technische Systemansatz

2.3.1 Kurzcharakterisierung

Der sozio-technische Systemansatz kann als eine Fortentwicklung des funktionalistischen Systemansatzes verstanden werden. Dazu setzt er vor allem an den diskutierten Problembereichen a.) der Reduktion von Welt auf Informationsprozesse und b.) an der Ausklammerung des Menschen als Subjekt an. Seine Grundhaltung skizziere ich folgendermaßen:

Welt ist nicht nur *eine* Welt von informationsverarbeitenden Systemen, sondern es gibt *technische* Systeme und *soziale* Systeme in der Welt, die qualitativ unterschiedlich sind und unterschiedliche Anforderungen und Bedürfnisse haben. Zwischen technischem und sozialem System besteht eine gleichrangige Beziehung, beide werden als mehr oder weniger gegeben angesehen, beide sind sinnvoll nur gemeinsam zu entwickeln. Im sozio-technischen Ansatz kommt es also darauf an, das Zusammenwirken beider Systeme so zu gestalten und zu organisieren, daß den spezifischen Anforderungen und Bedürfnissen beider Systeme entsprochen wird. Die paradigmatische Vorstellung ist die der Gestaltung *sozio-technischer Systeme*. Menschen werden damit zumindest als Benutzer mit qualitativ eigenen Bedürfnissen ausdrücklich in die Modellierung einbezogen.

2.3.2 Zur Entstehungsgeschichte des Ansatzes

Die Ursprünge des *sozio-technischen Systemansatzes* gehen auf das *Tavistock Institue of Human Relations* in London zurück [Mum87]. Dort fanden sich gegen Ende des 2. Weltkrieges Sozialwissenschaftler, (Arbeits-)Psychologen, Anthropologen, Mediziner, Psychiater und Naturwissenschaftler zusammen, um die Zusammenarbeit von Menschen und Maschinen in *sozio-technischen* Systemzusammenhängen zu untersuchen.

Anfänglich stand vor allem die Untersuchung von psychischen und sozialen Problemen zunehmender Mechanisierung und tayloristischer Rationalisierung von Arbeitsprozessen für die Arbeitnehmer im Mittelpunkt. Dabei herrschte eine Orientierung vor, den individuell von solchen Maßnahmen Betroffenen psychotherapeutische Hilfe anzubieten. Bald jedoch stellte sich heraus, daß dieser Ansatz um die Einbeziehung des sozio-technischen Kontextes erweitert werden mußte: „The team began to recognise that if the technical system is optimized at the expense of the human system, the results obtained will be sub-optimal. The goal must therefore be joint optimization of the technical and social systems." [Mum87, p. 63]

Wesentliche Anregungen zur Ausarbeitung der Leitidee *sozio-technischer Systemgestaltung* bekam das Tavistock-Institute unter anderem durch die Arbeiten von v. Bertalanffy zur allgemeinen Systemtheorie [Ber68]. Die Umsetzung in industriellen Pilotprojekten wurde zudem inspiriert durch Vorarbeiten z. B. von Lewin zu autonomen Arbeitsgruppen und weiteren Gruppenarbeitsformen als Alternativen zu tayloristischen und rein funktionalistischen Fließbandkonzeptionen [Mum87, p. 62].

In den fünfziger Jahren wurden vom Tavistock-Institute einige Pilotprojekte zu Rationalisierungsvorhaben in der britischen Stahl- und Kohleindustrie durchgeführt, wobei ausdrücklich eine sozio-technische Gesamtsicht verfolgt wurde. Gegenüber dem rein funktionalistischen Systemansatz konnten damit die Arbeitsbedingungen für das soziale System angemessener gestaltet werden. Allerdings beschränkten sich die Einflußmöglichkeiten weitgehend auf die soziale 'Akzeptanzerhöhung' festgelegter Techniken und Arbeitsorganisationsformen, die ihrerseits *nicht* verhandelbar waren. Deshalb schätzt beispielsweise Enid Mumford, die maßgeblich im Tavistock-Institute wirkte, den erreichten eigenen Erfolg zwiespältig ein: „The Tavy researchers were only able to reform the social organization of the work system. Nevertheless, the fact that they were able to do this was a tremendous achievement." [Mum87, p. 64]

Entscheidende Impulse zur Fortentwicklung erfuhr der sozio-technische Systemansatz seit den 60er Jahren vor allem aus Skandinavien, wo seit 1962 in Norwegen ein umfassendes gesellschaftliches Reformprojekt zur *industrial democracy* ins Leben gerufen wurde (s. etwa [BEK87]). Begünstigt wurden diese Projekte durch einen umfassenden gesellschaftlichen Konsens über die Notwendigkeit von soziotechnischen Reformen: „Industrial relations in Norway had avoided the adversary position adopted by British Trade Unions and managers and there were good relations and mutual trust between the Norwegian Trade Union Congress and the Norwegian Confederation of Employers. They were therefore able to cooperate in examining a number of industrial problems that would have been considered too delicate to address in other countries." [Mum87, pp. 65,66]

Zunehmend wurde in diese Projekte auch die akademische Informatik einbezogen, insbesondere aus Einsicht in ihren Charakter als *angewandte technische Wissenschaft*.[13] Kristen Nygaard hatte daran entscheidend Anteil: „As early as 1970, Kristen Nygaard had a vision about a new kind of co-operation between researchers, system developers, and trade unions. This was a time when the social use of computers was not seriously questioned. If treated at all, the question of computers in relation to democracy at work was shoved to the side and taken up in so called 'wild sessions' at conferences. ... Together with the Norwegion Iron and Metal Workers' Union he created ... new forms of local union work, and demonstrated how computer scientists, through co-operation with users and social scientists, could achieve new insights and use these in the design of systems and the development of their science." [BEK87, p. ix]

Aus den skizzierten historischen Anfängen des sozio-technischen Ansatzes heraus sind zum Beispiel der Bereich *partizipativer Systementwicklung* und das *Prototyping* in der Informatik maßgeblich angeregt worden.[14] Diese Ansätze sind aus der heutigen Praxis der Systementwicklung nicht mehr wegzudenken. Auch die Curriculumsdiskussion der akademischen Informatik profitierte schließlich von diesen Pilotprojekten: „New subjects relevant to systems development were

---

[13]Enid Mumford beschreibt in [Mum87, pp. 69] ausführlich das unter Berücksichtigung der Erfahrungen dieser Zeit entstandene umfassende Rahmenkonzept des Tavistock-Institutes zur sozio-technischen Systemgestaltung.

[14]Vgl. näher hierzu z. B. [A+90]. Zur partizipativen Systementwicklung vgl. auch [SN93] sowie das *Special Issue Participatory Design* der CACM, June 1993. Zum Prototyping vgl. z. B. auch [BKKZ92].

introduced, and new forms of course-work were developed, including empirical studies of development and use of computer systems in organizations." [BEK87, p. x]

2.3.3 Wissenschaftstheoretische und philosophische Aspekte

Für das Verständnis von Systementwicklungen leistet der sozio-technische Systemansatz einen erheblichen Erkenntnisfortschritt gegenüber einer rein funktionalistischen Sichtweise: Die *Unterscheidung von Welt* in ein *technisches* und in ein *soziales* System hebt die Ausklammerung des Menschen als Subjekt bzw. die Ausklammerung eigenständiger sozialer Organisationen weitgehend auf. Außerdem wird durch die integrierte Betrachtung das notwendige Zusammenwirken beider Systeme zur Erreichung der Gesamtzwecke des *sozio-technischen* Systemzusammenhangs betont.

Der sozio-technische Ansatz erlaubt es auch, die einheitliche funktionalistische Sichtweise von Welt als *eine* Welt von Informationsprozessen zu differenzieren. Durch die Einbeziehung der sozialen und organisatorischen Umgebung, die mit den Informationsprozessen umgeht oder für die sie bestimmt sind, kann eine Differenzierung in ein *daten*verarbeitendes technisches System und in ein davon zu unterscheidendes *informations*verarbeitendes soziales oder organisatorisches System vorgenommen werden. Damit wird es auch möglich, pragmatische Aspekte von Welt wie Zielsetzung und Sinngebung von Informationsprozessen *innerhalb* der gewählten Sichtweise zu thematisieren: Im sozialen System wird den *Daten* durch Interpretation Bedeutung verliehen, dieses erst macht sie zu *Informations*prozessen.[15]

---

[15]Nurminen ([Nur88, p. 69]) weist in diesem Zusammenhang zu Recht darauf hin, daß auch erst im sozio-technischen Systemansatz die Frage geklärt werden kann, wie das Daten-System entstehen kann und selbst in Betrieb gehalten wird, nämlich durch die Leistungen des sozialen (Um)systems. Systemtheoretisch gesprochen stellt das Datensystem nämlich ein *allopoietisches* System, d. h. eine Maschine dar. Allopoietische Systeme können sich selbst weder erzeugen noch in Betrieb halten, sie sind fremdbestimmt. Innerhalb der funktionalistischen Sichtweise bleibt danach ungeklärt, wie es überhaupt zur Herausbildung der postulierten Systeme von Informationsprozessen kommt. Der sozio-technische Systemansatz beantwortet diese Frage dahingehend, daß das soziale System als *autopoietisches*

Trotz der diskutierten Fortschritte gegenüber der funktionalisti-schen Sichtweise kann sich jedoch auch der sozio-technische Ansatz nicht vollständig von einer Systemperspektive lösen. Dies zeigt sich unter anderem in der auf einzelne explizite Aspekte beschränkten Berücksichtigung bzw. 'Modellierung' der beteiligten Menschen oder sozialen Organisationen. So läßt beispielsweise die Sprache vom 'Be-nutzer' in vielen sozio-technischen Gestaltungsansätzen erkennen, daß es hier nur um die Integration von gewissen Aspekten der betroffe-nen Menschen geht: sie werden in ihrer *Rolle als Benutzer* wieder zum *Objekt* des sozio-technischen Systems gemacht, dessen Bedürf-nisse z. B. ergonomischer und motivationspsychologischer Art berück-sichtigt *werden* müssen. So bemerkt Mumford beispielsweise durchaus selbstkritisch: „Workers and their trade unions are normally not in-volved as active participants but only as the objects of interviewers who are interested in their perception of the changes. ... The techno-logy on the market is taken for granted and socio-technical studies are limited to adapting the local work organization and the workers to a given technology." [Mum87, p. 71]

Die autonome Behandlung grundsätzlicher Fragestellungen z. B. nach der Notwendigkeit der Technikentwicklung und nach evtl. nicht-technischen Alternativen scheinen also außerhalb der Reichweite des sozio-technischen Systemansatzes zu liegen, obwohl die Beteiligten als (teil-)autonome Subjekte durchaus in der Lage wären, auch die-se Aspekte auszuhandeln: „This increases the risk that participation will be ornamental only." [Tho92, p. 63] Damit bleibt die Einbe-ziehung der Menschen als unteilbare, (teil-)autonome Subjekte im sozio-technischen Ansatz letztlich in einem merkwürdigen Zwischen-bereich zwischen Objekt und Subjekt von Systementwicklung: „If the employees of an enterprise are to 'influence their own working situa-tion', they must do it themselves. If the 'System' does it on their behalf, they are being 'taken into consideration'. This is not 'influen-cing' anything. When the employees are taken into consideration, it is the problems of management that are being solved. When individuals

---

Umsystem weitere von ihm bestimmte *allo*poietische Systemzusammenhänge ge-nerieren kann. Vgl. zur Diskussion von autopoietischen und allopoietischen Syste-men auch näher [Kra89, S. 334f.].

can themselves affect their situation, they are able to solve their *own* problems. Only then can human beings and systems adjust to each other."[16] Hierauf werde ich in Abschnitt 2.3 bei der Darstellung der *human-handlungsorientierten* Sichtweise wieder zurückkommen.

2.3.4 Kritische Würdigung des Ansatzes

Der sozio-technische Ansatz stellt gegenüber dem funktionalistischen Ansatz einen wesentlichen Fortschritt auf dem Weg zu valider Systementwicklung dar. Hierfür schlägt er u. a. folgende zusätzliche Postulate vor:

- Die im technischen und im sozialen System *qualitativ* unterschiedlichen Grundregeln und Rationalitäten werden als gleichberechtigt anerkannt.

- Eine angemessene Systementwicklung kann nur unter gemeinsamer Berücksichtigung der beiden Bereiche erfolgen.

- Es sind angemessene Schnittstellen zwischen den beiden Bereichen zu schaffen.

Die Gestaltung der Schnittstelle zur Verbindung beider Bereiche stellt jedoch zugleich einen der zentralen Problembereiche am sozio-technischen Systemansatz dar. Oben wurde bereits darauf eingegangen, daß die Gestaltung sozio-technischer Gesamtzusammenhänge vor allem an der *sozialen* Organisation von Arbeit ansetzt, eine weitergehende Beeinflussung auch der organisatorisch-technischen Rahmenbedingungen von Arbeit kann jedoch *je nach gesellschaftlichen Rahmenbedingungen* nicht immer erreicht werden. Insofern besteht im sozio-technischen Ansatz die tendenzielle Gefahr, *gegebene* technische Systeme im Sinne einer Akzeptanzschaffung an ihrer 'Benutzer'-Oberfläche z. B. ergonomischer zu gestalten, ohne daß grundsätzliche Technikalternativen diskutiert werden. Eine umfassende Umsetzung des

---

[16] Borre Nylehn, zitiert nach [Nur88, p. 96]. Unter Bezug auf Joseph Weizenbaum bemerkt Nurminen deshalb auch ergänzend als grundsätzliche Kritik: „Any view which fails to regard the human being as a single, indivisible entity is dehumanizing." [Nur88, p. 71].

eigenen Anspruchs, wonach soziales und technisches System gleichberechtigt sind, würde dagegen in der Praxis bedeuten, daß auch beispielsweise Entscheidungen zur strategischen Planung und Kontrolle
der Unternehmensaktivitäten und die Eigentumsfrage in Industrie-
betrieben zur Systementwicklung gehören, was nach kapitalistischem
Selbstverständnis nicht verhandelbare Kernpunkte der ökonomischen
Grundordnung sind (s. etwa selbstkritisch [Mum87, p. 71]).

Die im Rahmen des sozio-technischen Ansatzes verfolgte gleichzeitige und aufeinander abgestimmte Entwicklung des technischen
und des sozialen Systems gerät damit unter den Bedingungen
marktwirtschaftlicher Verhältnisse in starke Abhängigkeit von den
Möglichkeiten und Grenzen der jeweiligen betrieblichen Mitbestimmungsmöglichkeiten: Während die konsequente Umsetzung des An-
spruches der sozio-technischen Sichtweise auf umfassende betrieblichen Mitbestimmungsmöglichkeiten insbesondere der Arbeitnehmer
angewiesen ist, wird ihr dies auf der anderen Seite durch die privat-
marktwirtschaftliche Grundordnung der westlichen Industrienationen
in der Regel nicht zugestanden.

Erschwert wird dieses Problem meines Erachtens durch die
nur teilweise Emanzipation des sozio-technischen Ansatzes von der
Systemperspektive. Je enger die Grenzen der aktiven Mitbestimmungsmöglichkeiten der Beteiligten bei sozio-technischen Gestaltungsprojekten sind, umso stärker wird sich meines Erachtens gerade der Einfluß einer solchen *system*orientierten Sichtweise bemerkbar
machen, die von weitgehend *gegebenen* Systemzusammenhängen ausgeht. Als Beispiel für diese (Selbst-)Begrenzung des sozio-technischen
Ansatzes sei hier stellvertretend die *VDI-Handlungsempfehlung zur
sozialverträglichen Gestaltung von automatisierten Systemen* [VDI89,
S. 5] diskutiert:

„Die Gestaltungsvorschläge gehen von folgenden Grundsätzen
aus:

- Gleichzeitige Planung von menschlicher Arbeit, Technikkonzep-
tion sowie Technikeinsatz

- Frühzeitige und kontinuerliche Zusammenarbeit von Planern,
Entwicklern und Anwendern

- Berücksichtigung der Unternehmensstrategie

- Mitarbeiterbeteiligung und partizipativer Führungsstil

- Integration von Betroffenen

- Frühzeitige und weitreichende Informations- und Schulungsmaßnahmen

- Beachtung des Marktes und der Rückwirkungen auf die gesellschaftliche und natürliche Umwelt (regional, überregional). "

Zunächst wird in der Handlungsempfehlung ganz im Sinne der sozio-technischen Sichtweise die gleichzeitige und aufeinander abgestimmte Planung menschlicher Arbeit und der benötigten technischen Komponenten postuliert. Diese Planung erfolgt jedoch unter „Berücksichtigung der Unternehmensstrategie", ohne daß diese *in* der Handlungsempfehlung zur Diskussion gestellt wird. Selbstverständlich können unternehmensspezifische Regelungen auch hierfür ein Mitspracherecht *aller* Beteiligten vorsehen, in der Praxis dürfte meines Erachtens jedoch genau an diesem Punkt eine der oben diskutierten Einflußgrenzen erreicht sein: *Nach* den *Vorgaben* der Unternehmensstrategie werden die ohnehin vorgesehenen Entwicklungsmaßnahmen soweit zur Diskussion gestellt, daß *auch* soziale Bedürfnisse eingeplant werden *können*, doch schon über deren konkrete Berücksichtigung sagt die Handlungsanweisung nichts aus.

Die aufgezeigte Unentschlossenheit der als Beispiel zitierten VDI-Handlungsempfehlung könnte natürlich durch eine entsprechende Umformulierung um 'industrie-demokratische' Elemente erweitert werden. Die Praxis vieler anderer vom sozio-technischen Ansatz inspirierten Gestaltungsprojekten weist allerdings in der Regel die Ausklammerung genau dieser grundsätzlichen Fragestellungen, Zielsetzungen und Interessenlagen aus dem Bereich des Thematisierbaren auf (so z. B. auch [Mum87] und [BEK87, p. 4]). Dies hat in der Diskussion der sozio-technischen Sichtweise dazu geführt, hierin einen systematischen Kritikpunkt zu sehen: „the approach (is based) on a notion of consensus and common interest and (takes) no account of conflict, disputes of industrial relations." [Mum87, p. 70]

Zusammenfassend kann festgehalten werden, daß der *sozio-technische Systemansatz* zu einer höheren *Akzeptanz* und besseren *Angemessenheit* von Systementwicklungen beitragen kann als der rein auf Informationsprozesse bezogene funktionalistisch-systemtheoretische Ansatz, da er die gleichberechtigte Existenz eines technischen und eines sozialen Systems annimmt. Dennoch können die (zumindest implizit) mit jeder Technikentwicklung verbundenen Interessen, Werte und Sinnvorstellungen unter Umständen für eine Gruppe im sozialen System günstiger sein als für andere Gruppen. Inwieweit die Behandlung dieser Fragestellungen *innerhalb* des sozio-technischen Ansatzes möglich ist, ist dann von den gesellschaftspolitischen Rahmenbedingungen abhängig, wie oben am Beispiel der dezidiert industrie-demokratisch ausgerichteten skandinavischen Erfahrungen aufgezeigt wurde. Die Anerkennung eines qualitativ eigenständigen *sozialen Systems* sollte daher zu einem Rahmen zur Systementwicklung weiterentwickelt werden, der seinen Ausgangspunkt in der Anerkennung der beteiligten Menschen als (teil-)autonom Handelnde hat und der sich an den jeweils konkret zu bewältigenden Aufgaben ihrer Praxis zu orientieren hat. Ein solcher Rahmen wird im folgenden Abschnitt skizziert.

2.4 Der Human-Handlungsorientierte Ansatz

2.4.1 Kurzcharakterisierung

Die Konzeption des *human-handlungsorientierten* Ansatzes unterscheidet sich grundsätzlich von den beiden zuvor genannten Ansätzen: Er geht von der anthropologisch motivierten Annahme aus, daß sich Menschen immer in Situationen befinden, die sie durch Handeln zu bewältigen haben, *ohne* daß sie hierfür direkt eine Systemperspektive einnehmen müssen.[17] Weiterhin wird davon ausgegangen, daß die Bewältigung von Situationen meistens durch verschiedene al-

---

[17]Damit erlaubt die human-handlungsorientierte Sichtweise in erkenntnistheoretischer Hinsicht einen potentiell vielfältigeren Zugang zur zugrundeliegenden lebensweltlichen Situation.

ternative Erkenntnis- und Handlungsweisen erfolgen kann, die Entscheidung darüber ist normalerweise nicht deterministisch gegeben. Vielmehr wird das jeweilige Verhalten entscheidend durch situative, beispielsweise individuelle, soziale, kulturell-historische und materielle Einflußgrößen mitbestimmt. Die konkrete Situationsbewältigung wird dann - zumindest teilweise - autonom und selbstverantwortlich von den Beteiligten geleistet mit dem Ziel der Situationsbeherrschung bzw. -kontrolle.

Konstitutiv für die handlungs-orientierte Sichtweise ist weiterhin, daß die Handelnden mit ihren Handlungen jeweils einen subjektiven *Sinn* verbinden (können müssen). Dieses Kriterium spielt in der funktionalistischen Sichtweise prinzipiell keine Rolle, da es aus dieser Perspektive Menschen als (teil-)autonome Akteure nicht gibt, sondern ums rein äußerliche Funktionieren geht, was mit Weber anschaulich als *Sichverhalten* bezeichnet werden kann [Web80, S. 1ff.].

Auch im sozio-technischen Ansatz bleibt der Stellenwert menschlichen Handelns als sinnbezogenes bzw. absichtsvolles menschliches Verhalten unklar. Alleine die 'Akzeptanzschaffung' bei der Bedienungsweise stellt nämlich noch nicht den Sinn des ganzen Vorgangs sicher. Im human-handlungsorientierten Ansatz wird deshalb explizit als Leitidee postuliert, daß bei der Situationsbewältigung stets darauf zu achten ist, daß der oder die Handelnden damit einen subjektiven Sinn verbinden können. Zusammenfassend ist der Ansatz also grundsätzlich dem *emanzipatorischen (Erkenntnis-)Interesse* im Sinne von Habermas verpflichtet, „Erkenntnis um der Erkenntnis willen mit dem Interesse an Mündigkeit zur Deckung" [Hab69, S. 164] zu bringen.

2.4.2 Zur Entstehungsgeschichte des Ansatzes

Die Entstehungsgeschichte und der Charakter des human-handlungsorientierten Ansatzes unterscheidet sich deutlich von den beiden vorstehend beschriebenen Ansätzen. Dies liegt hauptsächlich daran, daß dieser Ansatz eher als ein genereller Orientierungsrahmen denn als ein direkt umsetzungsbezogener Ansatz anzusehen ist (s. auch [HK89, p. 1209]). Zugleich kann die human-handlungsorientierte Sichtweise noch nicht als ein in gleicher Weise praktisch erprobter Ansatz wie die beiden vorhergehenden Sichtweisen gelten. Der handlungsorientierte Ansatz versucht vielmehr eine programmatische Rahmenkonzeption zur verständigungsorientierten Bewältigung der pragmatischen Lücke zur Verfügung zu stellen.

Eine wichtige Inspiration des handlungsorientierten Ansatzes ist in der (allerdings eher implizit bleibenden) Ausrichtung am Kriterium der *Konvivialität* zu sehen. Dieses ursprünglich von Ivan Illich vorgeschlagene Kriterium wird im Sinne von Steinmüller verstanden als Verpflichtung von Technikentwicklung, „in förderlichem Bezug zur gesellschaftlichen Entwicklung" [Ste93, S. 110f.] zu stehen. Dazu gehört u. a. die Beachtung ihrer möglichst weitgehenden grundsätzlichen Modifizier- und Revidierbarkeit.

Als hiermit eng verknüpfte *theoretische* Motivation des handlungsorientierten Ansatzes kann die von Berger und Luckmann entwickelte sozialkonstruktivistische Sichtweise zur Konstitution von Wirklichkeit angesehen werden [BL94]. Sie bezeichnen ihre Sichtweise auch als Beitrag zur *Wissenssoziologie*, aus dem ich die folgenden hauptsächlichen Weisen menschlicher Situationsbewältigung näher darstellen möchte:

- Die Phase der *Habitualisierung*

- Die Phase der *Institutionalisierung* und das Problem der *Legitimation* von Institutionen

- *Verdinglichung* als unerwünschte Entwicklung

Berger und Luckmann gehen von der Vorstellung aus, daß Menschen in neuen Situationen sich zunächst ganz bewußt damit vertraut machen müssen, wie sie zu handeln haben. Diese Phase nennen sie *Habitualisierung* [BL94, S. 56ff.]. Der hauptsächliche Nutzen von Habitualisierung besteht in der Komplexitätsreduktion von Welt für uns Menschen: wir können uns zur Situationsbewältigung auf gewisse Routinen stützen und müssen nicht erst in jeder Situation aufs Neue eine angemessene Handlungsweise 'erarbeiten'.

Treten gewisse Situationen häufiger ein, so wird das Verhalten durch einen *sozialen* Interaktions- und Verständigungsprozeß in eine kulturelle *Institution* überführt. *Institutionen* können als intersubjektive Verallgemeinerung von Habitualisierung angesehen werden: „Die institutionale Welt ist vergegenständlichte menschliche Tätigkeit, und jede einzelne Institution ist dies ebenso. ... Trotz ihrer Gegenständlichkeit für unsere Erfahrung gewinnt die gesellschaftliche Welt dadurch keinen ontologischen Status, der von jenem menschlichen Tun, aus dem sie hervorgegangen ist, unabhängig wäre." [BL94, S. 65]

Mit der zunehmenden Institutionalisierung wächst die Notwendigkeit, die institutionale Welt zu *legitimieren*. Da Institutionen häufig länger Bestand haben, als die Lebensspanne der Menschen, die an ihrer Herausbildung beteiligt waren, muß für die folgenden Generationen die Übernahme der Institutionen jeweils neu erklärt und gerechtfertigt werden: „Das Problem der Legitimation entsteht unweigerlich ... wenn die Vergegenständlichung einer institutionalen Ordnung einer neuen Generation vermittelt werden muß." [BL94, S. 100] Für Systementwicklungen mag zwar die *generationsübergreifende* Legitimierung nicht unmittelbar einsichtig sein, dennoch ist meiner Ansicht nach das Problem der *Legitimierung* von *zentraler Bedeutung* für die verständigungsorientierte Bewältigung der pragmatischen Lücke:

Systementwicklungen können meines Erachtens durchaus als Institutionen im Sinne von Berger und Luckmann verstanden werden. Der *Prozeß* der Systementwicklung vollzieht sich nämlich häufig in *einem* konkreten sozialen und historischen Kontext, während der Einsatz der Systementwicklung *als Produkt* in der Regel in vielen davon *verschiedenen* Kontexten erfolgt. Dies ist eine der wesentlichen Ursachen der pragmatischen Lücke, zu deren Bewältigung die Legitimierung deshalb notwendige Bedingung ist: „Legitimierung ... produziert eine neue Sinnhaftigkeit. ... Die Funktion dieses Vorganges ist, 'primäre' Objektivationen, die bereits institutionalisiert sind, objektiv zugänglich und subjektiv ersichtlich zu machen. ... Das Ganze einer institutionalen Ordnung (sollte) sinnhaft erscheinen, und zwar für die an verschiedenen institutionellen Prozessen Beteiligten übereinstimmend sinnhaft." [BL94, S. 99] Bezogen auf Systementwicklungen heißt dies:

Wenn eine Systementwicklung *als Produkt* in einen vom Entstehungskontext verschiedenen sozialen Zusammenhang eingebracht wird, bedarf dieser Vorgang der *Legitimierung*, wenn das Produkt sinnvoll nutzbar sein soll (so auch [Flo89b]). In diesem Sinne ist *Legitimierung* notwendig zur verständigungsorientierten Bewältigung der pragmatischen Lücke. Hilfreich erscheinen hierfür insbesondere diskursive Elemente, die die Aufgabe haben, „Erklärungen und Rechtfertigungen in die Augen springender Elemente der institutionellen Überlieferung" [BL94, S. 100] zu geben.

Werden *Institutionen* noch weiter standardisiert oder verfestigt, sprechen Berger und Luckmann von *Verdinglichung* und meinen damit eine Verselbständigung der Regeln und Institutionen von ihrem zugrundeliegenden historischen und sozialen Entstehungszusammenhang: „Das Grund-'Rezept' für die Verdinglichung von Institutionen ist, ihnen einen ontologischen Status zu verleihen, der unabhängig von menschlichem Sinnen und Trachten ist." [BL94, S. 96f.]

Im Stadium der Verdinglichung können die ursprünglich als Handlungserleichterung gedachten Institutionen selbst zum Problem werden, wenn sie z. B. aufgrund ihrer Starrheit so gut wie nicht mehr zu ändern sind, obwohl die Entwicklung der lebensweltlichen Situation eine Änderung erfordern würde: „Eine verdinglichte Welt ist per definitionem eine enthumanisierte Welt. Der Mensch erlebt sie als fremde Faktizität, ein opus alienum, über das er keine Kontrolle hat, nicht als das opus proprium seiner eigenen produktiven Leistung." [BL94, S. 95]

Bei Systementwicklungen ist deshalb immer darauf zu achten, daß sie zur Aufrechterhaltung der weiteren gesellschaftlichen Entwicklungsfähigkeit selbst modifizierbar, d.h. *konvivial* bleiben müssen, wenn sie ihren Sinn als Erleichterung der täglichen Situationsbewältigung behalten sollen: „Die entscheidende Frage ist, ob sich (der Mensch) noch bewußt bleibt, daß die gesellschaftliche Welt, wie auch immer objektiviert, von Menschen gemacht ist, - und deshalb neu von ihnen gemacht werden kann." [BL94, S. 95]

Wenn diese Forderung dagegen durch Grundannahmen wie beispielsweise im funktionalistischen Ansatz verdrängt wird, wo von *objektiv gegebenen* Informationsprozessen ausgegangen wird, dann droht nach Berger und Luckmann die Gefahr, daß „die wahre Beziehung zwischen dem Menschen und seiner Welt im Bewußtsein in ihr Gegenteil verkehrt (wird). ... Das bedeutet: der Mensch ist paradoxerweise dazu fähig, eine Wirklichkeit hervorzubringen, die ihn verleugnet." [BL94, S. 96, 97]

Der ausschließliche Einsatz von Sichtweisen zur Systementwicklung, die zu einer solchen Verleugnung neigen bzw. eine Reflexion der aufgezeigten Zusammenhänge nicht erlauben, erscheint daher ungeeignet für die verständigungsorientierte Bewältigung der pragmatischen Lücke. Mit dem hier vorgestellten human-handlungsorientierten Ansatz wird deshalb ein Weg beschritten, der solche Reflexionen sogar als konstitutiven Bestandteil vorsieht.

2.4.3 Wissenschaftstheoretische und philosophische Aspekte

In der wissenschaftstheoretischen Betrachtung des handlungsorientierten Ansatzes zeigt sich im Vergleich zu den oben diskutierten systemorientierten Ansätzen eine deutliche Akzentverschiebung von einer abbildtheoretischen Grundhaltung hin zu einem Orientierungsrahmen von kontextabhängiger Situationsbewältigung:

In den beiden oben diskutierten Systemperspektiven besteht die grundsätzliche Tendenz, die mit dem *Systembegriff* ermöglichte Erkenntnis von Welt im korrespondenztheoretischen Sinne ontologisch aufzufassen. Im human-handlungsorientierten Ansatz dagegen wird der *Systembegriff* verstanden als ein Zeichensystem, durch dessen situationsbezogene Interpretation Realität erkennbar und bewältigbar wird, ohne daß das dabei entstehende Welt*bild* notwendigerweise ontologisch verstanden wird.[18]

---

[18]Im Sinne der Peirceschen Erkenntnistheorie ([Pei91], [Pei83], s. auch [Ape75]) wird also davon ausgegangen, daß unsere Erkenntnis empirischer Realität ihrerseits wiederum „von den Eigenschaften des Zeichens, das heißt von dessen Struktur" [Oeh93, S. 71] beeinflußt wird. Zugleich wird ebenfalls im Sinne von Peirce davon ausgegangen, daß unsere Erkenntnis stets nur zeichenhaft für gewisse Aspekte des Bezeichneten steht, und dieses auch nicht *objektiv*, sondern immer aktiv interpretierende Subjekte oder eine Interpretationsgemeinschaft voraussetzt: „Ein Zeichen, oder Repräsentamen, ist etwas, das für jemanden in einer gewissen Hinsicht oder Fähigkeit für etwas steht. ... Es steht für das Objekt nicht in jeder Hinsicht." [Nö85, S. 36]) Wie relevant gerade der letzte Hinweis in der Diskussion verschiedener Sichtweisen von Systementwicklungen ist, verdeutlichen auch

Aus der Sicht des human-handlungsorientierten Ansatzes stellen die beiden oben skizzierten systemorientierten Ansätze also Unterstützungsmöglichkeiten zur Situations*definition* und *-bewältigung* innerhalb eines umfassenderen erkenntnistheoretischen Rahmens dar. Der Stellenwert der Systemperspektive verschiebt sich darin in Richtung eines selektiv für bestimmte Aspekte von Welt geeignetes Erkenntnisinstrument zur erfolgreichen Situationsbewältigung, was den handelnden Menschen zugleich ein größeres Maß an (Handlungs)Autonomie erlaubt.

2.4.4 Kritische Würdigung des Ansatzes

Der handlungsorientierte Ansatz geht in seiner Grundhaltung von Menschen als (teil)autonome Subjekte zur eigenverantwortlichen Situationsbewältigung aus. Ich möchte nun die nachstehenden Punkte näher diskutieren, die mir für Systementwicklungen im Rahmen des human-handlungsorientierten Ansatzes besonders wichtig erscheinen:

- Zwischenmenschliche Kommunikation als zentrales Medium im human-handlungsorientierten Ansatz.

- Beachtung der grundsätzlichen Revidierbarkeit der Systementwicklung sowie Orientierung an den zugrundeliegenden lebensweltlichen Zusammenhängen im Sinne kommunikativer Rationalität.

- Gezielte Bewahrung menschlicher Anteile, die nicht formalisiert werden dürfen.

Checkland und Scholes im Rahmen des von ihnen vorgeschlagenen Ansatzes zur *Soft Systems Methodology:* „It is perfectly legitimate for an investigator to say 'I will treat (a part of the world) *as if it were* a system', but that is very different from declaring that it *is* a system. ... The error here is to confuse a *possibly plausible description* of perceived reality, with perceived reality itself. ... This may seem a pedantic point, but it is an error which has dogged systems thinking and causes much confusion in the systems literature. Choosing to think about the world as if it were a system can be helpful. But this is a very different stance from arguing that the world *is* a system, a position which pretends to knowledge no human being can have." ([CS90, pp. 21], ähnlich auch [Che95])

Ausgangspunkt des human-handlungsorientierten Ansatzes ist die Orientierung an der anthropologischen Grundbedingung, wonach Menschen stets ihre lebensweltlich gegebene Situation 'bewältigen' müssen. Dabei steht in der Regel nicht so sehr der einzelne Mensch in einer gegebenen Situation, sondern er sieht sich vielmehr als Gruppe oder zunehmend sogar als globale menschliche Gemeinschaft solchen Situationen gegenüber.[19] Damit bekommt die *zwischenmenschliche* Kommunikation zur Bestimmung der Situation, ihrer Handlungserfordernisse und zur Handlungskoordination einen zentralen Stellenwert im handlungsorientierten Ansatz. Wesentlich ist daher die Schaffung und Eröffnung vielfältiger Möglichkeiten zur gesellschaftlichen Aushandlung von Handlungsplänen zur Systementwicklung, *bevor* diese umgesetzt werden:

„Technikentstehung und -nutzung sind als ein Prozeß der sozialen Organisation von Wissen auf der Basis von Interessen aufzufassen. ... Diskurs und gesellschaftliche Reflexion sind also gefordert." [A+92, S. 68] Dazu gehört auch, daß bei Systementwicklungen stets zu überprüfen ist, ob gegebene Situationen nicht „besser durch nicht-technische, soziale Lösungen, bei Bedarf unterstützt durch politische Regulierungen, zu bewältigen sind als durch einen erweiterten Technikeinsatz." [A+92, S. 80] Im weiteren Verlauf der Problemlösung kann es sich dann selbstverständlich als sinnvoll erweisen, Teile der Problemsituation als informationsverarbeitendes oder als sozio-technisches System zu modellieren und zu entwickeln. Dies ist jedoch im Unterschied zu den oben dargestellten Ansätzen nicht unmittelbar präjudiziert.

---

[19] Die zunehmende Notwendigkeit einer *globalen* Situationsdefinition und Situationsbewältigung ergibt sich aus der Einsicht in die „durch die technologischen Konsequenzen der Wissenschaft hergestellten planetaren Einheitszivilisation." [Ape76, S. 359] Diese Entwicklung bezeichnet Beck auch als *Risikogesellschaft*: „Der Machtgewinn des technisch-ökonomischen 'Fortschritts' wird immer mehr überschattet durch die Produktion von Risiken. ... Diese können nicht mehr ... lokal und gruppenspezifisch begrenzt werden, sondern enthalten eine Globalisierungstendenz, die Produktion *und* Reproduktion ebenso übergreift wie nationalstaatliche Grenzen unterläuft und in diesem Sinne *über*nationale und klassen*unspezifische Globalgefährdungen* mit neuartiger sozialer und politischer Dynamik entstehen läßt." [Bec86, S. 17f.].

Die Grundhaltung des handlungsorientierten Ansatzes hat weiterhin wesentliche Konsequenzen für die *Komplexität* der damit verträglichen Systementwicklungen. Wenn diese vorrangig der Situationsbewältigung und Situationsbeherrschung dienen sollen, so sollten die Systementwicklungen selbst nicht solche Situationen schaffen, die aufgrund ihrer Komplexität oder Undurchschaubarkeit die Möglichkeiten künftiger Situationsbewältigung so stark einengen, daß eine *autonome menschliche* Situationsbewältigung gar nicht mehr möglich ist. Darunter verstehe ich vor allem Probleme, die häufig als *Sachzwang* bezeichnet werden, aber in ihrem Kern Vorwegnahmen künftiger sozialer Entwicklungsmöglichkeiten durch zuvor von Menschen geschaffene (sozio-)technische Entwicklungen darstellen. Insbesondere ist eine Verdinglichung im Sinne von Berger und Luckmann zu vermeiden und stattdessen eine Orientierung am Kriterium der menschlichen Beherrschbarkeit bzw. der *Konvivialität* anzustreben: „One has to know how to use the tool, and it must be under the user's control. ... This often turns out to mean partial or total rejection of the idea of the total system and of integrated system structures." [Nur88, p. 117]

Siefkes beispielsweise thematisiert diesen Zusammenhang konkret für Systementwicklungen unter der Leitidee *Kleine Systeme* [Sie92] und versteht darunter, daß Systementwicklungen so beschaffen sein sollten, daß sie in einem evolutionären Sinne stets zwischen *Form* und *Prozeß* pendeln können. Ihren Sinn erhalten Kleine Systeme durch den Bezug auf die zugrundeliegenden Aufgaben, bei deren Bewältigung sie helfen sollen. Als unerwünscht sieht Siefkes hingegen Systeme an, deren Formen sich von diesem Wechselverhältnis gelöst haben oder für eine Veränderung zu starr, d. h. *zu groß* sind und die er im Unterschied zum Werkzeug als *Maschine* bezeichnet: „Wir machen ein *Werkzeug* zur *Maschine*, wenn wir das System beim Umgang damit nicht klein halten können. ... Wenn wir es groß werden lassen, lenken wir die Kommunikation in automatisierte Kanäle und blockieren Veränderungen." [Sie92, S. 16]

Im handlungsorientierten Ansatz ist es deshalb erforderlich, daß die hierfür konstitutive *intersubjektive* Situationsdefinition und Handlungskoordination nicht durch zu große Systeme bereits in ihrem

Ergebnis vorweggenommen oder wesentlich beeinflußt wird. So ist
beispielsweise im Sinne von von Hentig zu fordern, daß ganz bewußt
Freiraum bleibt für „ein Moment der Inkongruenz und der Unplanbar-
keit," insbesondere „indem man festlegt, was nicht festgelegt werden
darf" und durch „die bewußte Befreiung bestimmter Räume ... von
den Vorgriffen der Planung." ([vH72, S. 189], s. auch [Wil95, S. 21])
Nur so kann schließlich angemessen der Forderung entsprochen werden, daß es bei der Bewältigung von Situationen spezifisch menschliche Anteile und Kompetenzen gibt, die es bei der Systementwicklung
zu bewahren gilt. Dazu gehören z. B. die Erhaltung der Erfahrbarkeit
der eigenen Auseinandersetzung mit der realen Situation und der eigenen sozialen Eingebundenheit sowie die Durchschaubarkeit bzw.
Interpretierbarkeit der Systementwicklung vor dem eigenen Ziel- und
Interessenhorizont: „Gegen die Mechanisierung unseres Weltbildes ist
ein Mehr an kommunikativer Rationalität zu aktivieren, die sich vor
allem auf die Lebenswelt der menschlichen Kommunikationsgemeinschaft bezieht." [Wil92a, S. 3]

2.5 Zur Notwendigkeit einer integrierten Sichtweise

Die in diesem Kapitel beschriebenen Sichtweisen von Systementwicklungen sind sicherlich in dieser idealtypischen Unterscheidung kaum
in der Praxis der Systementwicklung vorzufinden; auch dieses zu be-
haupten, ist nicht meine Absicht. Die erreichte Klärung ist vielmehr
unter wissenschaftstheoretischer Perspektive notwendiger Bestandteil
der vorliegenden Arbeit. Dabei wurde insbesondere deutlich, daß Systementwicklungen unter verschiedenen Perspektiven gesehen werden
können, wobei der human-handlungsorientierte Ansatz eine Art Integrationsrahmen im Sinne kommunikativer Rationalität darstellt: „It
captures many positive features of the previous stories and adds the
important notion of emancipation."[20] [HK89, p. 1209]

---

[20] *Emancipation* ist dabei von den Autoren explizit im Habermas'schen Sinne
des *emanzipatorischen Interesses* gemeint. Im Unterschied dazu zeichnet sich insbesondere der funktionalistische Ansatz durch seine Fixierung auf das *technisch-
instrumentelle* Interesse im Sinne von *Zweckrationalität* aus. Auf diese Unterschei-

Wenn ich im human-handlungsorientierten Ansatz dafür plädiert habe, stets eine reflektierte Beziehung zwischen gegebener Situation und unserem konkreten Verhalten herzustellen, so kann dies im Rahmen einer Systementwicklung für viele Bereiche mit systemtheoretischen Begriffen durchaus auf angemessene Weise geschehen. Umgekehrt bin ich im Rahmen des handlungsorientierten Ansatzes jedoch nicht darauf angewiesen, alles *nur* unter einer systemorientierten Begrifflichkeit zu sehen und zu beschreiben. Insbesondere kann erst im Rahmen des handlungsorientierten Ansatzes die zentrale Bedeutung der sozialen Interaktionsprozesse für die Phänomenologie von Systementwicklungen angemessen thematisiert werden: „It is clear ... that the technical quality of systems is only one of several aspects that affect system success and is by no means the most important one. ... Technological capabilities, requirements, etc. cannot become important unless the technical side is seen in the context of social action interdependencies." [HKN91, pp. 604, 605]

Der handlungsorientierte Ansatz als Integrationsrahmen kann darüberhinaus auch als Ausgangspunkt für die praktische Entwicklung von Methoden zur Systementwicklungen verstanden werden, die zugleich die systematischen Unzulänglichkeiten der oben skizzierten systemorientierten Ansätze bewältigen helfen: „It is the elements of social action which govern the ultimate outcome of the system and not the quality of technology or method wizzardry as such. ... Evidence ... suggests that politics and technical design are inseparable. ... From this emerges the conclusion that methodologies must be built upon a clear understanding of system development as social action." [HKN91, p. 604]

Der Integrationsrahmen des handlungsorientierten Ansatzes erlaubt es also, den sozialen und zugleich handlungsorientierten Charakter von Systementwicklungen im Hinblick auf die Bewältigung der pragmatischen Lücke angemessen begrifflich und konzeptionell zu erfassen und zu verstehen. Dabei kann er selbstverständlich *bereichspezifisch* durch stärker systemorientierte Ansätze und Techniken *ergänzt* werden. Siefkes ist daher zuzustimmen, wenn er schreibt: „Beim Systementwurf dürfen wir formale Methoden nur für die Maschinen-

---

dungen gehe ich in Kapitel 5 ausführlich ein.

Komponenten anwenden. Welche Bereiche wir automatisieren und daher formalen Methoden unterwerfen wollen, müssen wir nicht-formal herausfinden, unter Bezug auf das ganze System." [Sie92, S. 18f]

Allerdings ist Siefkes dahingehend zu erweitern, daß es nicht nur um den Bezug auf das *ganze System* geht, sondern um den Bezug auf die gesamte lebensweltliche Situation in ihrer ganzen Fülle, worauf auch Weizenbaum zu Recht hinweist: „Die Welt, das sind viele Dinge, und kein Einzelrahmen ist umfassend genug, alle zu enthalten, weder die der menschlichen Naturwissenschaft noch der menschlichen Dichtung, weder die der rechenhaften Vernunft noch die der reinen Intuition. ... (Man) muß über die Beschränkungen seiner Werkzeuge ebenso sprechen wie über deren Möglichkeiten." [Wei78, S. 361f.] Genau dies macht die Spannung, den Bezugsrahmen und die Zielsetzung des in der vorliegenden Arbeit zu entwickelnden Ansatzes *diskursiver Anforderungsanalyse* aus.

Kapitel 3

Systementwicklung und Software-Technik

In diesem Kapitel stelle ich mit dem *Software-Engineering* (Abschnitt 3.1) und dem *Requirements-Engineering* (Abschnitt 3.2) diejenigen Teildisziplinen der Informatik vor, die sich mit Systementwicklung unter methodischen und theoretischen Aspekten beschäftigen. *Software-Engineering* bezeichnet diejenige Teildisziplin der Informatik, die sich mit Grundlagen und Methoden von Systementwicklungen insgesamt beschäftigt. *Requirements-Engineering* bezeichnet diejenige Teildisziplin der Informatik, die sich mit der Ermittlung und Konstruktion der Anforderungen an Systementwicklungen beschäftigt. Aufgrund ihrer methodischen Ausrichtung werden insbesondere diese beiden Teildisziplinen der Informatik in der deutschsprachigen Literatur auch zunehmend als *Software-Technik* bezeichnet (vgl. näher dazu z. B. [H+94]).

Die im folgenden gewählte Darstellungsform setzt ein generelles Vorverständnis der Grundbegriffe und Inhalte beider Disziplinen voraus. Gemäß dem Erkenntnisinteresse der vorliegenden Arbeit werden sie vor allem begrifflich und inhaltlich unter der Fragestellung rekonstruiert, inwieweit sie geeignete Anknüpfungspunkte für den Ansatz diskursiver Anforderungsanalyse darstellen. Der Anspruch der Darstellung ist dagegen nicht, eine umfassende Einführung in einzelne Methoden und Techniken des Software-Engineering bzw. des Requirements-Engineering zu geben.[1]

3.1 Software-Engineering

3.1.1 Zur Entstehungsgeschichte des Software-Engineering

Historisch gesehen entstanden der Begriff und die Informatik-Teildisziplin *Software-Engineering* Ende der 60er Jahre als Folge einer Entwicklung, die durch eine stetig wachsende Diskrepanz zwischen der zunehmenden Leistungsfähigkeit von Hardware und der damit nicht schritthaltenden Qualität der Software gekennzeichnet war. Dieses Phänomen wurde damals auch populär unter der Bezeichnung *software crisis* oder *Software-Krise*.[2] Die Software-Krise wird gewöhnlich durch die Problembereiche *Zuverlässigkeit*, *Beherrschbarkeit* und *Angemessenheit von Software* sowie *methodische Probleme* und *Termin- und Kostenüberschreitungen* bei Systementwicklungen charakterisiert und es ist heftig umstritten, ob sie inzwischen als überwunden angesehen werden kann.

Ganz besonders beunruhigt über diese Problematik zeigte sich die NATO, so daß 1967 das NATO Science Committee beschloß, eine *Study Group on Computer Science* einzurichten, die diese Situation untersuchen sollte. F. L. Bauer, der der deutschen Delegation für diese Arbeitsgruppe angehörte, formulierte im Verlauf seiner Mitarbeit die Forderung nach einer ingenieurmäßigen Grundlage für die Software-Entwicklung: „The whole trouble comes from the fact that ... software is not made in a clean fabrication process, which it should be. ... What we need, is software engineering." [Bau93, S. 259] Die anschließende Reaktion in der Arbeitsgruppe auf diese Äußerung und die weitere Entwicklung kamen selbst für Bauer überraschend: „Das schlug ein. Ein Ausdruck, der als ein Widerspruch in sich wirken

---

[1]Für eine allgemeine Einführung sind beispielsweise die folgenden Lehrbücher geeignet: [Som87] und [SS93] für das Software-Engineering sowie [GW89] und [Par91] für das Requirements-Engineering. Aktuelle Kompendien sind z. B. [McD91] und [Dav93], jeweils mit umfassender weiterführender Bibliographie.

[2]F. L. Bauer schreibt diesen Ausdruck Isidor Isaac Rabi zu [Bau93].

sollte, wurde zur Leitformel für die weiteren Beratungen der Study
Group. Man kam Ende 1967 zu dem Ergebnis, eine *Working Conference on Software-Engineering* vorzuschlagen, und das NATO Science
Committee stimmte dem zu." [Bau93, S. 59] Diese erste Arbeitstagung fand dann unter Leitung von F. L. Bauer vom 7. bis 10. Oktober 1968 in Garmisch-Partenkirchen statt, sie kann als eigentliche
'Geburtsstunde' des *Software-Engineering* als Teildisziplin der Informatik angesehen werden.[3]

Aufgrund der großen Resonanz der Tagung in Garmisch-Partenkirchen wurde im Oktober 1969 eine Nachfolgetagung in Rom durchgeführt, die sich stärker methodisch-technischen Aspekten widmete.[4]
F. L. Bauer schildert den Verlauf und die Ergebnisse dieser Tagung
optimistisch: „Die Bezeichnung *Software-Engineering* wurde allgemein akzeptiert und mit Sinn erfüllt; dieses Phänomen hatte mich
schon in Garmisch fasziniert und zu der Bemerkung animiert:' The
concept seems to be clear by now, since it has been defined several
times by examples of what it is not.'" [Bau93, S. 260]

Wenngleich die beiden NATO-Tagungen zu Ende der 60er Jahre
zur Herausbildung von Software-Engineering als Begriff und Teildisziplin der Informatik, die sich mit Grundlagen und Methodik von
Systementwicklungen beschäftigt, entscheidend beigetragen haben,
so ist bis heute allerdings heftig umstritten, ob bzw. inwieweit die
bisher erreichten Ergebnisse die damals konstatierte Software-Krise
bewältigen konnten. Floyd vertritt meiner Ansicht nach ein durchaus
zutreffendes Urteil in der Einschätzung des Erreichten:

---

[3]Bereits dieser kurze historische Abriß zeigt deutlich, daß die Entstehung von
Software-Engineering'auf Veranlassung der NATO' zumindest *auch* Ausdruck sozialer Prozesse ist. Die Probleme der *software-crisis* sind nämlich keine Probleme
aus sich heraus, sondern werden vor dem Hintergrund bestimmter sozialer Kontexte als Probleme empfunden. Dieser Hinweis ist mir insofern wichtig, da in
der weiteren Entwicklung des Faches Software-Engineering häufig versucht wurde, sich gerade von den gesellschaftlichen Entstehungs- und Anwendungsbezügen
bei Systementwicklungen fernzuhalten und sich vorrangig mit den formalen und
technischen Fragestellungen zu beschäftigen. So z. B. auch die Kritik von [Wit94,
S. 53], der diese Haltung als *Traditionelle Ausrichtung* des Software-Engineering
bezeichnet.

[4]Die 1. NATO-Tagung 1968 in Garmisch-Partenkirchen ist dokumentiert in
[NR69], die 2. NATO-Tagung in Rom in [BR70].

„Software-Engineering hat für Teilbereiche der Softwareentwicklung ... ungeheure Fortschritte gebracht und dadurch die Softwarekrise der 60er Jahre wenigstens im Prinzip überwunden. Es stößt jedoch dort an Grenzen, wo seine Grundannahmen nicht (oder nicht mehr) greifen, - bei den *kreativen und kooperativen Anteilen* des Konstruktionsprozesses, die einer Formalisierung nicht zugänglich sind, und bei *organisationsbezogener Softwareentwicklung*, wo Probleme nicht fest vorgegeben, Anforderungen veränderlich ... sind." ([Flo94, S. 29], ähnlich auch [SS93])

Sehr viel kritischer bestimmt Spillner den Stand des Erreichten, wenn er ketzerisch fragt: „Kann eine Krise 25 Jahre dauern? ... In den letzten 25 Jahren ist die Krise nach meinem Eindruck nicht überwunden worden, sie hat sich eher etabliert. ... Trotz der vielen Anstrengungen zur Bewältigung der Krise ist ein Durchbruch auch nach einem Vierteljahrhundert noch nicht geschafft und auch in naher Zukunft nicht erkennbar." [Spi94, S. 48]

Auch Brooks sieht die Software-Krise noch nicht als gelöst an, insbesondere warnt er vor der Hoffnung, daß es bald Patentrezepte (silver bullet) zu ihrer Überwindung geben würde: „As we look to the horizon of a decade hence, we see no silver bullet. There is no single development, in either technology or in management technique, that by itself promises even one order-of-magnitude improvement in productivity, in reliability, in simplicity." [Bro87, p. 10]

Anläßlich des 25jährigen Jubiläums des Gebietes *Software-Engineering* fand dann im Herbst 1993 in Garmisch-Partenkirchen die 4th European Software-Engineering Conference - ESEC '93 statt.[5] Auch hier stellten die Veranstalter fest, daß zwar insbesondere im Bereich der formalen Methoden große Fortschritte zu verzeichnen sind, daß jedoch beispielsweise das Gebiet der Anforderungsermittlung eine nach wie vor zu lösende Aufgabenstellung ist: „Some sessions ... reflect the fact that some of the concerns first raised in 1968 remain unsolved

---

[5]Anläßlich dieser Jubiläumstagung widmete die *Gesellschaft für Informatik* auch die beiden Ausgaben Oktober 1993 (Band 16, Heft 5) und Februar 1994 (Band 17, Heft 1) des *Informatik-Spektrum* für eine ausführliche Bestandsaufnahme des bisher Erreichten und der noch zu bearbeitenden Fragestellungen und Problemkreise.

problems. The increasing importance of Requirements-Engineering is reflected by the inclusion of two sessions on this topic." [SP93, p. v]

3.1.2 Software-Engineering - Eine Ingenieurdisziplin?

In diesem Abschnitt gehe ich der Frage nach, inwieweit eine Sichtweise von Software-Engineering *als Ingenieurdisziplin* der generellen Phänomenologie von Systementwicklungen angemessen ist. Dabei wird es im Rahmen dieses Abschnitts nicht möglich sein, eine endgültige Antwort hierauf im Sinne eines dichotomen JA oder NEIN zu geben, sondern es werden inhaltliche Orientierungshilfen formuliert, welche Besonderheiten bei Systementwicklungen im Vergleich zu etablierten Ingenieurwissenschaften zu beachten sind. Als Ausgangspunkt meiner Überlegungen wähle ich zwei Hinweise, die F. L. Bauer in diesem Zusammenhang gibt [Bau93]:

- Bauer bezeichnet den von ihm selbst geprägten Begriff *Software-Engineering* als *Widerspruch in sich*. Die von Bauer sicherlich zutreffend auf den Punkt gebrachte innere Widersprüchlichkeit wird von ihm selbst jedoch anscheinend nicht weiter analysiert und diskutiert. Diese Zurückhaltung ist meiner Ansicht nach umso bemerkenswerter, als bis heute die Diskussion um den Stellenwert des *ingenieurmäßigen* bei der Systementwicklung anhält: Neuere empirische Untersuchungen (s. z. B. [BF94]) lassen nämlich zunehmend die These zu, daß geradezu eine Loslösung von einer ausschließlich ingenieurmäßigen Vorgehensweise sinnvoll erscheint zur Bewältigung der anhaltenden Software-Krise, von der Spillner (trotz aller unbestreitbaren Fortschritte in Teilbereichen) gar behauptet, sie wäre zum Normalzustand der Informatik geworden [Spi94].

- Die nach der Einschätzung von Bauer auf der NATO-Tagung 1969 in Rom erfolgte inhaltliche Klärung des Begriffs *Software-Engineering* aufgrund der Nennung von 'examples what it is not' erscheint mir für eine *konstruktive* Überwindung der Software-Krise zu schwach. Zugleich wäre es ein merkwürdiges Verständnis des eigenen Anspruchs, eine *ingenieurmäßige* Disziplin ins Leben zu rufen, die sich vor allem dadurch bestimmt, daß sie weiß, was sie *nicht* ist. Die erreichte 'Klärung' scheint mir deshalb eher ein Appell an ein intuitives Verständnis traditioneller Ingenieurwissenschaft zu sein, der gerade *nicht* sagt, wie im einzelnen vorzugehen sei.

Ein erstes Indiz für die fortdauernden Schwierigkeiten beim Umgang mit dem Anspruch des *Ingenieurmäßigen* sehe ich darin, daß in der Mehrheit der Beiträge und Lehrbücher zum Thema *Software-Engineering* zwar ein übereinstimmendes programmatisches Bekenntnis zu einem ingenieurmäßigen Vorgehen zu finden ist, es wird jedoch selten der Versuch unternommen, diesen Anspruch näher zu bestimmen. Symptomatisch für diese Praxis scheint mir z. B. ein von Broy et al. 1993 vorgestelltes *Grundsatzpapier, erarbeitet vom Fachbereich 2 der GI* mit dem Titel *Zur Aus- und Weiterbildung im Bereich der ingenieurmäßigen Programm- und Systementwicklung* zu sein [Bro93]:

Der im Titel postulierte Anspruch *ingenieurmäßiger Programm- und Systementwicklung* wird im einleitenden Satz zunächst nochmals aufgegriffen: „Der ingenieurmäßige Entwurf von Programmsystemen ist eine Kernaufgabe der Informatik". Auf dieses Postulat wird dann jedoch nur noch an einer weiteren Stelle explizit eingegangen: „Ziel der Systementwicklung ist die Entwicklung eines Programmsystems, das in einer vorgegebenen Umgebung die Lösung einer Aufgabe realisiert. Damit finden sich in der Systementwicklung alle Charakteristika ingenieurmäßiger Arbeitsweise." [Bro93, S. 32]

Der von den Autoren hier vorgenommene argumentative Schluß von der *Zielsetzung* der Systementwicklung auf die *Charakteristika ingenieurmäßiger Arbeitsweise* ist meiner Ansicht nach nicht zwingend. Die genannte *Zielsetzung* erlaubt nämlich auch z. B. eine axiomatisch-deduktive *Vorgehensweise*, was sicherlich nicht klassisch ingenieurmäßig ist. Insofern wird Systementwicklung nicht schon alleine durch die beschriebene *Ziel*setzung, wie die Autoren meinen, zu einer ingenieurmäßigen Disziplin, sondern erst durch die Anwendung konkreter *Entwicklungsweisen*. Dazu finden sich in dem Grundsatzpapier jedoch höchstens implizite Hinweise, wenn z. B. von dem Ziel „einer möglichst zuverlässigen Lösung einer Aufgabe" gesprochen wird, wobei „typischerweise die Aufgabe zu Beginn nicht präzise umrissen ist." [Bro93, S. 32] Insgesamt bleibt also unklar, wie die Autoren ihren Anspruch aus dem Titel, was denn genau eine *ingenieurmäßige* Systementwicklung ausmache, einlösen wollen. Zugleich bleibt unbeantwortet, ob es eventuell noch andere Auffassungen von Systementwicklung gibt. Erst dann würde meines Erachtens die Kennzeichnung als *ingenieurmäßig* wirklich erforderlich bzw. legitimiert.

Schwierigkeiten im Umgang mit dem Anspruch *ingenieurmäßig* ergeben sich nach Wendt auch daraus, daß *Engineering* selbst ein erklärungsbedürftiger Begriff sei [Wen93]. Er führt dies u. a. auf Bedeutungsunterschiede zwischen dem englischen und deutschen Sprachgebrauch zurück. Außerdem besitze das Wort unterschiedliche Nebenbedeutungen im Sprachgebrauch von Ingenieuren bzw. Nicht-Ingenieuren, so daß auch von dieser Seite die Gefahr von Mißverständnissen drohe.

Die folgerichtig von ihm gestellte Frage, „Aber was heißt hier denn ingenieurmäßig?" beantwortet er damit, daß zum ingenieurmäßigen nicht nur die Beherrschung *programmiertechnischer* Verfahren gehört, sondern vor allem analytische Fähigkeiten, komplexe Systeme und Strukturen als solche zu verstehen und geeignete Darstellungsweisen einschließlich ihrer jeweiligen Begrenzungen zu beherrschen: „Solange man in den ersten Semestern der Informatikausbildung nicht auf das Programmieren verzichtet zugunsten des Modellierens und Darstellens informationeller Strukturen, kann aus den Studenten nichts anderes werden als fortgeschrittene Programmierer." [Wen93, S. 38]

Grams kritisiert gar grundsätzlich den Anspruch des Ingenieurmäßigen im heutigen *Software-Engineering*. Unter vergleichendem Bezug auf traditionelle Ingenieurdisziplinen weist er darauf hin, daß zwar viele dort eingeführte Fachwörter auch im Software-Engineering verwendet werden, ohne jedoch auf erforderliche inhaltliche Modifikationen und Neubestimmungen zu achten: „Fast 25 Jahre, nachdem Friedrich L. Bauer den Begriff *Software- Engineering* geprägt hat, haben die Tugenden des Ingenieurs leider noch keinen Eingang in die Welt der Software gefunden. Stattdessen dient die Sprache des Ingenieurs vor allem dazu, Mängel des Software-Engineering zu kaschieren." [Gra93] Dadurch wird nach Grams zwar der Anschein von Ingenieurmäßigkeit geweckt, jedoch nicht eingelöst. Grams macht dies an mehreren Schlüsselwörtern der Ingenieurwissenschaften deutlich, wie z. B. *Zuverlässigkeit*:

Zuverlässigkeit bedeutet in traditionellen Ingenieurdisziplinen häufig die zu erwartende Lebensdauer von Bauteilen. Nun liegen in der Informatik die Dinge jedoch anders. Da Software sich nicht materiell abnutzt, „versteht man in der Software unter Zuverlässigkeit nicht Funktionsfähigkeit auf Zeit, sondern so etwas wie *Reifegrad*." [Gra93, S. 165] Dieser jedoch kann nur durch eine wiederholte Überprüfung des Entwurfs erreicht werden. Software-Engineering ist deshalb geradezu existentiell darauf angewiesen, das ingenieurmäßige nicht nur in immer mehr technisch-formaler Unterstützung durch *Entwicklungs-Tools* zu suchen, da diese aus systematischen Gründen die inhaltlich-pragmatischen Entwurfsfehler nicht erkennen können. Stattdessen fordert Grams eine bewußte Öffnung des Software-Engineering zu den kreativen Stärken der Software-Ingenieure als Menschen. Aber „das kostet Überwindung. Dem aktuellen Trend im Software-Engineering entspricht das Programm nämlich nicht, denn der Blick ist zunächst einmal abzuwenden vom Computer und seinen faszinierenden Möglichkeiten. ... Wir selbst und unsere Verhaltensweisen sind zum Gegenstand der Betrachtung zu machen." [Gra93, S. 166]

3.1.3   Software-Engineering - was gehört noch dazu?

Nach F.L. Bauer hat auf den beiden NATO-Tagungen 1968 und 1969 ein weitgehendes Einverständnis darüber geherrscht, was Software-Engineering *nicht* ist. Allerdings scheint es bereits dort auch ausführliche und kontroverse Diskussionen darüber gegeben zu haben, was alles *dazugehören* sollte. Gerade die Diskussion um den Stellenwert formal-technischer Anteile im Software-Engineering und dazu komplementärer Anteile, z. B. die Rolle menschlicher Kreativität und kommunikativer Prozesse bei der Systementwicklung wurde sehr engagiert geführt:

In einer ausführlichen und detailreichen Analyse der auf den beiden NATO-Tagungen geführten Diskussionen, die er auf der Grundlage der beiden Tagungsbände durchgeführt hat, zeigt J. Pasch

auf, daß diese Streitlinie vor allem entlang der Unterscheidung von
akademisch-theoretisch orientierten Teilnehmern und Praktikern ver-
lief [Pas91, S. 31ff.]. Die zentrale Streitfrage war, inwieweit eine rein
produktorientierte Sichtweise von Software-Engineering zur Bewältigung der Software-Krise ausreicht oder ob dazu auch eine prozeß-
orientierte Komponente erforderlich wäre, die beispielsweise Aspekte
der Kommunikationswissenschaften, der Teamarbeit und des Anwen-
dungskontextes berücksichtigen würde. Anstatt jedoch die Komplementarität der verschiedenen Sichtweisen ernsthaft zu erwägen, „zer-
spalten sich die Teilnehmer letztlich in zwei Lager (Praktiker und
Theoretiker) und diese Kontrapositionen bestehen ebenfalls bis auf
den heutigen Tag." ([Pas91, S. 31], ähnlich z. B. [Flo94] und [Den93])

Fast schon als Ironie der Geschichte kann daher der Verlauf der
zweiten NATO-Konferenz im Vergleich zur ursprünglichen Planung
bezeichnet werden (s. auch [Pas91, S. 30ff.]). Nach der vermeintlich auf der Tagung in Garmisch im Jahr zuvor erfolgten Klärung
nicht-technischer Aspekte wie z. B. Fragen der Kommunikation und
der Projektgestaltung wollte man sich nun in Ruhe mit den *technischen* Fragestellungen des Software-Engineering befassen. Und dennoch verläuft die Tagung dann ganz unerwartet: „Trotz der technischen Ausrichtung der Konferenzthemen rückt doch immer wieder
der 'Faktor Mensch' ins Licht der Betrachtung, wobei Theoretiker und
Praktiker die Bedeutung der Projektgestaltung ganz unterschiedlich
beurteilen. ... Der Konflikt zwischen Theoretikern und Praktikern ist
so deutlich, daß er unter dem Titel *Theory and Practice* Thema der
Abschlußdiskussion wird." [Pas91, S. 34f.] Alle Diskussion auf den
beiden Tagungen zum Verhältnis von Produkt- und Prozeßaspekten
bei Systementwicklungen konnte jedoch nicht verhindern, daß sich
letztlich einseitig die Linie der (akademischen) Theoretiker mit ihrer Bevorzugung formalistischer und technokratischer Positionen für
das Fachgebiet Software-Engineering durchgesetzt hat: „Strukturierte Programmierung, Top-Down-Entwurf und -Programmierung sowie
eine darauf abgestimmte hierarchische, zentralisierte Organisations-
struktur zur *Reduktion der Kommunikation* ... sind die Samenkörner
... der Technokraten auf dem frisch bestellten Feld des Software-Engineering." [Pas91, S. 36]

Die Nachwirkungen dieser technokratischen und produktorientierten Sichtweise lassen sich meines Erachtens als 'Lehrmeinung' bis heute aufweisen. So findet sich z. B. im Informatik-Duden als Reflex hierauf in dankenswerter Klarheit folgende Begriffsbestimmung von Software-Engineering: „Der Begriff Software-Engineering steht für die Auffassung, daß die Erstellung, Anpassung und Wartung von Programmsystemen kein "künstlerischer", sondern vorwiegend ein ingenieurmäßig ablaufender Prozeß ist." [CS93, S. 655] Worin das ingenieurmäßige zu suchen ist, wird allerdings höchstens implizit durch das anschließend paradigmatisch dargestellte lineare Vorgehen gemäß dem traditionellen Phasenmodell verdeutlicht. Die selbst von der akademisch-theoretischen Lehre inzwischen mehrheitlich vollzogene Abkehr von einem universell anwendbaren und linearen Vorgehensmodell wird weitgehend ignoriert.

Einen wesentlich differenzierteren Standpunkt in dieser Frage vertritt dagegen beispielsweise Goos: „Als das Wort (Software-Engineering) vor 25 Jahren geprägt wurde, war Programmieren eher eine Kunst, manchmal auch eine 'schwarze Kunst'. Man strebte zwar die systematischen Vorgehensweisen an, mit denen der Ingenieur Ziele erreicht - und die eine künstlerische Gestaltung keineswegs ausschließen - die Probleme, die zum Begriff "Software-Krise" führten, zeigten aber, daß die ingenieurwissenschaftliche Methodik oft nicht beherrscht wurde." [Goo94, S. 11]

Zunächst fällt auf, daß Goos im Unterschied zu der streng technokratischen Auffassung des Informatik-Duden künstlerische, d. h. nicht-formalisierbare kreative Anteile an der Systementwicklung nicht kategorisch ausschließt. Zum zweiten macht er deutlich, daß er das *ingenieurmäßige* zwar durchaus als erstrebenswertes und bevorzugtes Ziel ansieht, jedoch eingesteht, daß der erreichte Stand diesem Anspruch noch nicht gerecht wird: „Es ist eigentlich bedauerlich, daß man 25 Jahre nach der Garmischer Konferenz immer noch nicht sehen kann, wie eine solche Konstruktionslehre für Software im einzelnen aussieht." [Goo94, S. 20]

Im weiteren Verlauf seiner Argumentation plädiert er deshalb dafür, über die rein formale Entwicklung und Anwendung von Methoden hinauszudenken und ergänzend von der konkreten *Situation* her zu denken: „Ein erstes Ziel der Programmiertechnik für die Zukunft (ist) die Klassifikation der Problemtypen, um die einzusetzenden Methoden richtig zuzuordnen." [Goo94, S. 16]

Meines Erachtens kann eine Klärung der hier diskutierten Fragestellung, was alles zum Software-Engineering gehört, schließlich nicht losgelöst von der derzeit geführten Grundsatzdiskussion in der Informatik erreicht werden, was denn Systementwicklung und Informatik im Grunde seien und wie sie dementsprechend zu lehren seien.[6] Je nachdem, welche grundsätzliche Sichtweise von Systementwicklungen und Informatik zugrundegelegt wird, bestimmen sich nämlich auch die dafür angemessenen methodischen und theoretischen Aspekte und Inhalte von Software-Engineering als Teildisziplin von Informatik durchaus unterschiedlich:

Wer sich beispielsweise wie Dijkstra dem *correctness-Problem* verpflichtet fühlt, der wird die mathematisch-formale Herangehensweise in den Mittelpunkt stellen, die danach strebt, die formale Korrektheit einer programmtechnischen *Implementation* im Vergleich zu einer notwendigerweise ebenfalls formalen Spezifikation zu erreichen [Dij89, p. 1414]. Der Entstehungs*prozeß* dieser Spezifikation als grundlegender Bezugspunkt der Implementation und ihre Bedeutung bzw. Relevanz für lebensweltliche Zusammenhänge wird dagegen als nicht der Informatik zugehörige Fragestellung betrachtet.

Die dieser Arbeit zugrundeliegende Auffassung von Systementwicklungen orientiert sich demgegenüber im Sinne von Goos an folgender Grundeinstellung: „Heute sollte uns eigentlich bewußt sein, daß Systementwicklung immer zu einem eingebetteten System führt, bei dem zumindest der menschliche Benutzer in die Betrachtung mit einzuschließen ist." ([Goo94, S. 15], ähnlich z. B. [Spi94, S. 50]) Im Rahmen dieser Arbeit gehe ich deshalb von einem Verständnis von Software-Engineering aus, das die Angemessenheit für die damit arbeitenden bzw. davon betroffenen Menschen als Ausgangs- und Zielpunkt hat: „Software-Engineering is the science and art of specifying, designing, implementing and evolving - with economy, timeliness and elegance - programs, documentation and operating procedures whe-

---

[6]Einen guten klassifizierenden Überblick über die derzeit hauptsächlich vertretenen grundsätzlichen Positionen geben z. B. [Bro87], [D+89a], [BC92] und [Pfl94].

reby computers can be made useful to man." ([McD91, Introduction to Part II, p. 1], ähnlich auch [Wen93, S. 34])

Als wesentliche Konsequenz hieraus kann sich Software-Engineering dann allerdings nicht mehr kategorisch der von Dijkstra abschätzig als *pleasantness-Problem* bezeichneten Frage entziehen, ob die Systementwicklung, die der Spezifikation entspricht, das Programm ist, das wir haben wollen, was eine andere Formulierung des Gegenstands dieser Arbeit ist, nämlich die diskursive Anforderungsanalyse bei Systementwicklungen.[7]

3.2 Requirements-Engineering

3.2.1 Zum Verhältnis von Software-Engineering und Requirements-Engineering

Requirements-Engineering bezeichnet allgemein die Disziplin bzw. die Aktivitäten innerhalb des Software-Engineering, die die Ermittlung von Anforderungen bei Systementwicklungen zum Gegenstand haben.[8] Die Entstehungsgeschichte von Requirements-Engineering ist deshalb eng mit der oben geschilderten Entstehungsgeschichte des Bereichs Software-Engineering verbunden. Dem *Requirements-Engineering* wird derzeit wachsende Beachtung innerhalb des *Software-Engineering* geschenkt, da eine bessere Beherrschung der ganz frühen Phasen der Systementwicklung zunehmend als kritischer Faktor für die Bewältigung der Software-Krise gesehen wird:

---

[7]Dijkstra formuliert das pleasantness-problem folgendermaßen: „(It is) the question of whether an engine meeting the specification is the engine we would like to have." [Dij89, p. 1414] Zuständig für diese Frage ist nach Dijkstra nicht die Informatik, sondern die Psychologie und experimentelle Wissenschaften. Vgl. hierzu näher auch die lesenswerte und in den meisten Beiträgen kritische Rezeption von Dijkstras Thesen, die Denning dokumentiert hat [D⁺89a], sowie ergänzend [BC92] und [Pfl94].

[8]Vgl. zum Requirements Engineering näher z. B. [KPR87], [Par91], [Dav93] sowie für einen aktuellen Überblick das Special Issue *Requirements-Engineering*, IEEE-Software, March 1994.

Spillner sieht in der bisherigen Unterschätzung der Bedeutung der frühen (und der ganz späten) Phasen der Softwareentwicklung eine Hauptursache für das Weiterbestehen der Software-Krise: „Die Krise ist auf Unzulänglichkeiten in den frühen und späten Phasen der Softwareentwicklung zurückzuführen. ... (Sie) wurden ... vernachlässigt, ... obwohl sie von großer Bedeutung für den Erfolg von Softwareprojekten sind." [Spi94, S. 50] Aus praktischer Sicht sieht Lindstrom im Requirements-Engineering gar *den* Erfolgsfaktor von Systementwicklungen: „No single engineering activity can do more to ensure the success of a program than to properly manage requirements." [Lin93, p. 56]

Wesentliche Unterstützung für diese Aufwertung des Requirements-Engineering zur Bewältigung der Software-Krise gab schließlich Brooks in seinem bis heute vielbeachteten Aufsatz *No Silver Bullet - Essence and Accidents of Software Engineering* [Bro87]:

Die seit der Entstehung des Software-Engineering beispielsweise auf den Gebieten spezieller Programmier- und Spezifikationssprachen und integrierter Systementwicklungsumgebungen erreichten Fortschritte waren hilfreich in der Eingrenzung der wesentlichen Ursachen der Software-Krise. Die dadurch erreichbare Bewältigung der Software-Krise bezeichnet er jedoch eher als oberflächlich (accidental), sie erlaubt es, jetzt die wesentlichen (essence) Herausforderungen klarer zu sehen und entschiedener anzugehen: „Past progress has so reduced the accidental tasks that future progress now depends upon addressing the essence. ... I believe the hard part of building software to be the specification, design, and testing of this conceptual construct." [Bro87, pp. 10]

Das Kernproblem jeder Systementwicklung besteht nach Brooks also in der Bestimmung und Spezifikation dessen, was überhaupt entwickelt werden soll: „The hardest single part of building a software system is deciding precisely what to build. No other part of the conceputual work is as difficult as establishing the detailed technical requirements, including all the interfaces to people, to machines, and to other software systems." [Bro87, p. 17]

Brooks merkt zu Recht an, daß es für diese *wesentliche* Hürde bei der Systementwicklung keine rein technische oder formale Lösung geben kann, sondern daß jeder Lösungsansatz eingebettet sein muß in einen iterativen Kommunikationsprozess aller an der Systementwicklung Beteiligten: „Therefore, the most important function that the software builder performs for the client is the iterative extraction and refinement of the product requirements. ... So in planning any software-design activity, it is necessary to allow for an extensive iteration between the client and the designer as part of the system definition." [Bro87, p. 17]

3.2.2 Zielsetzung und Inhalte von Requirements-Engineering

Hauptsächliche Zielsetzungen des Requirements-Engineering sind vor dem Hintergrund der oben skizzierten Entstehungsgeschichte vor allem

- Vermeidung von Fehlentwicklungen durch unverstandene Problemstellungen.

- Bewältigung von Kommunikationsproblemen zwischen den an einer Systementwicklung Beteiligten, um qualitativ und inhaltlich angemessene Programme entwickeln zu können.

Zur Erreichung dieser Zielsetzungen des Requirements-Engineering werden weitgehend übereinstimmend die folgenden Schritte vorgeschlagen (s. z. B. [Par91, S. 27f.], [YZ80, p.1077], [Dav93, p. 300]):

- Problemidentifikation

- Problemverständnis

- Problembeschreibung

Die sequentielle Aufzählung dieser 'Schritte' soll allerdings *nicht* nahelegen, daß in der Praxis ein Bereich nach dem anderen erarbeitet werden soll. Pragmatisch angemessene Systementwicklungen sind vielmehr auf einen ständigen Rückkopplungsprozess zwischen den genannten Schritten angewiesen.[9]

---

[9]Für einen Überblick über entsprechende Methoden, Vorgehensweisen und Spezifikationssprachen innerhalb dieser Schritte vgl. z. B. [Par91] und [Dav93].

Bei den Anforderungen an Systementwicklungen wird häufig weiterhin zwischen *funktionalen* und *nicht-funktionalen* Anforderungen unterschieden:

- Funktionale Anforderungen beschreiben inhaltlich, *was* das System tun soll bzw. was es aufgrund der Aufgabenstellungen können soll.

- Nicht-funktionale Anforderungen beschreiben *Qualitäts*attribute wie Einfachheit und Erlernbarkeit des Systems, Aufgabenangemessenheit, Wartbarkeit, Zuverlässigkeit, Robustheit, aber auch weitere *Rahmenbedingungen* der Anwendungsumgebung wie z. B. zu verwendende Geräte und Software-Komponenten.

Während im Requirements-Engineering vor allem für den Bereich der funktionalen Anforderungen inzwischen weitreichende Ergebnisse vorliegen, habe ich den Eindruck, daß die nicht-funktionalen Anforderungen und die Wechselbeziehungen zwischen funktionalen und nicht-funktionalen Anforderungen noch zu wenig Beachtung finden (s. auch [Par91, S. 38]). Dabei haben gerade die nicht-funktionalen Anforderungen einen wesentlichen Anteil an der pragmatischen Lücke, sie entscheiden nämlich u. a. letztlich über die Qualität und die praktische Brauchbarkeit der Systementwicklung.[10]

Das äußerliche *Ergebnis* von Requirements-Engineering ist meistens eine Beschreibung der (inhaltlichen) Anforderungen an die vorgesehene Systementwicklung. Diese Beschreibung wird deshalb häufig als *Anforderungsdefinition, Pflichtenheft, Spezifikation, Produktdefinition* o. ä. bezeichnet. Die Aufgabe des Pflichtenheftes bzw. der Anforderungsbeschreibung wird allgemein darin gesehen,

- als Kommunikationsinstrument zwischen Benutzern, Experten, Auftraggebern, Systementwicklern und Programmierern zu dienen,

---

[10]Ein wesentlicher Grund für dieses Defizit dürfte darin liegen, daß die meisten funktionalen Anforderungen angemessen quantitativ erfaßbar sind, was für die nicht-funktionalen Anforderungen in der Regel *nicht* zutrifft. Hierauf gehe ich insbesondere in Kapitel 4.1 noch ausführlich ein.

• die Validierung der Anforderungen und ggf. Verifikation des darauf aufbauenden Entwurfs zu unterstützen, und

• für die weitere Systementwicklung als Referenz zu dienen.[11]

Weiterhin wird weitgehend übereinstimmend betont, daß Requirements-Engineering vorrangig, wenn nicht gar ausschließlich das *WAS* bestimmen soll, über das *WIE* sollte erst in späteren Phasen der Systementwicklung befunden werden. Davis beispielsweise schlägt ganz in diesem Sinne vor: „A *Software Requirements Specification* (SRS) is a document containing a complete description of *what* the software will do without describing *how* it will do it". ([Dav93, p. 16], ähnlich auch [YZ80, p. 1077].) Allerdings läßt sich diese hier geforderte strikte Trennung meines Erachtens in der Praxis nicht aufrechterhalten und provoziert erkenntnistheoretische Einwände:

Davis selbst weist darauf hin, daß in der Praxis erhebliche Abgrenzungs- und Interpretationsprobleme bezüglich der Bestimmung des *Was* und des *Wie* bestehen können. Je nach gewählter Perspektive kann die selbe Fragestellung einmal als *Was* und einmal als *Wie* verstanden werden. Davis bezeichnet diese Problematik daher auch zutreffend als *what-versus-how-dilemma*: „one person's *how* is another person's *what*."[12] [Dav93, p. 17]

Aus praktischer Sicht muß außerdem häufig das *Was* mit den technisch verfügbaren Möglichkeiten, d. h. dem *Wie* abgestimmt werden, wobei diese Abstimmung sinnvollerweise als ein iterativer Prozeß erfolgen sollte. Diese These wurde insbesondere von Swartout und Balzer vertreten, die sie programmatisch zusammenfassen als *The Inevitable Intertwining of Specification and Implementation* [SB82].

Aus erkenntnistheoretischer Sicht kritisiert Siddiqi schließlich zu Recht das weitverbreitete Postulat der Trennung des *Was* vom *Wie*

---

[11]Diese Aufzählung ist sicherlich nicht vollständig, die genannten Punkte werden jedoch allgemein als die wichtigsten Aufgabenbereiche einer Anforderungsbeschreibung angesehen, vgl. z. B. [YZ80, p. 1078] und [Par91, S. 31ff.].

[12]Davis selbst zieht die Grenze zwischen den logischen und den implementationsbezogenen Aktivitäten einer Systementwicklung. Danach gehören z. B. die Bestimmung der Systemarchitektur und der Datenflüsse nicht mehr zum Requirements-Engineering [Dav93, p. 18].

provozierend unter dem Motto *Challenging Universal Truths of Requirements Engineering* [Sid94]: Diesem 'klassischen' Postulat des Requirements-Engineering liege die problematische erkenntnistheoretische Annahme zugrunde, daß es eine objektive Welt gebe, zu der im korrespondenztheoretischen Sinne ein neutraler Zugang möglich sei, der sich höchstens im Grad der Detaillierung unterscheide, jedoch von den konkreten Methoden und den durchführenden Personen im wesentlichen unabhängig sei: „Indeed, implicit in Davis' exposition of the what-how-paradox is the notion that all models vary only in their level of decomposition. This implies that there is some objective reality that can be abstracted. It also implies that requirements methods are free of assumptions. ... We believe that assumptions about things like organizations and society invariably become embedded in the requirements method as it is developed. Therefore, not only are such methods not assumption-free, their application cannot result in the same solution." [Sid94, p. 19]

Vor dem Hintergrund dieser Einwände gegen eine strikte Trennung bzw. gegen eine strikte Trennbarkeit des WAS vom WIE bei der Anforderungsbestimmung wird im weiteren Verlauf dieser Arbeit Requirements-Engineering als perspektivischer und dynamischer menschlicher Erkenntnisprozeß verstanden, *in dessen Verlauf* sich Anforderungen auf 'emergente' Weise, d. h. dynamisch im Laufe der sozialen Interaktionen zwischen den Beteiligten, z. B. den Systemanalytikern und der Organisation ergeben und deshalb auch immer wieder erneuter Überprüfung bedürfen.

3.2.3 Requirements-Engineering und die Ursprünge der pragmatischen Lücke

Einen wichtigen Hinweis zur Rolle des Requirements-Engineering bei der Entstehung der pragmatischen Lücke gibt meiner Ansicht nach Simon mit seiner Unterscheidung von *Well-Structured-Problems* (WSPs) und *Ill-Structured-Problems* (ISPs) [Sim73]. Wichtige definitorische Merkmale von WSPs sind:

- Die exakte und endliche Formulierbarkeit von zu erreichenden Zielwerten.

- Die mechanische Überprüfbarkeit der Erreichung dieser Zielwerte durch die vorgeschlagene Lösung.

- Die Vorstellung, daß die Problemlösung als Transformationsprozess von einem Ausgangszustand in einen Zielzustand einschließlich aller Zwischenzustände in einem sogenannten Problemraum vollständig repräsentierbar sind.

Den zu WSPs komplementären Begriff der ISPs führt Simon als sogenannten *Residualbegriff* ein: „*Ill structured problem* (ISP) is a residual concept. ... A problem is an ISP if it is not a WSP." [Sim73, p. 181]

Nach Simon setzen Systementwicklungen in der Informatik nun stets voraus, daß die zugrundeliegenden Problemstellungen als WSPs formulierbar sind [Sim73, p. 183]. Allerdings gibt er im weiteren Verlauf seiner Argumentation zu bedenken, daß die besondere Problematik für Systementwicklungen genau darin besteht, daß die Idealvoraussetzungen der WSPs nur in sehr seltenen Fällen, wenn überhaupt je unmittelbar erfüllt sind: „In general, the problems presented to problem solvers by the world are best regarded as ISPs. They become WSPs only in the process of being prepared for the problem solvers. It is not exaggerating much to say that there are no WSPs, only ISPs that have been formalized for problem solvers." [Sim73, p. 186]

In der Terminologie Simons geht es also bei Systementwicklungen zentral darum, von in der Welt gegebenen ISPs zu Zwecken der informations*technischen* Bearbeitung zu WSPs zu gelangen. Simon selbst schlägt vor, inspiriert von der Idee des *General Problem Solver* (GPS), gegebene ISPs durch iterative Strukturierung und Aufteilung im Sinne des divide-et-impera solange einzugrenzen, bis sie näherungsweise die Bedingungen für WSPs erfüllen [Sim73, p. 194].[13] Auch wenn ich den von Simon geäußerten Optimismus und seinen allgemeingültig

---

[13] Simons Optimismus geht sogar soweit, daß er in dieser Vorgehensweise die endgültige und allgemeine Problemlösungsstrategie sieht: „There appears to be no reason to suppose that concepts as yet uninvented and unknown stand between us and the fuller exploration of those problem domains that are most obviously and visibly ill structured." [Sim73, p. 200].

formulierten Lösungsansatz zum Übergang von ISPs zu WSPs nicht teile, halte ich seine Grundeinsichten für hilfreich, um zu einem besseren Verständnis der Ursprünge der pragmatischen Lücke zu kommen:

- Systementwicklung setzt 'Well-structured' Problems voraus.

- Die in der Welt gegebenen Probleme sind (praktisch) immer 'Ill-structured'.

- Es müssen Wege gefunden und Brücken gebaut werden, die es erlauben, Bezüge zwischen diesen beiden 'Problemtypen' herzustellen, um gegebene (schlecht strukturierte) Problemsituationen durch (wohl strukturierte) Systementwicklungen pragmatisch erfolgreich bewältigen zu können.

Anders als Simon postuliere ich jedoch, daß beide Bereiche je eigene Sicht- und Herangehensweisen erforderlich machen und im Sinne eines „konstruktiven Spagats zwischen den *irreduziblen* semantischen Ebenen des Informellen und Formalen" [Pfl94, p. 251] nicht restlos untereinander vermittelt werden können.[14] Dennoch scheint sich diese Einsicht meiner Ansicht nach erst allmählich in der Disziplin des Requirements-Engineering durchzusetzen. Ich habe vielmehr den Eindruck, daß formale Lösungsansätze im Sinne des *divide-et-impera*, das letztlich alle ISPs als auf WSPs problemlos reduzierbar ansieht, bisher das vorherrschende *Paradigma* des Requirements-Engineering darstellen. Dieses Paradigma ist meines Erachtens jedoch nicht ausreichend für eine angemessene Bewältigung der pragmatischen Lücke, sondern steht geradezu für ihre Verfestigung.

---

[14]In ähnlicher Weise gehen auch Rittel und Weber im Zusammenhang mit Problemlöseprozessen davon aus, daß reale Situationen grundsätzlich als *Wicked Problems* anzusehen sind. Allerdings postulieren sie in meinem Sinne und damit ebenfalls anders als Simon, daß zu ihrer Bewältigung schematische Vorgehensweisen z. B. im Sinne eines formal-methodischen *divide-et-impera* in der Regel nicht ausreichen, sondern daß hierfür zusätzlich Argumentationsprozesse erforderlich sind, in denen die zur Situationsbewältigung erforderlichen Reduktionen, Formalisierungen und konkreten Handlungsweisen als intersubjektiv gültig vereinbart werden, [RW84] und [Rit92]. In diesem Sinne z. B. auch Ackoff, der vom London Tavistock Institute her inspiriert ist und von daher dem sozio-technischen System-Ansatz verbunden ist ([Ack74, p. 8], [Ack79]).

3.2.4 Die Zukunft des Requirements-Engineering - von der Formal- zur Designwissenschaft?

In einem umfassenden Übersichtsartikel für das IEEE bezüglich des Erreichten im Bereich Requirements-Engineering beschreibt Roman 1985 den *state-of-the-art* folgendermaßen: „First, despite progress in the ability to express adequately the functionality, there are still major difficulties with the establishment of a formal foundation for most of the non-functional requirements. Second, broad integration of functional and non-functional requirements has not been accomplished."
[Rom85, p. 19] Als Forschungsprogramm schlägt er deshalb nach dieser Bestandsaufnahme vor: „A theoretical foundation for the specification of non-functional requirements still needs to be established. The degree of formality must be increased in order to reach greater levels of automation. ... A major integration effort must be undertaken for the purpose of establishing a unified formal foundation that could bring together ... functional and non-functional requirements."
[Rom85, p. 21]
Der Vorschlag von Roman als Antwort auf die bislang unbefriedigende Behandlung der nicht-funktionalen Anforderungen folgt meiner Ansicht nach genau der von Simon vorgezeichneten Linie, aus einem ISP, das sich durch ein nicht vollständig beschreibbares Geflecht von funktionalen und nicht-funktionalen Aspekten auszeichnet, ein einheitliches WSP zu machen, das die formalen Bedingungen mechanischer Berechenbarkeit erfüllt. Die Fragestellung, ob vielleicht zwischen den beiden Klassen von Anforderungen bzw. Problemtypen qualitative Unterschiede bestehen könnten, wird gar nicht erst gestellt. Auch die mit der vorgeschlagenen Vorgehensweise inhärent verbundenen Reduktionen werden nicht thematisiert, nur das Ziel ist klar: es muß eine *einheitliche* (unified) Formalisierung *aller* Anforderungen erfolgen, um die Bedingungen eines WSPs zu erfüllen.
Auch die von Roman selbst konstatierte Diskrepanz zwischen theoretisch erarbeiteten formalen Konzepten und ihrem praktischen Einsatz: „There is a wealth of formal models that have not yet made their way into requirements engineering practice" wird weg-erklärt: „The single most important reason why this situation continues to prevail is the high investment required for developing and evalua-

ting a production-version tool." [Rom85, p. 18] Wenn dieses betriebs-
wirtschaftliche Argument ernst gemeint wäre, müßte meiner Ansicht
nach eine der zu ziehenden Konsequenzen für das Requirements-Engineering sein, in Form von Wirtschaftlichkeitsüberlegungen die Praxis von der Tragfähigkeit der erarbeiteten Konzepte zu überzeugen.
Tatsächlich wird dieses Argument im Fortgang der Darstellung jedoch von Roman nicht mehr aufgegriffen, sondern durch das Insistie-
ren auf dem bisherigen Weg endgültig ad absurdum geführt: „Finally,
we must point out that despite the broad body of formal knowledge
that is not being applied, there is still a need to expand the formal foundation of the requirements area." [Rom85, p. 18] *Wer* dieses
Bedürfnis (need) angesichts des bereits jetzt nicht angewandten Be-
stands an formalem Wissen hat, bleibt allerdings höchst unklar. Die
Praxis jedenfalls kann es nach eigenem Bekunden nicht sein. Vielleicht
die Forschung, aber zu welchem Zweck (wenn nicht als Selbstzweck)?
Hier endet jedoch Romans Bericht.

Angesichts einer sich ständig vertiefenden Diskrepanz zwischen
theoretischem Forschungsstand und der Nicht-Anwendung dieser Ergebnisse in der Praxis wurde 1993 ebenfalls wieder für das IEEE eine
erneute Bestandsaufnahme des Erreichten vorgenommen [HDK93].
Diesmal waren die Autoren Hsia et al. durch die anhaltend geringe Akzeptanz der bisher entwickelten Methoden so verunsichert, daß
sie in der Einleitung ihrer Studie offen fragen: „What are we doing
wrong? Why is there such a wide gap between the state of the art
and the state of the practice?" [HDK93, p. 75] Beinahe schon resignierend bestätigen sie dann den schon 1985 erreichten Forschungsstand:
„Currently no formal foundation or model for non-functional requirements has been found," bevor sie als langfristige Forschungsaufgabe
für das Requirements-Engineering formulieren: „The challenges for
formal methods include - specifying nonfunctional requirements such
as reliability, safety, critical timing constraints, performance and human factors." [HDK93, p. 79]

Im weiteren Verlauf differenzieren sie ihren Vorschlag dahingehend, z. B. auch Kombinationen von formalen und nicht-formalen
Vorgehensweisen bei der Analyse, Bestimmung und Validierung funk-
tionaler bzw. nicht-funktionaler Anforderungen einzusetzen. Auch

wird der Unterschied zwischen Theorie und Praxis nicht mehr einfach darin gesehen, daß die Praxis nur auf noch raffiniertere und leistungsfähigere *formalere* Ansätze warte, bevor der Durchbruch dann
kommmt. Es wird vielmehr an der Praxis mit ihren ISPs angesetzt
und versucht, von dort aus eine Brücke zu den formalen Anforderungen von WSPs zu schlagen, wie sie im weiteren Verlauf der Systementwicklung benötigt werden: „The challenges for formal methods
include ... combining different methods, such as ... an informal method with a formal method." [HDK93, p. 79] Doch der grundsätzliche
Vorrang eines formalen Methoden-Rahmens wird auch von Hsia et al.
nicht in Frage gestellt. Aus der Sicht eines Praktikers unterzieht La-
Budde die Studie von Hsia et al. deshalb nochmals einer grundsätzlichen Kritik:

„The authors acknowledge that many large projects have failed
despite the use of modern Requirements-Engineering techniques. Perhaps this is the best evidence evidence that the methods are flawed:
Although formal methods may help accurately express a *known* re-
quirement, no formal method will tell you what requirements *should*
be specified."[15] [LaB94] LaBudde setzt in seiner Argumentation zu
Recht an der Vorstellung an, daß die Identifikation relevanter Aspekte, seien es funktionale oder nicht-funktionale Anforderungen, die erste Aufgabe des Requirements-Engineering ist. Der ausschließliche
Einsatz formaler Methoden setzt demgegenüber schon voraus, daß
die eigentlich erst noch zu ermittelnden Aspekte bereits bekannt sind.
Folgerichtig fordert LaBudde einen Forschungsschwerpunkt „into methods and tools for identifying what the correct requirements are and
how we should specify and validate them." [LaB94] In meinem Methodenrahmen werde ich auf diese Forderungen ausführlich zurückkommen und hierfür einen Ansatz gemeinsamer Sprachrekonstruktion
vorschlagen.[16]

---

[15]Ähnlich hierzu z. B. auch Krämer: „Formale Beschreibungen setzen die Unterscheidung zwischen einer formalen Sprache und einer Metasprache voraus, in
welcher wir über die Operationen der formalen Sprache reden können." [Krä88,
S. 2]. Jeder Ansatz, der *nur* formale Ausdrucksmöglichkeiten zuläßt, ist daher
systematisch unzulänglich für die Zielsetzung des Requirements-Engineering.

[16]Ganz in diesem Sinne weisen z. B. auch Bibel et al. deshalb zu Recht als ein
noch zu lösendes grundsätzliches Problem jeglicher formalen (Wissens-)Repräsen-

Die von LaBudde geäußerte Kritik wird sinngemäß auch von Yeh und Zave formuliert, wenn sie darauf hinweisen, daß Requirements-Engineering zwar formale Hilfsmittel und zur eindeutigen Notation von Anforderungen geeignete (formale) Sprachen benötigt [YZ80]. Darüber dürfe aber nicht vergessen werden, daß es zunächst darauf ankommt, überhaupt ein Verständnis für die gegebene Situation zu entwickeln: „While it is important to have a language for describing the conceputal information, it is even more important to have a complete understanding of the problem before the development effort proceeds." ([YZ80, p. 1084], ähnlich auch [Nau85]) Ich bin zwar skeptisch gegenüber der Möglichkeit eines *vollständigen* Verständnisses des Problems,[17] dennoch betonen Yeh und Zave zu Recht die unterschiedlichen Prioritäten zwischen einem vorrangig zu erwerbenden Problem*verständnis* und der sich anschließenden zeichenhaften, formalisierten Darstellung sowie der technischen Umsetzung durch die Systementwicklung, was sich auch in unterschiedlichen Ausdrucks- und Vorgehensweisen äußern sollte.

Damit Requirements-Engineering also zukünftig stärker zu einer verständigungsorientierten Bewältigung der pragmatischen Lücke beitragen kann, sollte es meines Erachtens insgesamt von einer Formalwissenschaft zu einer Design-Wissenschaft erweitert werden. Dazu gehört zunächst, bereits die Anforderungsermittlung als gewöhnlich erster Teil einer Systementwicklung im Sinne der doppelten Perspektive, zugleich Prozeß und Produkt zu sein, zu verstehen: Die Anforderungsbeschreibung als *Produkt* des Requirements-Engineering kann ohne den zugehörigen Anforderungsanalyse*prozess* nicht angemessen verstanden werden.[18] Im Sinne der Design-Sicht wurde nämlich in diesem Prozeß nicht primär eine *gegebene* Situati-

---

tation aus, daß „wir zu einem gegebenen natürlichsprachlichen Satz nicht ohne weiteres, jedenfalls nicht algorithmisch, eine ... Formel mit gleicher Bedeutung angeben können." [BHS93, S. 23].

[17]Die Autoren legen hier wohl implizit ein abbildtheoretisches Verständnis von Wirklichkeit zugrunde. Auf die Problematik dieser erkenntnistheoretischen Grundposition wurde bereits eingegangen.

[18]In pointierter Weise wird diese Einsicht z.B. auch von Gause und Weinberg unter dem Slogan „The product is nothing; the process is everything." formuliert, vgl. näher dazu [GW89, p. xvi]

on abbildtheoretisch beschrieben, sondern es wurde gemeinsam eine zukünftige Situation aus verschiedenen zur Wahl stehenden Möglichkeiten (ideell) *konstruiert*, die in der Anforderungsbeschreibung *als Produkt* nur in ihren formalen Anteilen beschrieben ist. Das im *Prozeß* der Anforderungsbeschreibung entstandene umfassende gemeinsame Verständnis der zukünftigen Situation dagegen entzieht sich im Sinne des Naur'schen *Theory-building-view* [Nau85] einer vollständigen Beschreibbarkeit. Nur wenn auch in den danach folgenden Abschnitten der Systementwicklung weiterhin Teilnehmer aus dem Prozeß des Requirements-Engineering beteiligt sind, die dieses umfassende Verständnis als 'Vision' einbringen können, ist deshalb meines Erachtens eine der Problemsituation angemessene Produktentwicklung möglich: „Programming (is) a process ... and it (can) not be reduced to a rigid ideology based on abstractions." ([Sid94, p. 18], ähnlich auch [Flo89b])

Weiterhin gehört zu solch einem veränderten Verständnis von Requirements-Engineering auch die ausdrückliche Berücksichtigung der sozialen und kommunikativen Anteile bei der Ermittlung der Anforderungen an eine Systementwicklung und die Entwicklung hierfür qualitativ angemessener Darstellungs- und Vorgehensweisen (s. auch [Val87]). Zugleich ist anstelle einer individualistisch-kognitivistischen Grundhaltung verstärkt eine sozial-diskursive Grundhaltung gefordert, wonach gemeinsam ausgehandelt werden muß, was als Welt im Hinblick auf die beabsichtigte Systementwicklung gelten soll: „Unzureichende Spezifikation der Anforderungen des Anwenders ist eine der Hauptursachen für dysfunktionale Systemgestaltung. Die Erstellung, Überprüfung und Validierung von Anforderungen läßt den Einsatz primär kommunikativer, informaler Methoden als zwingend notwendig erscheinen. ... Das wichtigste Problem besteht darin, ein *gemeinsames* Verständnis *aller* betroffenen Personengruppen ... herzustellen."[19] [Rau92, S. 113]

---

[19] Die Notwendigkeit der sich hieran anschließenden Formalisierung im weiteren Verlauf der Systementwicklung anerkennt Rauterberg dabei ausdrücklich und schlägt hierzu ein zyklisch konzipiertes Ablaufmodell vor, in dem sich diskursive Anteile, Entwicklungsaktivitäten und praktische Testphasen abwechseln und einander bedingen.

Schließlich ist mit der hier skizzierten Erweiterung des Requirements-Engineering in Richtung einer Design-Wissenschaft ausdrücklich *nicht* die restlose Auflösung der pragmatischen Lücke angestrebt. Vielmehr wird ein Ansatz verfolgt, der das jeder Systementwicklung inhärente Reduktionsproblem explizit anerkennt und formuliert, damit intersubjektiv mitteilbar macht und so den *kontrollierbaren* Umgang mit den inhärenten Reduktionen unterstützt, ohne das Reduktionsproblem insgesamt aufheben zu wollen. Meines Erachtens ist dies der Kern eines zur Design-Wissenschaft erweiterten Requirements-Engineering. In meinem Methodenrahmen komme ich ausführlich darauf zurück.

Kapitel 4

Systementwicklung und Software-Technik - Revisited

In diesem Kapitel diskutiere ich vor dem Hintergrund des im vorigen Kapitel beschriebenen state-of-the-art in der Software-Technik einige Themenbereiche, die mir für eine Bewältigung der pragmatischen Lücke von besonderer Bedeutung erscheinen. Die vorgenommene thematische Systematisierung versteht sich ausdrücklich als eine *heuristische* Orientierungshilfe und ist vom Erkenntnisinteresse geleitet, wie die mit jeder Systementwicklung verbundenen Formalisierungs- und Reduktionsschritte gegenüber der gegebenen lebensweltlichen Situation im Prozeß der Systementwicklung selbst thematisierbar gehalten werden können. Die Systematisierung beansprucht dagegen nicht, vollständig im Sinne einer erschöpfenden Behandlung aller Aspekte der pragmatischen Lücke zu sein. Schließlich bedeutet die gewählte lineare Darstellung auch nicht, daß eine Trennung der einzelnen Fragestellungen bei praktischen Systementwicklungen möglich oder gar sinnvoll wäre, sie erfolgt lediglich aus Gründen der besseren Verständlichkeit. Im einzelnen ist das Kapitel folgendermaßen aufgebaut:

In Abschnitt 4.1 diskutiere ich die empirische Seite von Systementwicklungen als ein meines Erachtens zu wenig beachtetes Thema der Software-Technik. Dabei steht u. a. die Problematik einer angemessenen Evaluation von Systementwicklungen im Mittelpunkt, wie sie sich in einem bis heute anhaltenden Streit um das Verhältnis quantitativ-formaler versus qualitativ-inhaltlicher Ansätze manifestiert.

In Abschnitt 4.2 gehe ich auf die Diskussion um wesentliche Determinanten für pragmatisch erfolgreiche Systementwicklungen ein. Die zentrale Fragestellung ist dabei, welcher Stellenwert *nicht*-technischen Einflußfaktoren zukommt und inwieweit eine produktorientierte Sichtweise von Systementwicklungen die Integration solcher Ansätze in die Software-Technik behindert.

In Abschnitt 4.3 versuche ich eine Rekonstruktion wichtiger philosophischer Wurzeln der Informatik und stelle die dialogische Design-Sicht als eine alternative theoretische Begründung von Systementwicklungen vor, wie ich sie auch der weiteren Arbeit zugrundelege.

4.1   Die empirische Seite von Systementwicklungen - ein (zu) wenig beachtetes Thema

4.1.1   Software-Technik als empirische Disziplin

Ausgangspunkt der Überlegungen in diesem Abschnitt ist die zunehmend diskutierte Diskrepanz zwischen dem beinahe selbstverständlichen Umgang mit Bezeichnungen wie *Software-Engineering* bzw. *Requirements-Engineering* und dem bislang nur rudimentär erkennbaren Konsens über die empirische Relevanz und Qualität der erzielten Ergebnisse. Habermann und Tichy beispielsweise beschreiben diese Diskrepanz anläßlich einer Tagung im Frühjahr 1992 auf Schloß Dagstuhl zum Thema *Future Directions in Software-Engineering* folgendermaßen: „The motivation for the meeting was the shared realization that although the quantity of research in Software Engineering has been increasing, quality has not. ... Fresh ideas and solid, technical results are rare." [Hab92, p. 4]

Rückblickend auf die in der bisherigen Geschichte des Software-Engineerings erreichten Ergebnisse stellt Hoffmann, ebenfalls auf der

Tagung in Dagstuhl, ergänzend fest: „Many of the issues discussed in Garmisch were still relevant and seemed surprisingly fresh in 1992. However, a number of new issues have emerged in the intervening years." [Hof92, p. 7] Als einige der wichtigsten neuen Themen gegenüber der Tagung 1968 in Garmisch wurden in Dagstuhl u. a. die praktische Notwendigkeit zur evolutionären Weiterentwicklung von bestehender Software, die Entwicklung hierfür geeigneter Software-Architekturen und eine stärkere Betonung von Experiment und Evaluation bestehender Methoden anstelle der zunehmend zum Selbstzweck werdenden formalen Präsentation ständig neuer Methoden gefordert: „A key insight at the workshop was that formal methods, specialized languages, reuse, and domain specific knowledge were not goals or solutions in themselves. Instead, they support the more general topics of software architecture and evolvable systems." [Hab92, p. 5]

Auch die anläßlich des 25jährigen Jubiläums der Disziplin *Software-Engineering* 1993 in Garmisch-Partenkirchen durchgeführte *4th European Software Engineering Conference - ESEC '93* betont ausdrücklich, daß einige wesentliche seit 1968 formulierten Aufgabenstellungen noch weit von einer Lösung entfernt sind: „Some sessions ... reflect the fact that some of the concerns first raised in 1968 remain unsolved problems." [SP93, Foreword] Der bereits oben diskutierten gewachsenen Bedeutung des Requirements Engineering wurde auf dieser Konferenz durch die explizite Organisation von zwei Sitzungsabschnitten zu diesem Themenbereich Rechnung getragen. Im Unterschied zu der vorstehend zitierten Arbeitstagung in Dagstuhl sind jedoch auf der ESEC '93 Beiträge, die den state-of-the-art kritisch diskutieren und als Konsequenz daraus mögliche weitere Forschungsrichtungen skizzieren, kaum vertreten.

Die angesprochenen Problemfelder spiegeln sich praktisch u. a. darin, daß die praktische Einsatzfähigkeit von Software-Produkten trotz vielfältiger methodischer und technologischer Anstrengungen im Software-Engineering immer noch äußerst gering ist. So weist z. B. Buxton, einer der Mitbegründer des Software Engineering auf der NATO-Tagung 1968 in Garmisch-Partenkirchen, auf der ESEC--'93 darauf hin, daß alleine im Bereich des amerikanischen Verteidigungsministeriums (DoD) 80 % aller entwickelten und freigegebenen Software direkt als sogenannte *shelfware* archiviert worden ist, ohne jemals in Gebrauch genommen worden zu sein [Bux93, p. 3].

Die besondere Pointe dieser Feststellung ist meiner Ansicht nach zum einen darin zu sehen, daß gerade bei der Software-Erstellung für das Verteidigungsministerium mit der elaborierteste Methodeneinsatz und die stärkste Formalisierung und Reglementierung des Entwicklungsprozesses, die bisher entwickelt wurde, zum Einsatz kommt, so z. B. der umfassende Standard DOD-STD-2167A: „Der DOD-STD-2167A verlangt bereits aufgrund seines Umfangs einen hohen Dokumentationsaufwand und stellt in dieser Hinsicht einen Extremfall dar." [SS93, S. 164]

Zum anderen liegt die Pointe meiner Ansicht nach darin, daß bei der Software-Entwicklung für das Verteidigungsministerium die Ausgangsvoraussetzungen für einen angemessenen Einsatz formaler und streng methodischer Vorgaben (vordergründig) besonders günstig zu sein scheinen. Die zugrundeliegenden Arbeitsstrukturen, die durch die Software-Entwicklung unterstützt werden sollen, sind nämlich bereits in sich stark hierarchisch und formal organisiert und weisen deshalb eine große Affinität zu formalen Ansätzen der Informatik auf, viel stärker jedenfalls als die Ausgangsvoraussetzungen für Systementwicklungen in zivilen Bereichen wie z. B. in der Industrie oder in der Wirtschaft. Dennoch steht auch der im militärischen Umfeld bislang erreichte 'Erfolg' in einem auffälligen Mißverhältnis zu dem aufgrund des Standards erforderlichen methodischen und technisch-organisatorischen Ressourceneinsatz: „Es gibt Schätzungen, nach denen dies zwischen einem Drittel und der Hälfte der gesamten Projektkosten ausmacht." [SS93, S. 164]

Einen ähnlich ernüchternden Hinweis zur empirischen Situation des state-of-the-art bei Systementwicklungen gibt McDermid [McD91, Introduction to Part II, p. 1]: „Perhaps one of the best summaries of the problem comes from a survey of US government projects published by the US Govenment Accounting Office in 1979. Based on nine software projects the cost and destiny of the software was:

- Paid for but never delivered: $3.2 M.

- Delivered but not used: $2.0 M.

- Abandoned or reworked: $1.3 M.

- Used after changes: $0.2 M.

- Used as delivered: $0.1 M."

Sowohl die geringe Anzahl der von McDermid herangezogenen Fälle wie die Tatsache, daß diese Fälle ca. 15 Jahre zurückliegen, könnten nun die Vermutung aufkommen lassen, daß es sich hier eher um Ausnahmen, denn um die tatsächliche Praxis von Systementwicklungen handelt. McDermid warnt deshalb anhand einer umfangreichen Dokumentation weiterer aktueller *Software-Havarien* eindringlich vor voreiliger Selbstzufriedenheit: „It is tempting to believe that these were problems of the 1970s and that everything is now much better. Indeed, the situation does seem much better, but there are still horrendous problems."[1] [McD91, Introduction to Part II, pp. 1-2] Als vordringliche Konsequenz aus dieser unbefriedigenden Situation fordert McDermid eine genauere Analyse möglicher Ursachen für den status quo, bevor neue 'Lösungsansätze' propagiert werden [McD91, Introduction to Part II, p. 2].

Ein solches evaluatives 'Moratorium', um zunächst die tieferliegenden Ursachen für das Andauern der Software-Krise näher zu ermitteln, fordern z. B. auch Wynekoop und Russo. Sie weisen insbesondere auf die dringende Notwendigkeit von empirischen Untersuchungen über den Umfang des tatsächlichen Einsatzes von systematischen Methoden zur Systementwicklung und ihren faktischen Beitrag zum Programmiererfolg hin. Den derzeitigen Kenntnisstand beschreiben sie als absolut ungenügend: „Although many diverse system development methodologies exist, there is not universal agreement that existing methodologies are useful in today's environment, nor is there agreement that they were ever useful." [WR93, p. 181] Und dennoch hat gerade die Klärung dieser Fragen entscheidende Bedeutung für die Entwicklung empirisch tatsächlich nützlicher Vorgehensweisen zur

---

[1]Wer sich näher für die Dokumentation konkreter Fälle interessiert, dem schlägt McDermid vor, im Internet die Newsgruppe comp.risk zu lesen.

Softwareentwicklung: „It will provide the basis for future, useful, methodology research." [WR93, p. 188]

Eine der ersten umfassenden *empirischen Bestandsaufnahmen* in diesem Sinne stellten Curtis et al. 1988 in ihrer Studie *A Field Study of the Software Design Process for Large Systems* vor [CKI88]. Zielsetzung ihrer Untersuchungen war, Ansatzpunkte für eine verbesserte Produktivität von Software-Entwicklungsprojekten aufzuzeigen. Zu diesem Zweck führten die Autoren zunächst eine eigene Feldstudie großer Software-Entwicklungen durch und validierten ihre Ergebnisse anhand weiterer unabhängig davon durchgeführter empirischer Untersuchungen. Besondere Aufmerksamkeit widmeten sie dabei dem Prozeß der Anforderungsbestimmung und Entscheidungsfindung im Verlaufe von Programmentwicklungen und wie sich diese Anteile auf die Produktivität und die Qualität der Programmentwicklung auswirken: „The empirical literature suggests that requirements and design decisions exert tremendous impact on software productivity, quality, and costs throughout the life cycle. ... We focused on how requirements and design decisions were made, represented, communicated, and changed, as well as how these decisions impacted subsequent development processes." [CKI88, p. 1268]

Bewußt verzichteten die Autoren in ihrer Studie darauf, direkt Handlungsvorschläge im Sinne einer möglichst systematisch-methodischen Gestaltung des Entwicklungsprozesses und einer daraus abgeleiteten vorrangig formal-technischen Unterstützung des Software-Entwicklungsprozesses z. B. durch Ansätze wie CASE zu formulieren. Auch ging es Curtis et al. *nicht* darum, die Notwendigkeit formaler oder technologischer Unterstützung für Systementwicklungen generell zu bestreiten. Es ging ihnen vielmehr darum, zunächst ein besseres Verständnis der Phänomenologie von Systementwicklungen zu bekommen, bevor dann Verbesserungsvorschläge - auch in Form von Tools und Methoden - entwickelt werden. So bieten die meisten bisher entwickelten computergestützten Entwicklungsumgebungen zwar nach Curtis et al. Hilfestellungen für Programmieraufgaben, wenn einzelne Programmierer damit betraut sind. Typischerweise ist Programmentwicklung in der Praxis aber ein kommunikativer und kooperativer Gruppenprozess, der bislang so gut wie keine adäquate

Berücksichtigung bei der Entwicklung von Entwicklungsumgebungen im Sinne von CASE gefunden hat ([CKI88, p. 1269 und p. 1283]), ähnlich auch [Pas94, S. 202]).

Die drei drängendsten Problemfelder, die nach Curtis et al. für eine praktisch erfolgreiche Systementwicklung entscheidenden Einfluß haben, lassen sich folgendermaßen zusammenfassen:

- Das wichtigste Problem ist „the thin spread of application domain knowledge", d. h. mangelndes Wissen über das zugrundeliegende reale Problemfeld. Aus Sicht beteiligter Systemingenieure wird das auch folgendermaßen ausgedrückt: „Writing code isn't the problem, understanding the problem is the problem." [CKI88, pp. 1270-1271]

- Fluktuierende und widersprüchliche Anforderungen im Verlauf von Programmentwicklungen sowie der produktive Umgang damit.

- Kommunikations-, Kooperations- und Koordinationsprobleme und ihre Ursprünge bzw. Überwindung.

Als Fazit ihrer Untersuchungen rücken für die Autoren anstelle einer verstärkten technischen Unterstützung zunächst vor allem

- ein vertieftes Verständnis des Anwendungsgebietes der Systementwicklung,

- die Sichtweise und Analyse von Systementwicklungen als sozialen Prozeß, der auch mit unsicheren und vorläufigen Entscheidungen zurecht kommen muß und

- die hieraus sich ergebende Notwendigkeit zu verstärkter Förderung kooperativer Verhaltensweisen und Kommunikationsbeziehungen der daran beteiligten einzelnen Menschen, Arbeitsgruppen und Organisationen bzw. Firmen

in den Mittelpunkt des Interesses, um die Produktivität von Software-Projekten zu beeinflussen: „Developing large software systems must

be treated, at least in part, as a learning, communication, and nego-
tiation process." [CKI88, p. 1282]

Entsprechende Überlegungen zu einer solchen Erweiterung des
Software-Engineering um prozeßhafte und iterative Elemente stellen
z. B. Rombach et al. mit dem Ansatz des *Experimental Software Engineering* vor [RBS93a]. Ausgangspunkt ihres Ansatzes ist ebenfalls das
zunehmende Bewußtsein um das systematische Defizit der bisherigen
Tradition des Software-Engineerings bei der praktischen Erprobung
und Evaluation bestehender Methoden und bei der gezielten Rückkopplung der Ergebnisse in die weitere Forschungsarbeit.[2] Eine der
wesentlichen Ursachen dieses Defizits sehen Rombach et al. darin,
daß sich bislang im Software-Engineering drei hauptsächliche Forschungsrichtungen etabliert haben, ohne jedoch voneinander Notiz
zu nehmen oder sich gegenseitig zu inspirieren [RBS93a]:

- die mathematisch-formalistische Ausrichtung,

- die system(theoretisch)-orientierte Ausrichtung und

- die empirisch orientierte Ausrichtung.

Im Ansatz des *Experimental Software-Engineering* sollen diese
drei Forschungsrichtungen in ein konstruktives Verhältnis zueinander
gebracht werden. Rombach et al. konzipieren ihren Ansatz des *Experimental Software Engineering* deshalb bewußt als einen *integrativen*
Ansatz der drei benannten Traditionen, der seinen Ausgangspunkt
und seine Legitimation von der zugrundeliegenden empirischen Praxis erhält: „Such a move must not be construed as a competition
between the mathematical, system building, and empirical studies
approaches. Instead, it suggests that all three are necessary, but that
we cannot ignore the nature of our field, which requires more than
devising new languages and techniques and more than just building
systems which can be judged at the end. ... Software engineering research needs to be driven by empirical studies." [RBS93a, p. VI, IV]

---

[2]Anschaulich in diesem Sinne z. B. auch Tichy: „Informatiker bauen laufend
Versuchseinrichtungen, schmeißen sie aber weg, bevor sie damit irgendwelche Versuche gemacht haben." W. Tichy, hier zitiert nach [Goo94, S. 18].

Um den angestrebten Realitätsbezug noch zu verdeutlichen, wurde im Verlauf der Tagung auf Schloß Dagstuhl, wo der Ansatz des *Experimental Software Engineering* zum ersten Mal einer größeren Öffentlichkeit vorgestellt wurde, diese Bezeichnung sogar in *Empirical Software Engineering* umbenannt [Agr93, p. 36]. Damit soll zum einen einer möglichen Assoziation mit Laborversuchen und ihrer beschränkten Aussagekraft für reale Situationen entgegengewirkt werden, zum anderen soll damit betont werden, daß der Ansatz nicht nur dem klassischen naturwissenschaftlichen Experiment mit seinem Streben nach maximaler (und möglichst quantitativ meßbarer) *Objektivität* verpflichtet ist, sondern auch ausdrücklich qualitative Aspekte und die Berücksichtigung der Menschen als eigenständige Akteure umfaßt.[3] So sehr ich diese Öffnung der Software-Technik gegenüber ihrem empirischen Charakter für richtig halte, so umstritten ist diese Sichtweise jedoch noch innerhalb der Informatik. Hierauf gehe ich im nächsten Abschnitt ein.

4.1.2 Die empirische Seite von Systementwicklungen - ein pleasantness-Problem?

Als Kontrapunkt zu den oben diskutierten Ansätzen einer Integration der empirischen Seite von Systementwicklungen in den Zuständigkeitsbereich des Software-Engineering kann meiner Ansicht nach insbesondere der provokative Beitrag von Dijkstra *On the Cruelty of Really Teaching Computing Science* angesehen werden, der diese Bemühungen als *pleasantness-*Problem in den Zuständigkeitsbereich empirischer Wissenschaften wie beispielsweise die Psychologie verweist [Dij89].[4] Den Ausgangspunkt seiner Überlegungen bildet die Auffassung, daß der Digitalcomputer eine radikale Neuheit in der

---

[3]Das Problem des Übergangs von einer Laborsituation zur 'richtigen' Praxis diskutiert beispielsweise auch Mittermeir. Er bezeichnet es als eine weitverbreitete Illusion der Informatik, unter Laborbedingungen Programmieren zu lehren und zu lernen, und dann zu hoffen, daß der Übergang zu realistischen Größenordnungen lediglich ein quantitativer ist [Mit92, p. 15]. Ähnlich hierzu z. B. auch [Spi94, S. 49f.], [Goo94] und [Den93].

[4]Vgl. zu einer kritischen Diskussion von Dijkstras Thesen z. B. die von Denning [D+89a] dokumentierten Erwiderungen u. a. von Parnas, Hamming, Winograd sowie ergänzend hierzu [Pfl94].

Menschheitsgeschichte darstellt, und zwar aus zwei hauptsächlichen
Gründen:

- Der Digitalcomputer fordert den Intellekt des Menschen in einer nicht gekannten Weise heraus aufgrund seiner ungeheuren
  Komplexität und Mächtigkeit: „From a bit to a few hundred
  megabytes, from a microsecond to half an hour of computing,
  it confronts us with the completely baffling ration of 10^9! The
  programmer is in the unique position that his is the only discipline and profession in which such a gigantic ratio, which
  totally baffles our imagination, has to be bridged by a single
  technology." [Dij89, p. 1400]

- Der Computer ist nach Dijkstra die erste große digitale Maschine der Menschheit, während wir in der bisherigen Menschheitsgeschichte vor allem analoge Geräte hatten. In der analogen
  Welt konnten wir im allgemeinen mit einem stetigen Verhalten rechnen, die jetzt angebrochene digitale Zeit erfordert hier
  jedoch einen radikalen Sinnes- und Einstellungswandel: „The
  automatic computer confronts us with a radically new intel-
  lectual challenge that has no precedent in our history. ... Like
  all digitally encoded information, it has, unavoidably, the un-
  comfortable property that the smallest possible perturbations
  - i.e. changes of a single bit - can have the most drastic consequences."[5] [Dij89, p. 1400]

Als Konsequenz aus der *radical novelty* des digitalen Computers fordert Dijkstra nun auch eine entsprechend radikale Neu-
Orientierung menschlichen Denkens und Handelns im Umgang mit
dem Computer: „Coping with radical novelty requires an orthogonal
method." [Dij89, p. 1398] Allerdings erwartet er, daß dieser Weg nicht
einfach wird, deshalb holt er in einem umfassenden Argumentations-

---

[5]Parnas hat in seiner Stellungnahme zu dieser Aussage Dijkstras allerdings
zurecht darauf hingewiesen, daß dieses Phänomen nicht nur in diskreten Systemen
zu beobachten ist, sondern daß diese z. B. als Resonanzeffekte auch in als analog
zu verstehenden Systemen auftreten können, vgl. hierzu näher Parnas' Beitrag in
[D+89a, p. 1405].

versuch zu folgendem Vorschlag für eine angemessene Beschäftigung mit dem digitalen Computer aus:

„One must consider one's own past, the experiences collected, and the habits formed in it as an unfortunate accident of history, and one has to approach the radical novelty with a blank mind, consciously refusing to try to link history with what is already familiar, because the familiar is hopelessly inadequate." [Dij89, p. 1398] Dijkstra formuliert hier nun allerdings eine Vorstellung einer von einem blank mind ausgehenden reinen Erkenntnis, die Albert in ihrer inneren Widersprüchlichkeit treffend charakterisiert hat als Wunsch nach einer *Problemlösung im Vakuum*, in dem jedoch „*nicht einmal das Problem formulierbar wäre.*" [Alb87, S. 29]

Ungeachtet solcher Einwände fährt jedoch Dijkstra folgendermaßen fort in seinem Gedankengang zu einem angemessenen Umgang mit dem Computer: „One has, with initially a kind of split personality, to come to grips with a radical novelty as a dissociated topic in its own right. Coming to grips with a radical novelty amounts to creating and learning a new foreign language that *cannot* be translated into one's own mother tongue." [Dij89, p. 1398].

Das letzte Ziel von Dijkstra ist dabei nach eigenem Bekunden, Informatik als eine rein logische Wissenschaft der Symbolverarbeitung nach dem Leibniz'schen Vorbild zu etablieren, die letztendlich sogar den Menschen an Leistungsfähigkeit übertreffen könnte: „In the long run, I expect computing science to transcend its parent disciplines, mathematics and logic, by effectively realizing a significant part of Leibniz's Dream of providing symbolic calculation as an alternative to human reasoning. (Please note the difference between 'mimicking' and 'providing an alternative to.'. Alternatives are allowed to be better.)" [Dij89, p. 1402] Angesichts der neueren Forschungsergebnisse in der Mathematik zu den immanenten Grenzen formaler Systeme, z. B. durch den Gödel'schen Unvollständigkeitssatz, bleibt mir unklar, warum Dijkstra ein derart großes Vertrauen in die Leistungsfähigkeit eines rein formalistischen Ansatzes hat.

Natürlich blieben Dijkstras Thesen nicht unwidersprochen, Denning hat unter dem Titel *A Debate on Teaching Computing Science* sowohl Dijkstras Thesen wie einige Entgegnungen zusammengestellt

[D⁺89a]. Den abschließenden Beitrag hat Dijkstra wiederum selbst verfaßt. Darin präzisiert er nochmals seine Thesen und bestimmt den Zuständigkeitsbereich der wissenschaftlichen Informatik bei Systementwicklungen dahingehend, daß sie für die (formal) korrekte Umsetzung einer bereits gegebenen funktionalen Spezifikation verantwortlich sei.

Die Rolle der (gegebenen) funktionalen Spezifikation als Grenze des Zuständigkeitsbereichs der Wissenschaftsdisziplin *Informatik* bezeichnet Dijkstra auch anschaulich durch die Metapher einer *Brandwand*, die die Informatiker vor der pleasantness-Frage zu schützen habe, inwieweit die Programmentwicklung, an der sie arbeiten, tatsächlich die Programmentwicklung ist, die für die reale Welt gewünscht ist:

„The choice of functional specifications ... may be far from obvious, but their role is clear: it is to act as a logical firewall between two different concerns. The one is the 'pleasantness problem', i.e. the question of whether an engine meeting the specification is the engine we would like to have; the other one is the 'correctness problem', i.e. the question of how to design an engine meeting the specification." [Dij89, p. 1414] Für den Informatiker zählt nach Dijkstra dabei alleine das *correctness*-Problem, nämlich die axiomatisch-deduktive Programmentwicklung bezüglich der (gegebenen) funktionalen Spezifikation im Sinne eines formal-manipulativen Umgangs mit symbolischen Repräsentationen. Die Beschäftigung mit den empirischen Aspekten einer Systementwicklung ist dagegen *keine* Informatik, sondern fällt als *pleasantness*-Problem z. B. in den Zuständigkeitsbereich der Psychologie, ganz im Sinne von Wittgensteins Tractatus, Satz 6.423: „Der Wille als Phänomen interessiert nur die Psychologie."

Um keine Mißverständnisse aufkommen zu lassen, daß diese Position verhandelbar sei, z. B. im Sinne des von Rombach et al. propagierten Ansatzes *empirischen Software-Engineerings* [RBS93b] oder im Sinne der von Swartout und Balzer [SB82] aufgezeigten Notwendigkeit, Spezifikation und Implementation als einen durch praktische Erfahrungen rückgekoppelten iterativen Prozeß zu sehen, bezeichnet Dijkstra *Software-Engineering* gar als eine zum Scheitern verurteilte Disziplin. Dies begründet er vor allem damit, daß Software-Engineering den von ihm geforderten Kurswechsel angesichts der radikalen Neuartigkeit des digitalen Computers nicht nachvollziehe. Software-Engineering klammere sich vielmehr an traditionelle Ingenieursvorstellungen, wozu auch das praktische Testen der eigenen Produkte gehöre. Dieses Vorgehen sei aber für digitale Computer nicht mehr angemessen, weshalb Software-Engineering schließlich an der eigenen Widersprüchlichkeit scheitern *müsse*:

„Software engineering should be known as 'The Doomed Discipline', doomed because it cannot even approach its goal since its goal is self-contradictory. ... If you carefully read its literature and analyze what its devotees actually do, you will discover that software engineering has accepted as its charter, 'How to program if you cannot.'" [Dij89, p. 1400]

Dijkstra selbst hat aus seiner Einstellung für die Ausbildung von Informatikstudenten im Programmieren die denkbar radikalste Konsequenz gezogen, indem er streng darauf achtet, daß die Studenten gar nicht erst in die 'Versuchung' (temptation) kommen, ihre formal entwickelten Programme praktisch zu testen. Dies versucht er u. a. dadurch zu gewährleisten, daß er für die Programmierausbildung Programmiersprachen einsetzt, die in der Universität nicht lauffähig verfügbar sind: „The programmer's ... main task is to give a formal proof that the program he proposes meets the equally formal functional specification. ... we see to it that the programming language in question has *not* been implemented on campus so that students are protected from the temptation to test their programs." [Dij89, p. 1404]

Dijkstra selbst hat wohl mit seinem Beitrag einen definitiven Schlußstrich unter die Debatte der Standortbestimmung der *Wissenschaft Informatik* ziehen wollen. Meines Erachtens hat sein Beitrag und die anschließende Rezeption eher dazu beigetragen, die Beschränkung der Disziplin *Informatik* auf das correctness-Problem endgültig als unzureichend für eine Wissenschaftsdisziplin erkennen zu können, die empirische Relevanz beansprucht. In diesem Sinne äußern sich praktisch alle Beiträge, die von Denning als Entgegnungen auf Dijkstras Thesen dokumentiert worden sind, so z. B. auch Winograd mit ironischem Unterton, wenn er Dijkstras Diktion *real-*

ly teaching computing umformuliert zu *teaching real computing*: „It would be foolish to ignore the value of the abstract mathematical skills Dijkstra advocates, but it would be even more foolish to indulge the fantasy that they offer some magic that allows students to escape the hard work of learning about real computing."[6]

4.1.3 Quantitative versus qualitative Evaluation von Systementwicklungen

Die Öffnungstendenz des Software-Engineering in Richtung der empirischen Seite von Systementwicklungen macht es erforderlich, entsprechende Evaluations-, Meß- und Bewertungshilfen zur angemessenen Beurteilung des empirischen Nutzens oder der noch bestehenden pragmatischen Lücke zur Verfügung zu stellen. Allerdings wird in diesem Bereich derzeit noch ein großes Defizit des Software-Engineering gesehen (s. etwa [RBS93a], [BR92]). Rombach et al. beispielsweise sprechen von einem zunehmenden Konsens darüber, daß für die angemessene Evaluation von Systementwicklungen

- klassische Komplexitätsmaße wenig Aussagekraft für die Evaluation von Software, Softwareentwicklungsmethoden und -techniken besitzen.

- Metriken und Kennziffern stets nur in ihrem Bezug zu einem konkreten Kontext nützlich und sinnvoll sind.

- es keine allgemeingültige optimale Metrik oder entsprechende Kennziffern geben wird.

- Messungen im Software Engineering intrinsisch mit Ungenauigkeiten, Inkonsistenzen und Reduktionen bezüglich des gegebenen Kontextes verbunden sind und somit eher als Trend und nicht absolut zu verstehen sind. [RBS93a, p. VIII - X]

Zugleich wird z. B. von Tichy beklagt, daß die (systematische) Evaluation und Reflektion der eigenen Arbeit im Software-Engineering immer noch ein Schattendasein führe [Tic93]. Anhand einer em-

---

[6]T. Winograds Entgegnung auf Dijkstra in [D+89a, p. 1413].

pirischen Bestandsaufnahme von ca. 200 Artikeln in den einschlägigen amerikanischen Computerzeitschriften von ACM und IEEE mit den Schwerpunkten *Programmiersprachen* und *Software-Engineering* zeigt er auf, daß mehr als zwei Drittel der Beiträge entweder theoretischer Art sind oder neue Systemkonzeptionen und Sprachentwicklungen ohne jede Aussage zu ihrem Praxiseinsatz präsentieren. Ca. 15 % der Beiträge berichten allgemein über einige (quantitative) Erfahrungen beim Einsatz der Systeme oder Sprachen, kein einziger Beitrag berichtet jedoch über systematisch angelegte Tests oder eine entsprechende Erprobung in der Praxis.

Als eine der hauptsächlichen Ursachen für dieses *Defizit* im Software-Engineering sieht Tichy fehlende Bewertungsmaßstäbe für Systementwicklungen an, die außer in einigen wenigen formalen Gebieten wie z. B. Hardware Design, Betriebssysteme und Compilerbau, noch weitgehend ungeklärt sind. Außerdem sei überhaupt erst noch zu lernen, wann qualitative Beurteilungen ausreichend seien und wann quantitative Messungen angebracht sind, wobei eine gewisse Präferenz für quantitative Messungen nicht verleugnet wird: „To make evaluation possible in the first place, we must define the problem being addressed, specify the assumptions, and clearly state hypotheses. We must learn to decide when qualitative comparisons are sufficient, when quantitative results are required, and when quantitative measurement is hopeless."[7] ([Tic93, p. 32], ähnlich z. B. [Goo94, S. 18])

Auch Kaiser verweist darauf, daß bislang nur von einer rudimentären Herausbildung allgemein anerkannter und aussagekräftiger quantitativer und qualitativer Methoden und Meßgrößen zur Evaluation sowohl von Prozeßaspekten wie von Produktaspekten bei Systementwicklungen gesprochen werden kann. [Kai92, p. 9] Agresti

---

[7]Zugleich weist Tichy jedoch für diese Entwicklung (meines Erachtens vollkommen zu Recht) dem vorherrschenden Ethos innerhalb des Wissenschaftsbetriebs eine große Mit-Verantwortung für dieses Defizit zu: „Of course, it is more fun (and arguably better for a computer scientist's career) to publish many claims supported by poor evidence than to carefully validate a few. ... Building yet another system without any plans for evaluation should no longer constitute acceptable research. Instead, scientists must formulate hypotheses and design experiments to test them." [Tic93, p. 32]

schließlich formuliert im Rahmen des Ansatzes des *Empirical Software Engineering* eine Art Forschungsprogramm zur Bewältigung des skizzierten Defizits, das sowohl quantitative und qualitative Aspekte umfaßt und Systementwicklungen in ihrem Gesamtzusammenhang von *process, product* und *setting* betrachtet: „Empirical software engineering encompasses software-related experimentation as well as qualitative methods, for example, to characterize our processes. ... The unifying features of empirical software engineering are

- the aim of establishing a sound basis for the practice of software development, evolution, and managment through the appropriate use of measures and models.

- the development of measures and models that capture relationships among processes, products and settings.

- the use of experimentation, observation, quantitative and qualitative measurement, data collection, analysis, and interpretation." [Agr93, pp. 36-37]

Während beispielsweise im Ansatz des *Empirical Software Engineering* die Einbeziehung *qualitativer* Kriterien und Vorgehensweisen als eigenständige Kategorie bei der Evaluation von Systementwicklungen ausdrücklich postuliert wird, scheint bei anderen Beiträgen doch immer wieder die letztendliche Bevorzugung *quantitativer* Meßverfahren durch: „Programmiertechnik wird ... erst dann zum Software-Engineering, wenn man nicht nur qualitativ, sondern auch quantitativ sagen kann, was logisches Programmieren, Expertensysteme ... gegenüber einer konventionelleren Technik bei einem vorgegebenen Problem erbringen."[8] [Goo94, S. 15]

---

[8]Ähnlich hierzu z. B. auch [Zus93], [Bri93] und die programmatischen Forderungen von [Tic93], der allerdings vorsichtiger formuliert: „It is also clear that some properties cannot be measured and should not be measured."[Tic93, p. 32]. Kritisch in diesem Sinne auch z. B. Baumann und Richter: „Die Entwicklung quantitativer Bewertungsmethoden von Software-Qualität und -Komplexität ist wohl noch lange nicht abgeschlossen und bedarf zunächst einmal gewaltiger Anstrengungen seitens der Theorie. ... Solange ... der Software-Entwicklungsprozeß nicht völlig verstanden ist, fehlt quantitativen Aussagen eine sichere Basis." [BR92, S. 630].

Einen meiner Ansicht nach in dieser Situation erfolgversprechen-
deren Weg beschreitet Scacchi, wenn er darauf hinweist, daß bei dem
derzeitig nur unvollständigen Kenntnisstand über Wirkungszusammenhänge bei der Systementwicklung der ausschließliche Einsatz von
Metriken und quantitativen Kriterien aus grundsätzlichen Überlegungen heraus nicht weiterhelfen *kann* [Sca93]. Die Verwendung quantitativer Kriterien setzt nämlich entweder schon ein inhaltliches Verständnis voraus, wenn sie pragmatische Aussagekraft haben sollen,
oder es bleibt unklar, was die formalen quantitativen Ergebnisse bedeuten (s. auch [Sca93, p. 27], ähnlich auch [BR92]).

Scacchi schlägt deshalb vor, den Einsatz qualitativer Methoden,
die das Beschreiben und Verstehen von Zusammenhängen zum Inhalt haben, als notwendige komplementäre Ergänzung zu quantitativen Ansätzen anzusehen: „Qualitative methods are complimentary to
quantitative methods, rather than a competing alternative. ... Clearly,
qualitative methods are best suited for building a deep, knowledge-
intensive understanding of processes occurring within or across selec-
ted organizational settings." [Sca93, p. 27]

Rombach und Fuchs ([Rom93], [Fuc93]) schließlich machen besonders auf die Notwendigkeit der Messung der Korrelationen zwischen Eigenschaften des Prozesses der Systementwicklung, den erzielten Produkteigenschaften und den projektspezifischen Charakteristika aufmerksam. Diese Forderung hat für *quantitative* Messungen
z. B. zur Folge, daß sie stets zielorientiert durchzuführen und kontext-
bezogen zu interpretieren sind, um ihre Aussagekraft und Validität
realistisch beurteilen zu können: „Measurements still are used out of
context. 'Magic numbers' are still used for proving everything. What
we need is a broader acceptance of measurements in a context, for a
purpose, under a certain viewpoint, related to goals." ([Fuc93], ähnlich hierzu [Cus93], [M+93]) Umgekehrt kann allerdings eine für den
validen Einsatz quantitativer Kennziffern hinreichend genaue Bestimmung der relevanten Kontextbedingungen dann so spezifisch sein, daß
die Ergebnisse kaum mehr situationsinvariante Verallgemeinerungen
zulassen [Lit93]. Meiner Ansicht nach ist das Evaluationsproblem von
Systementwicklungen als eine Facette der pragmatischen Lücke jedoch nur auf diesem Wege, der die formalen und die inhaltlichen

Anteile, d. h. hier die quantitativen und die qualitativen Anteile als gegenseitig komplementär versteht, angemessen zu bewältigen.[9]

4.1.4 Zum Mißverständnis der Galilei'schen Tradition

Die im Software-Engineering trotz aller Öffnungstendenzen in Richtung der qualitativen Evaluation der empirischen Seite von Systementwicklungen zu beobachtende weitgehende Favorisierung *quantitativer* Ansätze ist meiner Ansicht nach historisch durch die unreflektierte Vorbildfunktion natur- bzw. ingenieurwissenschaftlicher Traditionen und Begrifflichkeiten zu erklären. Allerdings deutet der erreichte Diskussionsstand zur Phänomenologie von Systementwicklungen zunehmend darauf hin, daß der Umgang mit Informationen und Informationsprozessen *qualitativ* verschieden ist gegenüber dem Umgang mit einer für uns alle mehr oder weniger gleichermaßen gegenüberstehenden physikalischen Welt und ihren weitgehend unüberwindlichen Gesetzmäßigkeiten. Dies hätte dann auch für das Evaluationsproblem entscheidende Konsequenzen. In diesem Sinne äußert sich beispielsweise auch Klaeren und benennt zugleich Gründe, „warum diese Argumentation nicht so einfach von der Hand zu weisen ist: Während in den klassischen Ingenieurdisziplinen die Schranken des Machbaren in den Naturgesetzen festgelegt sind, gibt es auf dem Software-Sektor anscheinend keine Naturgesetze; alles, was denkmöglich ist, erscheint auch machbar."[10] [Kla94, S. 24f.]

Folgt man der Auffassung von Klaeren, wonach Systementwicklungen sich im Unterschied zu vielen natur- bzw. ingenieurwissenschaftlichen Entwicklungen weitgehend nach dem für Menschen *Denkmöglichen* richten können, so würde eine Einschränkung der Evaluation von Programmentwicklungen auf Quantitäten bzw. auf Quantifizierbares, wie es in vielen Beiträgen zum Evaluationsproblem zumindest implizit favorisiert wird, zugleich die weitgehende

---

[9]Ganz in diesem Sinne fordern deshalb auch z. B. Madhavji et al. [M+93] bei der Verwendung von Maßzahlen stets die Offenlegung des zugrundeliegenden *rationale*, d. h. beispielsweise die Offenlegung der angenommenen Wirkungszusammenhänge.

[10]Ähnlich hierzu auch z. B. Nagl, der allgemein von (noch näher zu bestimmenden) „implications of immateriality of software" [Nag92] spricht.

Beschränkung der Evaluation des Umgangs mit *Denkmöglichkeiten* auf quantitative Aspekte bedeuten. Ein solcher formaler Umgang mit menschlichen Denkmöglichkeiten ist meiner Ansicht nach jedoch ihrer Reichhaltigkeit und Intentionalität vollkommen inadäquat, so schreibt z. B. Mumford hierzu eindringlich: „Form, Farbe, Geruch, Gefühl, Gemütsbewegungen, Begierden, Triebe, Stimmungen, Vorstellungen, Träume, Worte, symbolische Abstraktionen - jene Vielfalt von Leben, die selbst das bescheidenste Lebewesen in gewissem Maße äußert, kann in keiner mathematischen Gleichung gelöst und in keine geometrische Metapher umgewandelt werden, ohne daß ein großer Teil der relevanten Erfahrung eliminiert wird. ... Die zentrale Gegebenheit des menschlichen Seins zu ignorieren, weil sie innerlich und subjektiv ist, heißt die größtmögliche subjektive Verfälschung vorzunehmen - eine Verfälschung, die die entscheidende Hälfte der Menschennatur eliminiert." [Mum77, S. 396, 421]

Auch Zemanek weist deutlich auf diesen engen Zusammenhang von Information, Informationsprozessen und den damit untrennbar verbundenen menschlichen Anteilen hin: „Information ist etwas anderes als Materie und Energie ... Spätestens im letzten Grunde wird die Information Information erst in der Reflexion durch den Menschen." [Zem93, S. 91f.] In diesem Sinne ist Information etwas *qualitativ* anderes als z. B. physikalische Masse, sie ist eine *nicht-galileische Größe* [Zem93, S. 108] und damit nicht angemessen mit rein quantitativen Ansätzen erfaßbar oder gar bewertbar. Dies wirft dann allerdings die grundsätzliche Frage auf, inwieweit eine Fixierung der Evaluation von Systementwicklungen auf das Quantitative noch zu legitimieren ist. Im folgenden möchte ich jedoch zunächst den Entstehungszusammenhang der Galileischen Methode näher beschreiben, in deren Tradition dieses im Software-Engineering weitverbreitete Postulat meines Erachtens zu stehen scheint.

Galilei hatte im 16. Jahrhundert die bis heute zumindest in den Natur- und Ingenieurwissenschaften weitgehend anerkannten methodischen und erkenntnistheoretischen Grundlagen einer *objektiven*

Wissenschaft gelegt (s. auch [HL91, S. 203], [SS91, S. 227]).[11] Charakteristisch für die Galilei'sche Methode sind vor allem

- das kontrollierte, vom individuellen Beobachter unabhängige und jederzeit reproduzierbare (Erfahrungs-)Experiment, und

- die ausschließliche Zulässigkeit quantitativ-mathematischer Ausdrucksweisen für Wissenschaft überhaupt.

Im Laufe der weiteren Geschichte prägte dann diese Sichtweise zunehmend eine Wissenschaftstradition, die den Menschen als autonom und geschichtlich handelndes Subjekt zugunsten einer *objektiven Wissenschaft* eliminierte: „Seit Galileis Zeiten ist diese Praxis als *objektive Wissenschaft* bekannt. Durch seine ausschließliche Konzentration auf Quantität hat Galilei im Endeffekt die reale Welt der Erfahrung *disqualifiziert*. ... Zugleich wurde die *materielle* Welt, das heißt, die abstrakte Welt der *physikalischen Objekte*, die in ebenso abstraktem Raum und abstrakter Zeit operierte, so behandelt, als ob nur sie allein Realität besäße." [Mum77, S. 398]

Mumford hat darüberhinaus in seiner technikgeschichtlichen Betrachtung auf die aus solchen Bemühungen resultierende große Gefahr aufmerksam gemacht, wie der praktische Umgang mit solchen Denkstrukturen zu einer kulturellen Verfestigung führt, wonach Welt insgesamt zunehmend nur noch in eben diesen Strukturen wahrgenommen und gedacht werden kann.[12] Alles Qualitative und alle Sinnesempfindungen werden dabei dem subjektiven Bereich, d. h. dem Außer-Wissenschaftlichen zugerechnet, was Mumford drastisch als das *Verbrechen Galileis* bezeichnet: „Das Weltbild des Wissenschaftlers (trägt) auch heute noch den verblaßten Stempel Galileis und Keplers. ... Existentiell ist das wissenschaftliche Weltbild immer noch unterdimensioniert; denn es eliminierte von Anfang an den lebenden Beobachter

---

[11]Wie wirkungsvoll und ambivalent diese Setzungen in der weiteren Geschichte der Menschheit waren, sowohl im praktisch-nützlichen wie im problematischen Sinn, beschreibt z. B. Mumford ausführlich in seiner Darstellung vom *Mythos der Maschine*, [Mum77, S. 399ff.].

[12]Auf ähnliche Weise thematisiert Ludewig [Lud93] konkret am Beispiel von Programmiersprachen vor allem die längerfristig wirksame Prägung von Denk- und Wahrnehmungsstrukturen derjenigen, die damit umgehen.

und die lange Geschichte, die in seinen Genen und in seiner Kultur aufgezeichnet ist. ... Den Weg zu dieser Entwertung und späteren Verbannung der menschlichen Persönlichkeit gewiesen zu haben, war das wirkliche Verbrechen Galileis." [Mum77, S. 402f.]

Genau in dieser methodisch-systematischen Ausblendung von kulturellen, historischen und subjektiven Dimensionen des Menschen und von Welt liegt dabei meines Erachtens jedoch auch die zentrale systematische Schwäche des Galileischen Ansatzes, weil er nicht in der Lage ist, seinen soeben skizzierten historisch-kontingenten Entstehungszusammenhang adäquat zu reflektieren:

Die so entschieden verfochtene Herausbildung der beobachter- und geschichtsunabhängig wiederholbaren Experimentmethode und die ausschließliche Zulässigkeit der mathematischen Methode sind - zumindest in ihrer Dogmatik - nur verständlich als Folge der persönlichen Auseinandersetzung Galileis mit der aristotelisch geprägten Spätscholastik und der ihr offenbar widersprechenden neuen physikalischen Erkenntnisse wie z. B. Keplers Astronomie: „In Anbetracht der Versteinerung der offiziellen Kirchendoktrin, die auf Aristoteles, gesehen durch die Brille Thomas von Aquins, beruhte, war Galileis Reaktion unvermeidlich und heilsam." [Mum77, S. 394]

Andererseits kann sich der Galileische Ansatz über seine historischen Entstehungszusammenhänge keine Rechenschaft mehr ablegen: mangels mathematisch-quantitativer Ausdrucksmöglichkeiten ignoriert er die eigenen historischen und kulturellen Voraussetzungen „als vermeintlich unwesentlich und irreal." [Mum77, S. 400] Damit jedoch verwirft Galilei zugleich das „zentrale Subjekt der Geschichte, den mehrdimensionalen Menschen. ... Er ahnte nicht, daß seine radikale Unterscheidung zwischen ... Objektivem und Subjektivem, zwischen Quantität und Qualität, ... eine falsche Unterscheidung ist, wenn die menschliche Erfahrung in ihrer symbolisierten Fülle ... nicht berücksichtigt wird."[13] [Mum77, S. 400f.]

---

[13]In einer interessanten Parallele, die unabhängig von Mumford ausgearbeitet und begründet ist, weist auch Hastedt auf diesen Preis der Eindimensionalität einer Galileisch verstandenen Wissenschaft hin: „Eine ausschließliche Wissenschaftsorientierung ist Ausdruck einer kulturellen Eindimensionalität, die durch die Stärkung außerwissenschaftlicher Erkenntnisformen im allgemeinen und der außerwissenschaftlichen Erkenntnis von Geist und Körper im speziellen überwind-

Nun haben wissenschaftstheoretische Überlegungen aus verschiedenen Richtungen jedoch zunehmend die Einsicht reifen lassen, daß die idealtypische Kontextfreiheit und geschichtslose Objektivität der Galilei'schen Konzeption wohl nicht einmal für den Bereich der Naturwissenschaften erreichbar sein wird:

Zemanek weist beispielsweise darauf hin, daß es zwar denkbar ist, „einen Teil des Kontextes wieder durch Elementarsätze zu erfassen. Diese Vorgangsweise hat aber keinen Abschluß - der Kontext ist da, ehe die Arbeit beginnt, und er ist immer noch da und teilweise offen, wenn die logische Arbeit zu Ende ist." [Zem93, S. 97] Auch die zunächst in den Kreisen des logischen Positivismus vorgeschlagene Lösung des Problems der Kontextgebundenheit wissenschaftlicher Erkenntnis durch *Protokollsätze* hält wissenschaftstheoretischen Überlegungen nicht stand. So hat z. B. Popper aus methodologischer Sicht gezeigt, daß die Protokollsätze „keineswegs unbezweifelbar oder unrevidierbar sind ... und letztlich nur durch gemeinsame Festsetzung einer weiteren Revision 'bis auf weiteres' entzogen werden." [Sch92, S. 269]

Popper und Albert haben weiterhin überzeugend dargelegt, daß auch „die Beobachtungssätze der empirischen Forscher von ihrem theoretischen Vorwissen und Vorverständnis vom Beobachtungsfeld abhängen: *wir sehen Einzeltatsachen* immer schon *im Lichte von Theorien.*" [Sch92, S. 269] Schließlich kann gegen die ideale Stringenz der Galileischen Konzeption vorgebracht werden, daß auch jede Messung eine *Interpretation der Meßergebnisse als etwas* erfordert und damit der postulierte idealtypisch-objektive und unmittelbare Zugang zum „vermeintlich rein Tatsächlichen *interpretationsabhängig* ist: vor allem unsere Sprache und unser vorwissenschaftliches Weltverständnis legen in vielerlei Hinsicht vor aller Erfahrung fest, was uns dann in der Wissenschaft als rein objektive Gegenständlichkeit erscheint." [Sch92, S. 269]

Als wesentliche Konsequenz aus den hier formulierten Einwänden gegen die Galilei'sche quantitative Sichtweise von Welt als einzig zulässige Sichtweise ergibt sich für die Evaluation von Systementwicklungen in der Informatik meines Erachtens vor allem die Not-

---

bar wäre."[Has88, S. 221].

wendigkeit zur expliziten Berücksichtigung der Kontextgebundenheit und der Subjektivität *jeder* Evaluation, sei sie nun quantitativ oder qualitativ. Zugleich kann die Evaluation von Systementwicklungen nicht ohne die aktiv interpretierende Beteiligung der davon betroffenen Menschen durchgeführt werden, denn damit die Evaluation überhaupt einen *Informations*wert für Menschen hat, ist die *Reflexion im Menschen* sowohl der quantitativen wie der qualitativen Aussagen konstitutiv. Damit weist nun jedoch jede Evaluation *immanent* historisch-kulturelle und subjektive *Qualitäten* auf, die rein quantitative und vom Galileischen Ansatz inspirierte objektive und personenneutrale Vorgehensweisen systematisch ignorieren.

Dennoch wird diese Einsicht zur Komplementarität quantitativer und qualitativer, d. h. formaler und inhaltlicher Evaluationsanteile meiner Ansicht nach in der Informatik erst vorsichtig rezipiert. So formuliert beispielsweise Goos in der Diskussion um die Evaluation noch etwas unentschlossen: „Es mehren sich die Anzeichen, daß der Übergang vom qualitativen zum quantitativen Argumentieren (und zurück) nicht nur in Einzelfällen, sondern auf breiterer Front bald gelingen könnte." [Goo94, S. 15] Der Tenor seiner Ausführungen läßt jedoch nach wie vor eine Präferenz *objektiver* und *quantitativer* Positionen erkennen: „Programmiertechnik wird ... erst dann zum Software Engineering, wenn man nicht nur qualitativ, sondern auch quantitativ" argumentieren kann. [Goo94, S. 15]

Insgesamt scheint mir also der status quo der Diskussion um die Evaluation von Systementwicklungen in der Informatik trotz der dargestellten Öffnung in Richtung eines stärker empirisch und qualitativ orientierten Zugang zum Software-Engineering immer noch stark von der Tradition der Galilei'schen Konzeption geprägt. Die z.B. von Goos vorsichtig in Klammern gesetzte Brücke *(und zurück)* zwischen qualitativen und quantitativen Aspekten wird wohl immer noch häufig, zumindest unterschwellig, als Bedrohung der eigenen Position oder gar, wie von Dijkstra, als Bedrohung der *Wissenschaft Informatik* überhaupt empfunden, gegen die eine *logische Brandwand* zu errichten sei, anstatt diese Erweiterung der Perspektiven z. B. im Sinne von Scacchi oder von Rombach et al. als notwendiges Komplement zur bisher dominierenden szientistischen Sichtweise von Systementwicklungen aufzufassen.[14] Ich lege dabei besonderen Wert auf die Feststellung, daß ich eine Orientierung am Galileischen Ansatz in gewissen Bereichen durchaus für angebracht halte. Aber die rein quantitative Orientierung ist alleine nicht hinreichend, weder für Systementwicklungen generell, deren Gegenstandsbereich ja Information und Informationsprozesse sind, und schon gar nicht für ihre Evaluation im Sinne kommunikativer Rationalität.

4.1.5 Ansätze zur empirischen Methoden- und Systemevaluation

Die zunehmend geforderte Einbeziehung der empirischen Seite von Systementwicklungen erfordert unter anderem geeignete Klassifikationsschemata a.) für die situationsbezogene Beurteilung, wann welche Systementwicklungsmethoden einzusetzen sind, und b.) für die jewilige Art der angestrebten Systementwicklung. Im folgenden möchte ich dazu jeweils einen mir geeignet erscheinenden Vorschlag vorstellen. Für die Klassifikation von Systementwicklungsmethoden greife ich auf einen Vorschlag von Mathiassen [Mat81] zurück, für die Klassifikation von Systementwicklungen auf einen Vorschlag von Lehman [Leh80].

Um bei Systementwicklungen eine angemessene Methodenauswahl treffen zu können, forderte Nygaard [Nyg86] bereits 1986 auf dem IFIP-World-Computer-Congress unter Bezug auf einen entsprechenden Vorschlag von Mathiassen aus dem Jahre 1981 [Nyg86, p. 193], daß bei allen Methoden folgende Kriterien beschrieben sein sollten:

- Das Anwendungsgebiet, für das die Methode geeignet ist.

- Die zugrundeliegende Perspektive und ihre (Vor-)Annahmen über das zugrundeliegende Anwendungsgebiet.

---

[14]Szientismus verstehe ich hier im Sinne von Schnädelbach, wenn nämlich „wissenschaftliche Rationalität zum Maßstab von Rationalität überhaupt" [Sch92, S. 269] gemacht wird.

- Die grundsätzliche Vorgehensweise bei der Anwendung der Methode, z. B. bezüglich der Unterteilung des Entwicklungsprozesses in Teilschritte.

- Vorgehensweisen und Techniken zur Durchführung der einzelnen Teilschritte der Methode innerhalb des Entwicklungsprozesses.

- Werkzeuge, die die Durchführung der Vorgehensweise unterstützen.

Obwohl also mit dem Kriteriensystem von Mathiassen schon lange ein Vorschlag für ein einfaches Hilfsmittel zur besseren Evaluierung von verfügbaren Methoden und Techniken bereit stand, beschrieb Nygaard 1986 den state-of-the-art jedoch im weiteren folgendermaßen: „Very few, if any methods are described by their authors using this layout." [Nyg86, p. 193] Dabei hatte er wohl nicht nur das Defizit der *Praxis* im Auge, die dieses Schema eben noch nicht umgesetzt hat, sondern wohl durchaus auch die mangelnde Rezeption innerhalb der wissenschaftlichen Diskussion, an der sich meines Erachtens bis heute wenig geändert hat:[15]

So fordert beispielsweise Adrion 1992, also nach über zehn Jahren Abstand in gleicher Absicht: „We have a responsibility to identify the purpose for, ... approach to (methodology), and 'lessons learned' from ... our research." [Adr92, p. 8] Und Rombach weist ebenfalls 1992 auf entsprechenden Handlungsbedarf im curricularen Bereich hin: „We need to find ways of teaching the skills enabling students to reason about the usefulness and limitations of candidate techniques and tools." ([Rom92, p. 34], ähnlich auch [Tic92, p. 28]) Goos

---

[15]Eine ähnliche Vorgeschichte von ca. 20 Jahren ließe sich meines Erachtens übrigens für den von Rombach et al. 1992 auf Schloß Dagstuhl propagierten Ansatz des *Experimental Software Engineering* aufzeigen. Naur beschrieb schon 1974 in seinem *Concise Survey of Computer Methods* diesen Ansatz als Ausweg aus der Erkenntnis der Unmöglichkeit einer streng linearen oder rein deduktiv orientierten Vorgehensweise bei großen Systementwicklungen unter der Überschrift *Overall Design and the Experimental Attitude*: „To reconcile this realization with the need to get something useful done, we must view the life of the system as a succession of stages, each stage being an experiment from which to decide the design of the next stage", hier zitiert nach dem Wiederabdruck in [Nau92, p. 350].

fordert schließlich 1994 ebenfalls programmatisch als „erstes Ziel der Programmiertechnik für die Zukunft die Klassifikation der Problemtypen, um die einzusetzenden Methoden richtig zuzuordnen." [Goo94, S. 16]

In Ergänzung zur Klassifikation der einzusetzenden Methoden entsprechend des vorliegenden Problemtyps ist der Vorschlag von Lehman [Leh80] meiner Ansicht nach besonders geeignet, die Art der vorgesehenen Systementwicklungen grundsätzlich danach zu beurteilen, in welcher Weise die pragmatische Lücke am besten bewältigt werden sollte bzw. in welchem Umfang dies überhaupt möglich ist. Lehmans Vorschlag sieht zu diesem Zweck zunächst eine Klassifikation von Systementwicklungen in S-Programme, in P-Programme und in E-Programme vor, um anschließend der jeweiligen Klasse adäquate Evaluationsstufen abzuleiten, die sich zunehmend von formalen bzw. quantitativen Inhalten und Methoden hin zu qualitativ-diskursiven Inhalten und Methoden orientieren:

- *S-Programme* zeichnen sich durch (formal) spezifizierbare Probleme aus und können richtig oder falsch sein. S-Programme lösen z. B. mathematische Aufgabenstellungen wie die Bestimmung des kleinsten gemeinsamen Vielfachen oder lösen das Problem der *Dining Philosophers*. Das Verhältnis von S-Programmen und gegebenem lebensweltlichen Zusammenhang ist nach Lehman dagegen ein eher zufälliges: „The problem statement, the program and the solution when obtained may relate to an external world. But it is a casual, noncausal relationship." [Leh80, p. 1061] Zugleich kann bei S-Programmen rein formal die Korrektheit bewiesen werden, als Referenz für den Beweis dient die Spezifikation. Die Verifikation sagt dabei nichts aus über die Validität für den zugrundeliegenden Weltausschnitt.

- *P-Programme* zeichnen sich durch spezifizierbare Problemstellungen aus, die jedoch praktisch nicht vollständig lösbar sind. Lehman nennt als Beispiele Aufgabenstellungen aus der Kombinatorik, die aufgrund der NP- Vollständigkeit in der Praxis nur approximativ gelöst werden können. Bei P-Programmen muß demnach pragmatisch beurteilt werden, ob eine Lösung angemessen ist: „In P-Programs, the concern is not centered on the problem statement but on the *value* and *validity* of the solution obtained *in its real-world context.*" [Leh80, p. 1062]

- *E-Programme* zeichnen sich durch die Behandlung eingebetteter Probleme aus, die bereits von ihrer Ausgangssituation her nur vor dem Hintergrund des Kontextes definiert sind. Lehman selbst schlägt folgende Definition vor: „E-Programs ... are programs that mechanize a human or societal activity. ... *The program has become a part of the world it models*, it is *embedded* in it." [Leh80, pp. 1062-1063] Beispiele für E-Programme sind nach Lehman z. B. Betriebssysteme, Lagerhaltungsprogramme und Flugüberwachungssysteme. Aufgrund des engen Zusammenhangs von E-Programmen mit ihrer sozio-kulturellen Einbettungsumgebung sind E-Programme ständigen Fortentwicklungen unterworfen, weshalb rein formale, auf eine statische Spezifikation bezogene Korrektheitsüberlegungen keinen Sinn machen. Stattdessen rückt menschliches Urteilsvermögen in den Mittelpunkt einer für E-Programme adäquaten Evaluation:

„For an E-Program ... validity depends on human assessment of its effectiveness in the intended application. Correctness and proof of correctness of the program as a whole are, in general, irrelevant in that a program may be formally correct but useless, or incorrect in that it does not satisfy some stated specification, yet quite usable, even satisfactory. ... Hence absolute correctness of the program as a whole is not the real issue. It is the *usability* of the program and the *relevance* of its output in a changing world that must be the main concern." [Leh80, p. 1064]

Die Systementwicklungen, die ich im Rahmen dieser Arbeit betrachte, sind alle dem Bereich der E-Programme zuzuordnen. Von daher erscheint es legitim, zur Bewältigung der pragmatischen Lücke bei diesen Systementwicklungen auf diskursive Verfahren zurückzugreifen, die das gemeinsame menschliche Urteilsvermögen ausdrücklich in den Mittelpunkt stellen (s. auch [LSS94]).

4.2 Determinanten erfolgreicher Systementwicklung - eine unendliche Geschichte

4.2.1 Systementwicklung zwischen Produkt- und Prozeßsicht

Der aktuelle Diskussionsstand zum state-of-the-art im Software-Engineering ist meines Erachtens durch eine eigentümliche Diskrepanz gekennzeichnet:

Auf der einen Seite wird der Fortbestand vieler Aspekte der Software-Krise offen eingestanden sowie ein zunehmender Konsens über die Bedeutung außertechnischer Faktoren für ihre Bewältigung erkennbar, ohne daß diese bereits vollständig benennbar oder gar verstanden wären. So stellte z. B. Nagl auf einer Tagung auf Schloß Dagstuhl zur Zukunft des Software-Engineerings 1992 fest: „We still do hardly understand what software is, what properties software should have, and how it should be developed, maintained, and reused. Especially for the most risky areas of software engineering like requirements engineering, architecture modelling and project planning we do not have ready and applicable solutions." [Nag92]

Auf der anderen Seite hingegen läßt sich empirisch eher eine andauernde Technikorientierung der faktisch betriebenen Forschungs- und Entwicklungsarbeit beobachten, die z. B. Buxton auf der ESEC-'93-Tagung zur eindringlichen Warnung veranlaßte, wenn der Anwendungsaspekt von Systementwicklungen weiterhin so wenig zugunsten einer rein technisch orientierten Forschungs- und Entwicklungsarbeit beachtet wird, so wäre zu erwarten, daß dies zu einer Renaissance der Software-Krise in gesteigertem Umfang führen könnte: „In a word, we are about to embark on a rediscovery of all the problems of the software crisis - but at a new level of programming." [Bux93, p. 9]

Charakteristisch für die als besonders kritisch eingestuften sehr frühen und sehr späten Phasen innerhalb des Software-Lifecycles sind z. B. ihre im Vergleich zu den dazwischenliegenden Phasen wesentlich höheren Anteile an sozial-kommunikativen Interaktionen, der wesentlich größere Einfluß der konkret-situativen Bedingungen und ihre wesentlich höhere immanente Dynamik (s. etwa [HBS91], [Jef93]).[16] Genau diese Determinanten sind nach Curtis et al. sogar die *wesentlichen* Einflußfaktoren auf den Erfolg von Systementwicklungen ([CKI88, p. 1271]).

Auch Naur hat eindringlich auf diesen Punkt aufmerksam gemacht, wenn er Systementwicklung vorrangig als einen *Prozeß* der Theoriebildung versteht, gegenüber dem jede technische *Produkt*erstellung bzw. Programmimplementation als nachgeordnet zu verstehen ist: „The proper, primary aim of programming is, not to produce programs, but to have the programmers build theories of the manner in which the problems at hand are solved by program execution." [Nau85, p. 253] Naur war sich seinerzeit durchaus bewußt, daß diese Ansicht nicht der herrschenden Auffassung entsprach: „This suggestion is in contrast to what appears to be a more common notion, that programming should be regarded as a production of a program and certain other texts." [Nau85, p. 253] Dennoch muß seine Einsicht wohl als wegweisend für eine genauere Bestimmung der Determinanten erfolgreicher Systementwicklung angesehen werden:

Im Unterschied z. B. zu Dijkstras Plädoyer für eine voraussetzungsfreie, logisch in sich geschlossene Konzeption von Systementwicklungen, greift Naur den bereits mehrfach angesprochenen Erkenntnisstand in der Wissenschafts- und Erkenntnistheorie auf, wonach jede menschliche Betätigung auf Annahmen (bzw. Theorien) sogar existentiell angewiesen ist. Indem Naur diese Grundbedingungen menschlicher Betätigung explizit ausweist, öffnet er zugleich eine konstruktive Perspektive für die Bewältigung der Software-Krise, indem er nämlich dem Problem- bzw. dem Situationsverstehen den Vorrang zuweist vor jeder sich anschließenden formal-technischen Systementwicklung.

In den folgenden Abschnitten gehe ich näher auf die sich hier deutlich abzeichnende Diskrepanz zwischen dem ständig propagierten Forschungs*bedarf* und den tatsächlich betriebenen Forschungs*aktivitäten* im Software-Engineering für eine bessere Unterstützung von System-

---

[16]Vgl. hierzu ergänzend auch z. B. die *special-issues* IEEE-Software Sept. 1993: *Lessons Learned in Software Engineering* und IEEE-Software March 1994: *Giving Voice to Requirements Engineering.*

entwicklungen in der Informatik ein. Ausgangspunkt meiner Überlegungen ist die Beobachtung, daß sich viele Forschungsarbeiten im
Bereich des Software-Engineering unter Stichworten wie CASE oder
SEU (Software Entwicklungs-Umgebungen) vor allem um eine noch
stärkere *produkt*orientierte Unterstützung des Entwicklungsprozesses
bemühen, während sie die Fragestellung nach einer angemessenen
Unterstützung der außertechnischen, kreativen und kooperativ-kom-
munikativen *Prozeß*anteile weitgehend ignorieren (s. auch [Pas94, S.
202]). Die besondere Pointe der Konzentration der faktischen Forschungsarbeit auf diese Aspekte ist meines Erachtens darin zu sehen, daß genau die dabei vorrangig behandelten *produkt*bezogenen
Arbeitsschritte wie beispielsweise der implementationsbezogene Systementwurf, die Implementierung selbst und das Testen zumindest
für praktische Bedürfnisse bereits jetzt ausreichend beherrscht werden (s. etwa [Jef93, p. 112]).

4.2.2 Software-Entwicklungsumgebungen als Umset- zung der Produktsicht

In einem Überblicksartikel zum state-of-the-art bei *Software-Entwicklungsumgebungen* (SEU) [Nag93] beschreibt Nagl als Hauptziel
der diesbezüglichen Forschungs- und Entwicklungsarbeit die *Produktivitätserhöhung* bei der Software-Erstellung durch

- die Entlastung von nichtkreativer Arbeit

- die Unterstützung bei fehlerträchtiger Arbeit

- durch konstruktive Qualitätsverbesserung.

Allerdings wird die durch diese Punkte postulierte positive Kau-
salität zwischen einer verstärkten technischen Unterstützung des Entwicklungsprozesses und der damit verfolgten Zielsetzung einer Produktivitätserhöhung bei der Softwareentwicklung in der weiteren Darstellung weder theoretisch näher begründet noch durch empirische
Voruntersuchungen belegt. Curtis et al. argumentieren beispielsweise
auf der Grundlage empirischer Untersuchungen eher dagegen: „apply-
ing a collection of software engineering technologies to actual projects

had only a 30 percent impact on reliability and none on productivity"
[CKI88, p. 1268] was die durch den SEU-Ansatz propagierte Zielset-
zung einer Produktivitätserhöhung durch vorrangig technologische
Hilfsmittel durchaus relativiert.

Im Anschluß an die Darstellung der Zielsetzung des Ansatzes SEU
weist Nagl selbst dann auch einschränkend darauf hin, daß es zwar
einige wenige Pilotanwendungen in der Industrie gibt, aber der Einsatz von SEU noch nicht weit verbreitet ist. Auch dieses Phänomen
wird jedoch nicht weiter thematisiert und es finden sich auch keine detaillierten Überlegungen, empirische Untersuchungen zu einer
genaueren Ursachenanalyse für dieses Mißverhältnis und für seine gezielte Bewältigung vorzunehmen. Letztlich bleibt also in der Darstellung des Ansatzes SEU von Nagl der z. B. von Wynekoop und Russo
geäußerte Vorbehalt gegenüber einer methoden- und technikorientierten Informatikforschung weitgehend unbeantwortet: „By failing
to evaluate current practices and needs, researchers may develop methodologies that are not only irrelevant, but flawed." [WR93, p. 181]

Eine gewisse Bestätigung für diese Vermutung ergibt sich daraus, daß es nach Nagl im Ansatz SEU durchaus Unsicherheiten gibt,
„wo SEU beginnen und wo sie aufhören." [Nag93, S. 273] Definit-
torisch werden die Grenzen dann im weiteren jedoch so bestimmt,
daß „wir ... den Begriff nicht so weit fassen, daß wir die betroffenen
Menschen, die Organisation, in der Software eingesetzt wird, etc. zur
'Umgebung' zählen." [Nag93, S. 273] Unter Bezug auf die Lehman-
sche Klassifikation von Systementwicklungen [Leh80] wird damit jedoch der Gegenstandsbereich und Anspruch von SEU tendenziell auf
die im vorigen Abschnitt beschriebenen S-Programme eingeschränkt,
die sich auf exakt spezifizierbare Probleme beziehen und zu diesem
Zweck von ihrem praktischen Einsatzkontext absehen.[17] Insofern ent-
behrt die zuvor konstatierte geringe Akzeptanz von SEU in der Praxis nicht einer gewissen inneren Logik, weil reine S-Programme in der
Praxis so gut wie nicht vorkommen.

---

[17]Sowohl die von Lehman in seinem Schema weiterhin genannten P-Programme
wie die E-Programme umfassen nämlich als konstitutive Merkmale u. a. genau den
Bezug zu ihrem organisatorischen bzw. sozialen Umfeld, der hier jedoch gerade
ausgeschlossen wird.

Angesichts der von Nagl an anderer Stelle formulierten Einsicht: „We still do hardly understand what software is, what properties software should have, and how it should be developed, maintained, and reused," [Nag92] ist der erreichte Zwischenstand bei der Entwicklung von SEU und insbesondere die bisher nur ansatzweise erkennbare Praxisrelevanz also kein überraschendes Ergebnis.

Insgesamt bleibt damit der Eindruck, daß mit SEU der hier diskutierten Art nur die Entwicklung von S-Programmen (als Selbstzweck?) angemessen unterstützt werden kann, weil die für eine angemessene Bewältigung der pragmatischen Lücke konstitutiven Determinanten wie z. B. der Mensch, der Anwendungskontext und die Prozeßdimension geradezu definitorisch ausgeklammert werden.[18] Die einseitige Produktsicht auf den insgesamt dual als Produkt und als Prozeß zu verstehenden Charakter von Systementwicklungen in der Informatik hat daran meines Erachtens jedoch entscheidenden Anteil. Meiner Ansicht nach steht nämlich hinter dem hier diskutierten Ansatz von SEU u. a. eine auf die Erstellung von *Produkten* konzentrierte Sichtweise von Systementwicklung, deren Grundannahmen Floyd verkürzt folgendermaßen charakterisiert:

„Softwareentwicklung beruht auf vorgegebenen Problemen mit fest definierten Anforderungen; der Herstellungsprozeß ist anhand von Prozeßmodellen formalisierbar; der Einsatzkontext von Software kann ausgeklammert werden." [Flo94, S. 29] Auf die hieraus resultierenden immanenten Grenzen einer vorrangig technik- und produktorientierten Unterstützung der Systementwicklung für pragmatisch valide Systementwicklung gehe ich im nächsten Abschnitt näher ein.

---

[18]Was allerdings in den meisten Fällen nicht so deutlich ausgesprochen wird. Vielmehr wird diese Haltung meines Erachtens z. B. hinter dem Streben nach *korrekter* Systementwicklung wie bei Dijkstra oder in der eher beiläufigen Ausklammerung des Menschen aus der weiteren Betrachtung wie im hier diskutierten Ansatz für SEU 'versteckt'. Lehman hat durch seine Klassifikation in S-, P- und E-Programme allerdings überzeugend dargelegt, daß die unter solchen Prämissen behandelbaren Programme lediglich die S-Programme sind, die sich gerade durch ihre grundsätzliche Unabhängigkeit von real-weltlichen Zusammenhängen auszeichnen. Insofern erscheint es mir also gerechtfertigt, hier von *Systementwicklung als Selbstzweck* zu sprechen.

4.2.3 Grenzen technikzentrierter Ansätze aus der Prozeßsicht

Im Kontext der im vorigen Abschnitt diskutierten Entwicklungsarbeiten an SEU stellte Kelter 1993 einen Vorschlag für einen *Integrationsrahmen* für verschiedene Komponenten von SEU vor [Kel93, S. 281]. Dabei beschränkt Kelter den Anspruch seiner Überlegungen zu einem solchen Integrationsrahmen ausdrücklich auf solche (technikzentrierten) „Funktionsbereiche, in denen speziell auf den Bedarf von SEU ausgerichtete Basissysteme verfügbar sind." [Kel93, S. 282] Trotz dieser 'Selbstbeschränkung' des Anspruchs eines solchen Integrationsrahmens von SEU auf technische Aspekte bei Systementwicklungen sehe ich hierbei die reale Gefahr, in folgendes Dilemma zu geraten, das seine Ursache meines Erachtens im untrennbaren Doppelcharakter von Systementwicklungen als *technisches Produkt* und *sozialer Prozeß* hat:

Bei jeder SEU muß neben den *produkt*orientierten Tätigkeiten wie z. B. Objektverwaltung auch der Entwicklungs*prozess* selbst in geeigneter Weise organisiert und formalisiert werden. Erst im Verlauf des Prozesses entsteht nämlich das Produkt. Das Gebiet der Modellierung und Formalisierung von Prozeßmodellen und Vorgehensweisen zur Software-Entwicklung ist deshalb nach Kelter auch „eines der aktivsten in der Softwaretechnik-Forschung. Gegenstand dieses Gebiets ist die Frage, wie sich Vorgehensmodelle bei der Software-Entwicklung formal durch sogenannte Prozeßmodelle modellieren und durch eine SEU kontrollieren lassen." [Kel93, S. 284] Trotz aller Forschungsanstrengungen wird jedoch nach Kelter gerade der *Prozeß*anteil von Systementwicklungen von den bislang entwickelten SEU-Prozeßmodellen nur im Ansatz unterstützt und die bislang vorgeschlagenen Prozeßmodelle basieren außerdem vollständig auf formalen Ansätzen [Kel93, S. 284].

Das Dilemma besteht nun meines Erachtens darin, daß für die Konzeption eines Integrationsrahmens für SEU entweder gewartet werden muß, bis die Forschungen zur Prozeßmodellierung eines Tages tatsächlich erkennen lassen, in welcher Weise der Entwicklungsprozess am besten durch SEU koordiniert wird und wo es eventuell Grenzen der Standardisierung und Formalisierung gibt. Oder es wird eben ein

Integrationsrahmen entwickelt, der dann allerdings voraussetzt, daß die Forschungen zur Prozeßmodellierung eines Tages die bereits eingeschlagene formalistische Richtung bestätigen.[19]

In gewisser Weise wird deshalb meines Erachtens in den technikzentrierten Überlegungen zu einem Integrationsrahmen für SEU der zweite Schritt vor dem ersten getan. Die derzeit im Rahmen von SEU favorisierten formalistischen Ansätze setzen nämlich eigentlich eine erst noch zu erarbeitende Legitimation durch noch gar nicht vorliegende Forschungsarbeiten zur grundsätzlichen Formalisierbarkeit von Prozeßaspekten bei Software Entwicklungen voraus. Für die Zeit bis dahin wird dann eben postuliert, jede Art der Prozeßmodellierung habe sich letztlich den technischen Möglichkeiten anzupassen: „Die *process-engine* muß sich hier ggf. im Detail an die Funktionalität des DBMS anpassen." [Kel93, S. 285] Mit *process-engine* ist dabei das gewählte Prozeßmodell zur Formalisierung und Standardisierung der einzelnen von den System-Entwicklern durchzuführenden Arbeitsschritte gemeint. Die Ausgestaltung der Arbeitsprozesse hat sich also letztendlich an den formal-technischen Möglichkeiten der dafür eingesetzten Datenbanksysteme zu orientieren, unabhängig davon, welche inhaltlichen Besonderheiten die Arbeitsprozesse als solche aufweisen.

Mir erscheint diese starke Technikorientierung für die erklärte Zielsetzung, durch die Entwicklung von SEU eine *Entlastung von nichtkreativen Arbeiten* [Nag93] bei der Systementwicklung herbeizuführen, schon jetzt *absehbar* an ihre Grenzen zu stoßen. Ich möchte an einem von Kelter selbst gegebenen Beispiel verdeutlichen, wie eine zu starke Ausrichtung der *process engine* an den technischen Möglichkeiten neue 'nichtkreative' Tätigkeiten erforderlich machen kann:

Kelter sieht bei einer zunehmend automatisierten Editorunterstützung zu Recht das Problem, daß „man das gleiche Dokument mehrfach editieren (typische edit-compile-test-Zyklen) oder mehrere Dokumente gleichzeitig editieren, also mehrere Arbeitsschritte gleich-

---

[19]Problematisch würde es in diesem Falle dann, wenn der derzeit begangene Entwicklungspfad einer weitgehenden Formalisierung und Standardisierung bspw. durch empirische Forschungen als ungeeignet verworfen würde. Hierfür gibt es in der Tat durchaus gewisse erste Anzeichen (s. etwa [BF94]).

zeitig oder hintereinander ausführen (kann). ... In solchen Fällen muß
der Benutzer über eine Benutzungsschnittstelle explizit angeben, daß
ein bestimmter Arbeitsschritt beendet worden ist." [Kel93, S. 285]
Das Besondere an diesem zusätzlich vom Benutzer auszuführenden
Arbeitsschritt ist, daß sich dieser nicht aus dem eigentlichen Arbeitsprozeß der Systementwicklung erklären oder legitimieren läßt,
sondern aufgrund gesetzter organisatorischer bzw. formal-technischer
Rahmenbedingungen notwendig wird, nämlich aufgrund der in einem
sozialen Prozeß getroffenen Entscheidung, eine SEU zur Prozeßsteue-
rung des Editiervorgangs einzusetzen. Diese von außen an den Arbeitsprozeß herangetragene Anforderung wird in der Praxis meines
Erachtens zumindest am Anfang Akzeptanzprobleme aufwerfen und
stellt - sofern sie überhaupt akzeptiert wird - eine neue 'nichtkreative
Tätigkeit' dar:

Jeder, der auch nur einige wenige Programme interaktiv entwickelt hat, weiß, wie quasi-automatisch dieser zyklische Handlungs-
ablauf ist und wie stark die Verärgerung ist, wenn zusätzliche Ein-
gaben erforderlich sind, die mit der Systementwicklung selbst nicht
zusammenhängen. Ich denke dabei vor allem an Selbstgespräche der
Art: „der Computer weiß doch genau, daß nach dem Editier-Mo-
dus das Compilieren beginnt, warum jetzt schon wieder diese extra-
Bestätigung 'Drücken Sie o.k., wenn Sie die Datei verlassen wollen'
- selbstverständlich will ich sie verlassen, sonst hätte ich doch nicht
den Compiler aufgerufen."

Wenn nun aufgrund technischer Restriktionen z. B. beim Wechsel
von der einen in die nächste Phase bei der Systementwicklung, der
bei jedem auch nur etwas routinierten Programmierer vollständig als
knowing-in-action, d. h. implizit erfolgt, plötzlich zusätzliche, aber
von außen herangetragene Arbeitsschritte und damit explizit als
reflection-in-action verlangt werden, so ist die Gefahr groß, daß dadurch der Arbeitsprozeß in seinem ganzheitlichen Vollzug zerstört
wird und der damit angestrebte Rationalisierungseffekt geradewegs
wieder relativiert wird (s. etwa [FLMM91, p. 409]).[20]

---

[20]Fischer et al. charakterisieren die auf Donald Schön zurückgehende Unterscheidung von *knowing-in-action* versus *reflection-in-action* folgendermaßen:
„*Knowing-in-action* is the unself-conscious, nonreflective doing that controls the

Als Konsequenz aus diesen auch empirisch beobachtbaren Grenzen einer zu starken Formalisierung menschlicher Arbeitszusammenhänge erscheint es mir deshalb erfolgversprechender, die Arbeitsabläufe nicht gemäß irgendwelcher von außen daran herangetragenen technisch-organisatorischen Bedingungen zu strukturieren, sondern die hierfür geeigneten Interventionspunkte sollten vielmehr aus der Innen-Perspektive des zu vollziehenden Arbeitsprozesses heraus bestimmt werden (s. auch [FLMM91, p. 409]).

Daß dieses Problem nicht nur akademischer Natur ist, zeigen schließlich empirische Untersuchungen z. B. von Senghaas-Knobloch, wie durch Mißachtung der lebensweltlichen Einbettung bei der Systementwicklung selbst große Fabrikautomationsvorhaben gescheitert sind [SK93]. Als Konsequenz hieraus fordert Senghaas-Knobloch deshalb ganz im Sinne der hier vertretenen Kritik an einem einseitig produktorientierten SEU-Verständnis: „Wenn Informationstechnik das ihr eigene Rationalitätspotential tatsächlich entfalten und nicht zur Erhöhung von Irrationalität beitragen soll, so muß offenbar die situative, lebensweltliche Einbettung von Information und Kommunikation respektiert und beachtet werden." [SK93, S. 90]

4.2.4 Weitere Einflußfaktoren auf Systementwicklungen

Neben den bislang diskutierten und derzeit wohl zumindest im wissenschaftlichen Software-Engineering noch weitgehend favorisierten technikorientierten Ansätzen zur besseren Unterstützung von Systementwicklungen werden aufgrund neuerer empirischer Untersuchungen auch zunehmend arbeitspsychologische und organisationsbezogene Aspekte als weitere relevante Faktoren für den Erfolg von Systementwicklungen angesehen. Diese Arbeiten sind meistens motiviert aus der empirisch nicht ausreichenden Erklärungskraft technikorientierter Ansätze für erfolgreiche Systementwicklungen.

---

situated action of constructing the actual artifact. *Reflection-in-action* is the self-conscious, rational process of reflection about this action within the 'action present'." [FLMM91, p. 408].

So wurde in dem mehrjährigen empirischen Forschungsprojekt IPAS (*Interdisziplinäres Projekt zur Arbeitssituation in der Software-Entwicklung*), das gemeinsam von Informatikern, Arbeitspsychologen und Organisationswissenschaftlern in Deutschland durchgeführt wurde, beispielsweise die Arbeitssituation von Software-Entwicklern untersucht, um Vorschläge zur Verbesserung der Arbeits- und Produktqualität zu erhalten ([HBS91], [FB92], [WO92], [BF94]). Ausgangspunkt des IPAS-Projektes war der Anspruch einer ganzheitlichen Sichtweise, wonach es bei der Software-Entwicklung stets zugleich

- um die Lösung einer Sachaufgabe geht,

- diese Aufgabe von Menschen bearbeitet wird und

- dieser Prozess in einem sozialen bzw. organisatorischen Kontext stattfindet.

Im Verlauf der Untersuchungen zeigte sich deutlich, daß Software-Entwicklungsprojekte in der Praxis über die Lösung technischer Aufgabenstellungen hinaus u. a. psychologische und soziale Aspekte involvieren, die beispielsweise von der Arbeitsmotivation bis hin zu kommunikativen Fähigkeiten gehen. Außerdem üben die organisatorischen Rahmenbedingungen einen nicht zu unterschätzenden Einfluß aus. Damit scheinen sich die bereits von Curtis et al. [CKI88] für die USA formulierten Erfahrungen auch in der Praxis der deutschen Software-Entwicklung zu bestätigen, wonach erfolgreiche Softwareentwicklung nicht nur sachlich-technische Kompetenz erfordert, sondern zumindest auch individuell-menschliche, soziale, arbeitspsychologische und organisatorische Aspekte umfaßt.

Kemerer macht in diesem Sinne ebenfalls auf die zentrale Bedeutung des Menschen unter der Bezeichnung *staffing-paradox* aufmerksam: „While there are many areas of *disconnect* between industry and academia, none is perhaps so glaring as the differential attention paid to the staffing on software projects. Practicing project managers treat this as one of, if not the most, important variable under their control, while academics typically ignore this factor in their models and analyses."[21] [Kem93]

Kemerers Einschätzung wird auch von DeMarco und Lister aufgrund jahrelanger praktischer Beratertätigkeit bei vielen Entwicklungs-Projekten geteilt. Sie kommen sogar zum Schluß: „Die größten Probleme bei unserer Arbeit sind keine technologischen Probleme, sondern soziologische Probleme. ... Menschliche Beziehungen sind kompliziert, ihre Effekte sind nicht sehr klar und deutlich zu beobachten, aber sie spielen eine wichtigere Rolle als alle anderen Aspekte der Arbeit zusammen."[22] [DL91, S. 5f.]

Von besonderer Glaubwürdigkeit ist dieses Fazit meiner Ansicht nach deshalb, weil Tom DeMarco einer der Begründer von *Structured Analysis* ist, eine der am weitesten verbreiteten formalen Methoden zur Systemanalyse, die weitgehend von den jetzt propagierten Einsichten abstrahiert.

Mahler kritisiert weiterhin die 'ideologische' Sturheit, mit der insbesondere von der Seite des wissenschaftlichen Software Engineering das präskriptiv-methodische Paradigma hochgehalten wird: „Current software engineering ideology (as opposed to practice) strongly inclines the paradigm of *prescriptive methods.*" [Mah92a] Selbst der geringe Anteil erfolgreich eingesetzter Software-Entwicklungsemthoden konnte an dieser Haltung bislang nichts ändern: „All too often, these methods suffer from poor acceptance by the developers and eventually end up as 'shelfware'." [Mah92a, p. 31]

Als Alternative schlägt er vor, vor einer weiteren Methodenentwicklung zunächst ein empirisch tragfähiges Verständnis der Phänomenologie von Software-Entwicklungsprozessen zu entwickeln.

---

[21] Es ist bemerkenswert, wie exakt diese Einschätzung der wissenschaftlichen Informatik von Kemerer durch den oben diskutierten technikzentrierten Ansatz zu SEU bestätigt wird, in dem Menschen *definitorisch* nicht auftauchen. Auf der anderen Seite ist es dann jedoch meines Erachtens nicht erstaunlich, daß der Einsatz von SEU in der industriellen Praxis noch nicht weit verbreitet ist.

[22] Mit ironischem Unterton formulieren sie daher folgende 'Faustregel' für alle Verantwortlichen von EDV-Projekten: Wer sich bei seiner Arbeit ertappt, sich stärker technischen Problemen als den sozialen und organisatorischen zu widmen, der verhält sich wie derjenige, der seinen Schlüssel in einer dunklen Straße verloren hat, jedoch in einer anderen Straße danach sucht, 'weil dort die Beleuchtung besser ist'.

Wichtig ist ihm dabei ausdrücklich, auch grundsätzliche Grenzen der formal-methodischen Durchführung von Systementwicklungen in die Betrachtung explizit einzubeziehen.

Suchman kritisiert schließlich in ihrem Buch *Plans and Situated Actions* [Suc87] aus anthropologischer Sicht ebenfalls die im Software-Engineering weitverbreitete Sichtweise von Systementwicklungen als *planmäßiges* Vorgehen von einer Problembeschreibung zu einer Problemlösung. Stattdessen weist der empirische Verlauf auch von geplantem menschlichen Handeln nach Suchman eher darauf hin, daß wir Menschen aufgrund der nie vollständig in Plänen antizipierbaren relevanten Umstände ständig gezwungen sind, situativ zu handeln, und zwar notfalls ungeachtet aller vorherigen Planung: „The essential nature of action, however planned or unplanned, is situated." [Suc87, p. x]

Nach Suchman kommt also vor allem den konkreten situativen Bedingungen die zentrale Rolle der Handlungskoordination in unseren tatsächlichen Handlungen zu, gegenüber der die Funktion von Plänen und präskriptiv-methodischen Vorgehensweisen lediglich subsidiär bzw. heuristisch ist: „It is only when we are pressed to account for the rationality of our actions, given the biases of European culture, that we invoke the guidance of a plan. Stated in advance, plans are necessarily vague, insofar as they must accomodate the unforeseeable contingencies of particular situations. Reconstructed in retrospect, plans systematically filter out precisely the particularity of detail that characterizes situated actions, in favor of those aspects of the actions that can be seen to accord with the plan." [Suc87, p. ix]

Systementwicklung sollte also nach Suchman weniger als *rationale und planmäßige Problemlösung* verstanden werden, sondern muß primär als *situatives Handeln* in einem gegebenen lebensweltlichen Zusammenhang gesehen werden, das bei der Erarbeitung eines Situationsverständnisses und einer Situationsdefinition zu beginnen hat. Teile des Situationsverständnisses können dabei selbstverständlich zu einer formalen Problembeschreibung werden, aufgrund der dann eine technische Problemlösung planmäßig erarbeitet wird, aber nur *bezüglich* der zugrundeliegenden Situation macht diese Sinn, worauf

auch Greenbaum und Kyng unter ausdrücklichem Bezug auf Suchman hinweisen: „Problems out of context have little meaning. That
is why we believe that examining the context and paying close attention to the situations in which computers will be used is an appropriate
starting point." [GK91, p. 15]

Damit verschiebt sich zugleich der Status jeglicher rationaler Sichtweise von Systementwicklungen und daraus abgeleiteter
methodisch-präskriptiver Vorgehensweisen gegenüber den tatsächlichen situativen Handlungserfordernissen in Richtung einer heuristischen Hilfestellung. Diese Hilfestellung ist einer Landkarte vergleichbar, die weder die Landschaft vollständig wiedergeben will noch deren
konkretes Erleben und Bestehen ersetzen kann, sondern die erfolgreiche Orientierung in der Landschaft bestmöglich unterstützen möchte:
„The efficiency of plans as representations comes precisely from the
fact that they do not represent those practices and circumstances in
all of their concrete detail. ... The plan stops short of the actual busi-
ness ... The purpose of the plan is ... to orient you in such a way that
you can obtain the best possible position from which to use those
embodied skills on which ... your success depends." [Suc87, p. 52]

Mahlers und Suchmans Einwände gegen eine zu starke formal-
methodische Reglementierung bei Systementwicklungen führen mich
zurück zum zentralen Erkenntnisinteresse der vorliegenden Arbeit,
nämlich die mit jeder Systementwicklung verbundene pragmatische
Lücke gegenüber der gegebenen lebensweltlichen Situation im Prozeß
der Systementwicklung selbst thematisierbar zu halten. Als vorläufigen Abschluß der Diskussion um wichtige Determinanten von Systementwicklungen möchte ich daher der Einschätzung von Jeffery
zustimmen: „There is little doubt that much of the current success
in the technical domain has arisen as a result of the past computing
research concentration on languages and techniques. The solution (of
the main problem we have today which is in specifying, designing and
testing the 'conceptual construct' underlying the system) lies perhaps
in ... alternative research philosophies which might be applied to software engineering." [Jef93, pp. 113-114]

Damit also die Diskussion wichtiger Determinanten von Systementwicklungen nicht zu einer unendlichen Geschichte wird, erscheint

es mir sinnvoll, die Diskussion zunächst auf die weitere Klärung der erkenntnistheoretischen und philosophischen Grundlagen der Software-Technik zu konzentrieren. Dies ist das Thema des folgenden Abschnitts.

4.3 Philosophische Aspekte von Systementwicklungen - Versuch einer Rekonstruktion

4.3.1 Neo-Positivismus und Rationalismus als philosophische Wurzeln

Um das inhärente Reduktionsproblem bei Systementwicklungen besser verstehen zu können als es im Rahmen der bislang hauptsächlich im Software-Engineering propagierten und in den vorigen Abschnitten kritisch diskutierten technikzentrierten Verbesserungsansätze möglich ist, stelle ich in diesem Abschnitt einige der hauptsächlichen philosophischen Wurzeln der Informatik vor. Dies ist meines Erachtens eine wichtige Voraussetzung, um in den folgenden Kapiteln einen Methodenrahmen zur angemessenen Bewältigung der pragmatischen Lücke im Sinne kommunikativer Rationalität zu entwickeln.

Nach Zemanek kann eine wichtige geistesgeschichtliche Wurzel der Informatik im Wiener Kreis und dem von ihm vertretenen Neo-Positivismus gesehen werden ([Zem93], ähnlich auch [WF89], [GK91], [Flo94]). Zemanek macht zur Vermeidung von Mißverständnissen ausdrücklich darauf aufmerksam, daß diese Zusammenhänge nicht unmittelbar historischer, sondern eher systematisch-methodischer Art sind: Indem der „logische Positivismus mit seiner Reduktion auf das Beweisbare und Berechenbare sein Modell der Welt mit der Realität zu identifizieren versucht," [Zem93, S. 91] kann er zugleich zum (impliziten) Leitbild einer Informatik werden, die dazu neigt, das zur Welt werden zu lassen, „was sich im Computer simulieren läßt." [Zem93, S. 87] Selbstverständlich wird das „nicht zum Lehrgebäude, unterschwellig jedoch prägt es Ansichten und Verhaltensweisen." [Zem93, S.87]

Als problematische *Schwachstelle* solcher Positionen kritisiert Zemanek weiterhin zu Recht, daß sie „weder eine Anweisung noch ein Leitbeispiel (geben), um von einer gegebenen Situation zu einem Elementarsatz zu kommen. ... Die Tatsache nämlich, daß der Elementarsatz (das Lochkarten-Bit) zutrifft, ist von der idealen Klarheit nur, wenn man vom Kontext absehen kann." [Zem93, S. 93, 97]

In solch szientistischer Einseitigkeit vertreten, verfehlt Informatik also insbesondere den gerade aus Anlaß der andauernden Software--Krise zunehmend geteilten Konsens einer in der Praxis verankerten angewandten Wissenschaft: „Informatik, der die Pragmatik fehlt, hat im besten Fall theoretischen Wert. Außer in rein formalen Spielen muß das Ergebnis für seine Anwendung interpretiert werden." [Zem93, S. 100f.]

Wenn bei Systementwicklungen also von den idealtypischen Vorstellungen des Neo-Positivismus ausgegangen wird, dann wird es aus systematischen Gründen nicht möglich sein, die pragmatische Lücke im Sinne kommunikativer Rationalität zu bewältigen, weil der pragmatische Anteil von Systementwicklungen gar nicht thematisiert werden *kann*. Außerdem droht meines Erachtens die zusätzliche Gefahr, daß eine an dieser Leitidee orientierte Informatik insgesamt der von Beck skizzierten *organisierten Unverantwortlichkeit* [Bec88] Vorschub leistet. Dies gefährdet insbesondere die Erfüllung des Auftrags der Ethischen Leitlinien der GI zur Vermittlung individueller und kollektiver Verantwortung im Handeln von Informatikern:

Organisierte Unverantwortlichkeit läßt sich in der Weise charakterisieren, daß sich Experten, Gruppen oder Organisationen *sachlich* für zuständig bezüglich durchzuführender Aufgaben erklären, d. h. hier für die zu bewältigenden formal-technischen Aspekte der Systementwicklung. Die damit verbundenen *pragmatischen* Aspekte jedoch, insbesondere die praktische Brauchbarkeit sowie mögliche Gefahren und Risiken werden dagegen als außerhalb des thematisierungsfähigen Zuständigkeits- und Verantwortungsbereichs liegende Fragestellungen der ausführenden Personen angesehen. Die Verantwortungsfrage wird vielmehr ersetzt durch die formal exakte Befolgung 'rein wissenschaftlicher' Regeln und Standards, ja, es gilt geradezu als Qualitätszeichen solcher Betätigung, daß sie so wenig wie möglich

persönlich Zurechenbares enthält und den Menschen als absichtsvoll
handelndes Subjekt so weit wie möglich ausklammert:
  „Zwischen Tat und dem Nachweis der Tat klaffen Welten. ...
Sollten ... aber einmal, wider Erwarten, ... Experten in die Defen-
sive geraten, dann stellt sich heraus, daß man gegen Unzuständi-
ge, Nichtschuldfähige gefochten hat." [Bec88, S. 100]. Dies führt im
Ergebnis dann allerdings genau zur *systematischen Unzurechenbarkeit* ursprünglich menschlichen Handelns, die den Kern organisier-
ter Unverantwortlichkeit ausmacht, nämlich die „*Gleichzeitigkeit* von
Zuständigkeit und Unzurechenbarkeit, ... oder: *organisierte Unverantwortlichkeit.*"[23] [Bec88, S. 100]
  Eine weitere philosophiegeschichtliche Wurzel für das nach wie
vor dominierende technikzentrierte Verständnis von Systementwicklungen in der Informatik läßt sich meines Erachtens in der Adaption von klassisch-rationalistischen Vorstellungen aufweisen. So legen
Winograd und Flores in ihrem Buch *Understanding Computers and
Cognition* überzeugend dar, wie stark das bisherige Vorgehen zur Systementwicklung meistens Grundelemente einer klassisch rationalistischen Tradition aufweist [WF89]. Sie läßt sich verkürzt durch die
folgenden Merkmale charakterisieren (s. auch [WF89, S. 37], [H+93,
pp. 1-5]):

1. *Eine Situation wird* in einer exakten Begrifflichkeit identifizierbarer Gegenstände mit wohldefinierten Eigenschaften *beschrieben* und ist auch stets in dieser Weise beschreib*bar.*

2. *Es werden* allgemeingültige *Regeln formuliert,* die sich auf die
   gegebene Begrifflichkeit der obigen Gegenstände und ihrer Ei-

---

[23]Ganz ähnlich hierzu bereits Mumford in seiner Darstellung vom Mythos der
Maschine: „Indem die Nachfolger Galileis die Bedeutung der subjektiven Faktoren, das heißt der menschlichen Triebe, Vorstellungen und autonomen Reaktio-
nen, leugneten, wehrten sie leider jede Frage nach ihrer eigenen Subjektivität ab;
und indem sie Werte, Zwecke, nichtwissenschaftliche Bedeutungen ... als irrelevant für ihre positivistische Methodologie zurückwiesen, übersahen sie die Rolle,
die solche Subjektivität bei der Schaffung ihres eigenen Systems gespielt hatte. ... In diesem Streben nach Wahrheit heiligte der Wissenschaftler seine eigene
Disziplin und stellte sie, was noch gefährlicher war, über jede andere moralische
Pflicht."[Mum77, S. 419f.].

genschaften und damit zugleich (!) auf die gegebene Situation anwenden lassen.

3. *Die Regeln werden logisch* auf die betreffende Situation *ange-wendet* und es werden daraus die nächsten, notwendigen Schritte abgeleitet.

In der hier verkürzt charakterisierten rationalistischen Grundhaltung, wie sie meines Erachtens derzeit (noch?) das Software-Engineering dominiert, tritt deutlich ein instrumental verstandene *Wie* in den Vordergrund (s. auch [H+93, p. 2]). Fragen nach dem *Was*, z. B. *Was* die Beschreibungen bzw. Begrifflichkeiten denn bedeuten oder inwieweit eine Situation z. B. überhaupt in der Begrifflichkeit identifizierbarer Gegenstände beschreibbar ist, werden nicht gestellt. Solche Fragen *können* sich in der rationalistischen Tradition aus systematischen Gründen *nicht stellen*, denn „die Korrespondenztheorie der Sprache ist ein Eckpfeiler ... der rationalistischen Tradition." [WF89, S. 44] Insofern impliziert die rationalistische Tradition eine Art von symbolischer Repräsentationshypothese, die von folgenden hauptsächlichen Grundannahmen ausgeht [WF89, S. 41]:

1. „Sätze sagen Dinge über die Welt aus und können richtig oder falsch sein.

2. Was ein Satz über die Welt aussagt, ist eine Funktion der Wörter, die er enthält, und der Strukturen, nach denen diese Wörter kombiniert und verbunden werden.

3. Die Inhaltswörter eines Satzes (z. B. Substantive, Verben und Adjektive) können als Denotationen, d. h. als Bezeichnungen für Objekte, Eigenschaften, Beziehungen in der Welt oder für daraus gebildete Verknüpfungen verstanden werden."

Selbstverständlich wird auch von Vertretern dieser Tradition zugestanden, daß es sich bei diesen Annahmen um Idealisierungen handelt (z. B. [Sim81a]). In einer strikten Verfolgung des rationalistischen

Programms würde sich nämlich stets mit logischer Notwendigkeit alleine aufgrund von Symbolmanipulationen eine korrekte Handlungsanweisung ableiten lassen, was sich empirisch einfach nicht bestätigen läßt. Aus diesem Grunde hat z. b. Simon unter dem Eindruck
seiner organisationstheoretischen Forschungen diesen idealtypischen
Anspruch in der Weise modifiziert, daß in der Praxis stets nur eine
beschränkte Objektivität bzw. begrenzte Rationalität erreicht werden kann. Diese Rationalität bezeichnet er als *bounded rationality*
und begründet ihre Notwendigkeit folgendermaßen:

1. „Rationalität erfordert ein vollständiges Wissen und vollständi-
   ge Antizipation der Ergebnisse, die sich aus jeder Wahl ergeben.
   Tatsächlich ist die Kenntnis der Ergebnisse immer bruchstück-
   haft.

2. Weil diese Ergebnisse in der Zukunft liegen, muß die Vorstel-
   lungskraft die Lücke mangelnder Erfahrung bei ihrer Bewertung
   schließen. Aber Werte können immer nur unvollständig antizi-
   piert werden.

3. Rationalität erfordert eine Auswahl aus allen möglichen Verhal-
   tensalternativen. Im tatsächlichen Verhalten kommen nur sehr
   wenige all dieser möglichen Alternativen je zu Bewußtsein."[24]

Trotz der aus empirischen Gründen erfolgten Zugeständnisse des
Konzepts *beschränkter* Rationalität gegenüber dem klassischen Ideal steht allerdings auch diese Vorstellung nach Winograd und Flores weiterhin grundsätzlich in der rationalistischen Tradition, die von
einer prinzipiell erkennbaren *objektiven* Wirklichkeit ausgeht, die *allenfalls aus praktischen Gründen* nicht ganz erreichbar ist: „Wichtig
ist jedoch zu bemerken, daß (Simons) Kritik kein Einwand gegen den
rationalistischen Ansatz ist. Sie richtet sich nur gegen die unterstellte
Vollständigkeit von Wissen und Rationalität." [WF89, S. 47] Winograd und Flores selbst fordern deshalb entschieden die Entwicklung
alternativer Wege zur Systementwicklung: „Die rationalistische Orientierung (muß) ersetzt werden, wenn wir menschliches Denken, Spre-

---

[24][Sim81a]. Hier zitiert nach [WF89, S. 47].

chen und Handeln begreifen oder effektive computergestützte Werkzeuge entwerfen wollen."[25] [WF89, S. 54]

Eine ähnlich deutliche (Selbst)kritik hinsichtlich der Unangemessenheit einer einseitig rationalistischen Tradition für das Anliegen pragmatisch valider Systementwicklung äußern z. B. unter ausdrücklicher Berufung auf Winograd und Flores auch Hofmann et al.: „In computer science we are used to characterize systems in terms of levels of virtual machines. In other words, we are dealing with virtual worlds. For virtual worlds the rationalistic perspective is well suited, i.e. general rules can be logically applied to situations characterized with well-defined properties. However, software design is concerned with developing systems for the real world. The real world differs in several crucial points from virtual ones: it changes continuously, it is largely unpredictable, and it is only partially knowable. Many design approaches have not sufficiently taken these points into account." [H+93, p. 1]

Vor dem Hintergrund dieser Überlegungen ist also Winograd, Flores und Hofmann et al. durchaus zuzustimmen, daß das Ideal einer methodisch sicher erkennbaren *objektiven Realität* bei Systementwicklungen endgültig aufgegeben werden sollte: „In software design we do not deal with an objective reality, but we have to cope with conflicts of interest, complex social relationships, conventions and cultural norm. ... There is no single reality, there are different perceptions of it." [H+93, p. 3] Die von Hofmann et al. gegebene Begründung für dieses Postulat steht dabei voll im Einklang mit der von mir vertretenen und letztlich auf Peirce zurückgehenden semiotischen Auffassung, wonach menschliche Wahrnehmung stets die aktive und interpretierende Mitwirkung des Menschen als Subjekt involviert: „Perception is not a passive process of absorbing information. Perceptions are actively constructed depending on the goals and the experience of people, are always changing and never the same for two persons." ([H+93, p. 3], s. auch [Pei91])

---

[25]Mit ihrem Buch *Understanding Computers and Cognition* [WF89] und insbesondere mit der daran anknüpfenden Entwicklung des CSCW-Systems *Coordinator* haben sie dann auch selbst einen solchen eigenständigen und bis heute viel beachteten Ansatz vorgestellt.

Im folgenden Abschnitt werde ich in Fortführung der zuletzt diskutierten alternativen erkenntnistheoretisch-philosophischen Überlegungen in die von C. Floyd u. a. vorgeschlagene sozial-konstruktivi-
stische Sichtweise von Systementwicklungen einführen. Sie stellt vor
dem Hintergrund des erreichten Diskussionsstandes zur Phänomenologie von Systementwicklungen einen meines Erachtens besonders
fruchtbaren alternativen philosophischen Ansatz dar, um zu einer verständigungsorientierten Bewältigung der pragmatischen Lücke beizutragen.

4.3.2 Die dialogische Design-Sicht als sozial-konstruktivistische Alternative

Die von Floyd vorgeschlagene dialogische Design-Sicht auf Systementwicklungen kann verstanden werden als eine „spezifische Ausprägung
von *Design*, ... in dem das Problem erschlossen, eine zugehörige
Lösung erarbeitet und in menschliche Sinnzusammenhänge eingepaßt
wird."[26] [Flo89b, S. 2] Notwendige Bedingung für Systementwicklungen in der Design-Sicht ist also durchaus auch die Bewältigung der
technischen Aspekte. Um jedoch der Phänomenologie von Systementwicklungen insgesamt gerecht zu werden, wird in der Design-Sicht
gezielt darauf geachtet, daß diese immer auch in menschliche *Sinnzusammenhänge* eingebunden werden können. Diese Forderung hat
nun entscheidende Konsequenzen für das Verständnis und den Umgang mit der pragmatischen Lücke, die jetzt als eine inhaltliche Frage
nach dem *Sinn* von Systementwicklungen verstanden wird:

1. Grundlegendes Charakteristikum der Design-Sicht ist die Annahme, daß wir Menschen bei der Erkenntnis von Welt immer aktiv als interpretierende Subjekte daran *beteiligt* sind. Die

---

[26]Zum ersten Mal ist diese Sichtweise von C. Floyd meines Wissens 1989 in
[Flo89b] zusammenhängend beschrieben worden. Hieran orientiert sich auch die
folgende Darstellung. Der Ansatz des konstruktivistischen Software-Engineering
ist inzwischen auch umfassender z. B. in [FZBKS92] ausgearbeitet. Auch [Ehn88],
[GK91] sind bspw. dieser Richtung zuzuordnen. Floyd orientiert sich ausdrücklich
an Vorarbeiten zum *Radikalen Konstruktivismus* z. B. von Heinz von Foerster,
Humberto Maturana und Francisco Varela, wie sie in [Sch87] dokumentiert sind.

oben ausführlich diskutierte und weder theoretisch noch empirisch in ihrem Absolutheitsanspruch haltbare Auffassung, wonach wir bei Systementwicklungen vorrangig einer gegebenen
Welt gegenüber stehen, die wir in irgendeiner neutral-beobach-
tenden Weise objektiv erkennen könnten, wird dagegen ausdrücklich verworfen. Stattdessen wird davon ausgegangen, daß
„unsere Erkenntnis durch Konstruktion" in der Weise zustan-
dekommt, daß die anfängliche Vielfalt von Nerven- und Sinnes-
daten „in für uns brauchbarer Weise" passend gemacht wird
[Flo89b]. Damit ergibt sich zugleich als grundsätzliche Konsequenz die an interpretierende Subjekte gebundene *Perspektivität* und *Selektivität* menschlicher Erkenntnis [NS87].[27]

2. Aus der Einsicht in den an interpretierende Subjekte ge-
   bundenen Charakter menschlicher Erkenntnis postuliert die
   Design-Sicht weiterhin einen Perspektivwechsel von einer mo-
   nologischen Sichtweise zu einem dialogischen Verständnis von
   Software-Engineering: Ich muß meine individuelle Sichtweise
   bzw. meine individuelle Perspektive, die nur mir in genau dieser Weise zugänglich ist, in einen Dialog mit den Sichtweisen
   bzw. den Perspektiven der anderen Beteiligten einbringen, um
   „die Perspektiven aller aufzugreifen, und in Interaktion zu bringen. Dann findet das Wesentliche zwischen mir und den anderen
   statt, wir entwickeln *gemeinsam.*" [Flo89b, S. 14,15]

3. Aufgrund des Doppelcharakters von Systementwicklungen, Prozeß und Produkt zu sein, wird in der Design-Sicht deshalb auch
   die Bewältigung der pragmatischen Lücke in diesem Doppelcharakter gesehen: Systementwicklungen werden meistens von
   einer Gruppe von Vertretern der Anwender und Auftraggeber

---

[27] Praktisch äußern sich die Perspektivität und die Selektivität menschlicher
Erkenntnis z. B. darin, daß „Elemente und Strukturen der Welt sowie der Repräsentation nicht vorgegeben (sind), sondern (sie) spiegeln die Art wider, wie
wir die Welt sehen und verstehen. Von einem Baum zu sprechen, hat durchaus etwas Willkürliches an sich. ... Diese Entscheidungen können sogar in verschiedenen
Zusammenhängen verschieden ausfallen. Ein Botaniker wird einen Baum anders
sehen als Herr Jedermann, weil für letzteren etwa die Zellstrukturen keinerlei Rolle
spielen." [BHS93, S. 314].

und von Systementwicklern gemacht, aber ihr Einsatz ist auch für *andere* (soziale oder organisatorische) Gruppen gedacht. Da diese Gruppen aber nicht am Entstehungsprozess beteiligt waren, kann nicht vorausgesetzt werden, daß die Systementwicklung von ihnen *ohne weiteres* in ihre eigenen Sinnzusammenhänge integriert werden kann. Der mit jeder Systementwicklung notwendig verbundene Kontextverlust wird deshalb zu einem Sinnverlust in der Weise, daß die ursprünglichen inhaltlichen Intentionen und Bedeutungen der Systementwicklung als Produkt nicht mehr (ohne weiteres) erkannt werden können. Hierfür bedarf es in der Regel erst eines begleitenden intersubjektiven Erklärungs- und Schulungsprozesses oder weiterer geeigneter 'Schnittstellen' zum realen Einsatzkontext, die den erforderlichen inhaltlichen Sinnzusammenhang wieder herzustellen in der Lage sind.[28] Gelingt diese Rekonstruktion hingegen den Auftraggebern oder weiteren Anwendern nicht mehr im erforderlichen Umfang, um den im Verlauf der Systementwicklung (als Prozeß) eingetretenen Kontextverlust soweit durch eigene Interpretationsarbeit zu rekonstruieren, daß in der Anwendung der Systementwicklung (als Produkt) noch ein inhaltlicher Sinn gesehen wird, dann kann es sein, daß eine praktische Nutzung der Software unterbleibt und daß stattdessen *shelfware* entstanden ist. Die pragmatische Lücke konnte in diesem Fall nicht (mehr) angemessen bewältigt werden.

Die hier vorgestellten Überlegungen von Floyd für ein dialogisches Verständnis von Systementwicklung gehen letztlich auf die u. a. von Martin Buber begründete *Dialogphilosophie* zurück [Flo89b]. Darin unterscheidet Buber zwei grundsätzliche menschliche Existenzweisen oder *Grundworte*, die sich gegenseitig komplementär ergänzen [Bub95, S. 3, 6]:

Das eine Grundwort nennt er *Beziehung*, das andere nennt er *Erfahrung*. Beziehung bedeutet in einem persönlichen Verhältnis Ich-Du zu stehen, Erfahrung heißt in einem sachlichen Verhältnis Ich-Es zu

---

[28]Hierauf bin ich bereits in Abschnitt 2.4.2. im Zusammenhang mit der Diskussion der wissenssoziologischen Überlegungen von Berger und Luckmann eingegangen.

stehen. Die Ich-Du Beziehung ist stets unmittelbar und involviert mich als ganze Person, sie ist daher die ursprünglichere. Die Ich-Es Erfahrung setzt dagegen immer eine vermittelnde Reflektion und Bewußtwerdung voraus, durch die mir die Welt als ein Gegenüber erscheint, d. h. als ein Objekt oder eine Sache, die verschieden ist von mir. Nur, wo nun beides, die Ich-Du Ebene und die Ich-Es Ebene gleichermaßen in einem Menschen sind, konstituiert sich deshalb menschliche Existenz im Sinne der Dialogphilosophie in ihrer ganzen Fülle: „Das Ich des Menschen (ist) zwiefältig. ... Der Gegensatz der zwei Grundworte hat in den Zeiten und Welten viele Namen; aber in seiner namenlosen Wahrheit inhäriert er der Schöpfung." [Bub95, S. 3, 24]

In der Design-Sicht von Systementwicklungen wird diesen philosophischen Einsichten dadurch Rechnung getragen, daß sie als ein untrennbarer und komplementärer Zusammenhang von *Prozeß* und *Produkt* verstanden werden: Der Prozeß *ist* die verbindende und unmittelbare Ich-Du Beziehung der einzelnen Akteure, er kann nur durch eigene Teilnahme unmittelbar und gegenwärtig erlebt werden. Das *Produkt* stellt dagegen die Ebene der Ich-Es Sicht dar, weil uns im Produkt der Prozeß sozusagen als Objekt gegenübersteht. Das Produkt ist also auch noch da, wenn der zugehörige Prozeß schon beendet ist, es wäre aber nicht *ohne* diesen Prozeß.

Genau an diesem Punkt setzt nun meines Erachtens das technizistische Mißverständnis an, gegen das sich die Design-Sicht so dezidiert wendet. Wenn nämlich in technizistischer Verkürzung geschlossen wird, daß der zugehörige Prozeß für das Produkt letztlich nicht mehr von Bedeutung ist, weil das Produkt ja nun unabhängig vom Prozeß existiert, dann entfremdet sich der Mensch seiner selbst als ein komplementär auf die Ich-Du Ebene angewiesenes Wesen (s. auch [Bub95, S. 44]). Die Design-Sicht geht deshalb von der Annahme aus, daß die Phänomenologie von Systementwicklung nur dann angemessen verstanden werden kann, wenn sie in ihrer Komplementarität von *Produkt* und *Prozeß* gesehen wird, die sich ständig wechselseitig vorantreiben und beeinflussen.

Die hier vorgestellte Unterscheidung von technik- bzw. produktorientierter versus dialogischer Sichtweise von Systementwicklungen hat deshalb auch zentrale Bedeutung für die Art und Weise, wie die pragmatische Lücke angemessen bewältigt werden kann:

Wenn bei der Entwicklung oder beim Einsatz einer Systementwicklung gemäß der produktorientierten Sichtweise Probleme auftreten, ist die Lösung, die hier Abhilfe schaffen soll, im Prinzip relativ schnell gefunden: Gemäß der häufig im Hintergrund der produktorientierten Sichtweise stehenden abbildtheoretischen Grundhaltung hat eben der 'teilnahmlose Beobachter' bzw. 'teilnahmlose Entwickler' *nur* die objektive Realität *noch nicht wahrheitsgemäß* abgebildet. Deshalb wird die als gegeben angenommene Situation mit verbesserten technisch-methodischen Instrumenten erneut 'neutral' abgebildet und es beginnt ein neuer Zyklus der informationstechnischen Modellierung und Umsetzung, mit dem alten Ziel, „ausgehend von dem in der Realität objektiv vorgegebenen Problem eine korrekte Lösung in Form eines Programmsystems zu ermitteln." [Flo89b, S. 5]

Nach der Design-Sicht haben dagegen alle an einer Systementwicklung Beteiligten immer schon teil an der gegebenen lebensweltlichen Situation, zugleich ist eine Erkenntnis davon nur durch ihre aktive Interpretationsleistung möglich. Systementwicklungen werden deshalb konstruktivistisch verstanden als gemeinsamer Situationsdeutungs-, Lern- und Arbeitsprozess aller Beteiligten, in dem unter Zuhilfenahme formaler Verfahren und Methoden bzw. materiell-technischer Ressourcen sozio-technische Artefakte hergestellt werden, die anschließend in den zugrundeliegenden lebensweltlichen Kontext eingebracht werden, diesen zugleich verändern und so zu einer neuen ganzheitlichen Realität verschmelzen.

Bei Problemen in der Entwicklung und beim Einsatz von Systementwicklungen stehen in der Design-Sicht deshalb vor allem die intersubjektiven Verständigungsprozesse über die einzelnen Perspektiven und Sichtweisen auf die lebensweltliche Situation im Mittelpunkt des Interesses. Die pragmatische Lücke wird nicht primär auf *objektive Abbildungsfehler* zurückgeführt, sondern auf Verständigungsprobleme in den zugrundeliegenden sozialen Interaktionsprozessen, die deshalb besonders unterstützt werden müssen. Leistungsfähigere technisch-methodische Hilfsmittel werden dadurch selbstverständlich nicht ausgeschlossen, werden in ihrem Stellenwert für die Bewältigung der pragmatischen Lücke jedoch relativiert. Aufgrund der stets nur begrenzt erreichbaren Rationalität bzw. Erkennbarkeit von Welt gibt es bei Systementwicklungen gemäß der Design-Sich schließlich auch keine einfache Dichotomie mehr zwischen wahr und falsch, sondern nur die Möglichkeit, sich in Zwischenstufen einem höheren Grad von Angemessenheit zu nähern.[29]

Zusammenfassend trägt deshalb die dialogische Design-Sicht in besonderem Maße zu einer bereits in ihrer Grundkonzeption inhärent verständigungsorientiert angelegten *validen* Systementwicklung bei, in der „alle Beteiligten gleichermaßen ihre Konzepte und Argumente einbringen können. ... Unter diesen Voraussetzungen steht ein dialogisch erstellter Entwurf natürlich einem erheblichen Validierungsdruck in Form von Gegenargumenten gegenüber, ... dem ein monologisch erstellter Entwurf schon allein quantitativ hinsichtlich der Anzahl der Gegenargumente im Entstehungsprozeß wohl kaum ausgesetzt ist." ([Pas94, S. 12], ähnlich auch [Bro94]) In den folgenden Kapiteln werde ich diese Überlegungen zu einem Ansatz diskursiver Anforderungsanalyse weiterentwickeln.

---

[29] Ganz ähnlich hierzu auch Agresti im Ansatz des *Experimental Software-Engineering*: „Control is not a Boolean variable; there are degrees of control." [Agr93, p. 35].

Kapitel 5

Der Diskursethische Bezugsrahmen

In diesem Kapitel beschreibe ich den diskursethischen Bezugsrahmen meines Ansatzes zur diskursiven Anforderungsanalyse bei Systementwicklungen. Ausgangspunkt in Abschnitt 5.1 ist der Auftrag der Ethischen Leitlinien der Gesellschaft für Informatik, geeignete Verfahren zu entwickeln, um die für das Handeln von Informatikern erforderliche Vermittlung individueller und kollektiver Verantwortung angemessen wahrnehmen zu können [Inf94].

In Abschnitt 5.2 stelle ich die *Theorie des kommunikativen Handelns* von Habermas ([Hab81], [Hab95a]) in ihrer Grundidee vor.[1] Die von Habermas darin entwickelten Vorstellungen zur diskursiven Situationsbewältigung bieten meines Erachtens einen besonders geeigneten Ausgangspunkt zur Vermittlung individueller und kollektiver Verantwortung: „Als Argumentationsteilnehmer wird nämlich jeder auf sich gestellt und bleibt doch in einen universalen Zusammenhang eingebettet. ... Das Verfahren diskursiver Willensbildung

---

[1] Aufgrund der überaus lebhaften Rezeption (nicht nur) in den Sozialwissenschaften legte Habermas außerdem in den folgenden Jahren mehrere Präzisierungen vor ([Hab83b], [Hab91a] und [Hab95b]). Eine wichtige Dokumentation der Rezeption seines Ansatzes haben A. Honneth und H. Joas zusammengestellt [HJ86], darin ist auch eine umfangreiche Replik von Habermas selbst auf die einzelnen Beiträge enthalten [Hab86]. Eine in der Grundhaltung kritische Rezeption stellen die von Giegel herausgegebenen Beiträge in [Gie92] dar.

trägt dem inneren Zusammenhang beider Aspekte Rechnung - der Autonomie unvertretbarer Individuen und ihrer Einbettung in intersubjektiv geteilte Lebensformen." [Hab91c, S. 19] Die Darstellung in diesem Abschnitt ist absichtlich deskriptiv gehalten, um ein inhaltliches Grundverständnis der Habermas'schen Leitidee zu vermitteln und um die inneren Verbindungen zwischen dem diskursethischen Auftrag der Ethischen Leitlinien der GI und der Habermas'schen Konzeption deutlich werden zu lassen.

In Abschnitt 5.3 diskutiere ich dann einige mir wichtig erscheinende Problembereiche und notwendige Erweiterungen, um die *Theorie des kommunikativen Handelns* praktisch zur diskursiven Anforderungsanalyse anwenden zu können. Die wichtigste konzeptionelle Erweiterung stellt dabei meines Erachtens die von Apel vorgeschlagene *architektonische Erweiterung* der Diskursethik zu einer zweistufigen *kritischen Verantwortungsethik* dar. Apels Konzeption erscheint mir besonders geeignet, die eher idealisierende Leitidee des kommunikativen Handelns mit den besonderen Bedingungen, denen faktische Diskurse ausgesetzt sind, konstruktiv zu verbinden. Allerdings ersetzt die Apel'sche Diskursethik in keiner Weise die Leitidee des kommunikativen Handelns oder macht diese überflüssig. Sie setzt diese vielmehr als *regulative Idee* voraus.

5.1 Die Ethischen Leitlinien der Gesellschaft für Informatik

Nach mehrjährigen Vorarbeiten in verschiedenen Arbeitskreisen wurden 1994 von der Gesellschaft für Informatik (GI) *Ethische Leitlinien* verabschiedet [Inf94], in deren Präambel postuliert wird, daß „das Handeln von Informatikerinnen und Informatikern ... in Wechselwirkung mit unterschiedlichen Lebensformen und -normen (steht), deren besondere Art und Vielfalt sie berücksichtigen sollen."[2] [Inf94,

---

[2]Eine einflußreiche Vorfassung wurde bereits 1989 von einer Arbeitsgruppe der Gesellschaft für Informatik formuliert [Inf89]. Mit den nun vorliegenden ethischen Leitlinien folgt die GI einer international mindestens seit ca. 10 Jahren anhaltenden Diskussion um eine spezifische *Computer-Ethik*. Nach Martens [Mar89, S. 239] stellte Deborah Johnson 1985 den ersten solchen Ansatz für eine eigenständige

Präambel] Die besondere ethische Herausforderung bei diesem Auftrag sehen die Leitlinien darin, daß dies zwar eine notwendige Aufgabe jedes einzelnen Informatikers ist, dieser damit jedoch zugleich alleine in der Regel überfordert ist: „Handlungsalternativen und ihre absehbaren Wirkungen fachübergreifend zu thematisieren, (ist) in einer vernetzten Welt eine notwendige Aufgabe, hiermit sind einzelne (aber) zumeist überfordert." [Inf94, Präambel]. Insofern bewegt sich das berufliche Handeln von Informatikern immer in einem Spannungsfeld von *individueller* versus *kollektiver* Verantwortung:[3]

Für den Bereich *individueller* Verantwortung formulieren die Leitlinien konkrete Forderungen, wie beispielsweise die „Bereitschaft, die Anliegen und Interessen der verschiedenen Betroffenen zu verstehen und zu berücksichtigen." [Inf94, Art. 3] Hierzu gehört ausdrücklich, daß die an einer Systementwicklung beteiligten Informatiker sich *individuell* über ihre jeweilige Fachkompetenz hinaus bei jeder Systementwicklung soweit in den Anwendungszusammenhang einarbeiten, daß dessen Zusammenhänge verstanden werden ([Inf94, Art. 3], ähnlich z. B. [Par94]).

Für die geforderte *Vermittlung* von individueller und kollektiver Verantwortung jedoch schlägt die GI in ihren Leitlinien zwar programmatisch *Diskurse*[4] vor, gibt aber keine konkreten Hinweise für eine praktische Umsetzung und Durchführung. Vielmehr sieht sie ge-

---

Computer-Ethik vor (s. [Joh85]). Vgl. für weitere Vorarbeiten z. B. auch [BL88], [Cap87], [Cap90], [Cap93], [Flo85], [Mar89], [Mar93], [Wag93] sowie mit einem stärker eingeschränkten Verantwortungsbegriff [Wed87]. Zum amerikanischen Diskussionsstand vgl. z. B. den Sammelband [DK91] sowie [Blo92], [Kli89], [Par94] und unter dem Stichwort *Social Computing* z. B. [FK92a], [FK94], [Gru94], [Nis94] und [Sch94].

[3]Der von der GI gewählte Ausdruck *kollektiver* Verantwortung ist meines Erachtens mißverständlich: Verantwortung erfordert immer, daß sie letztlich individuell zurechenbar ist (s. etwa [Mar89]). Das Anliegen der GI verstehe ich deshalb als Auftrag, den Zusammenhang zwischen *kollektiven* Handlungen und der *individuellen* Zurechenbarkeit der hieraus resultierenden Verantwortung zu thematisieren und geeignete Verfahren zur Vermittlung in diesem für Informatiker typischen Spannungsfeld zu entwickeln.

[4]Die GI versteht Diskurse als „Verfahren gemeinschaftlicher Reflexion von Problemen mit einem normativen, d. h. wertbezogenen Hintergrund, die vom einzelnen oder einer einzelnen Fachdisziplin nicht überschaut werden können."[Inf94, Stichwort Diskurs]

rade in diesem Punkt selbst noch Handlungsbedarf: „Die GI (hält es) für unerläßlich, die Zusammenhänge zwischen individueller und kollektiver Verantwortung zu verdeutlichen und dafür Verfahren zu entwickeln." [Inf94, Präambel]. Mein in diesem Kapitel beschriebener diskursethischer Bezugsrahmen und die in Kapitel 6 beschriebene Umsetzung in einen Methodenrahmen zur diskursiven Anforderungsanalyse verstehen sich als Beitrag zur Behebung des von der GI formulierten Defizits.[5]

5.2 Die 'Theorie des kommunikativen Handelns' von Habermas

In diesem Abschnitt führe ich in wichtige Grundbegriffe der *Theorie des kommunikativen Handelns* von Habermas ein. Habermas selbst versteht sein Werk in Anlehnung an die Tradition der kritischen Theorie als „Anfang einer Gesellschaftstheorie, die sich bemüht, ihre kritischen Maßstäbe auszuweisen." [Hab81, Band I, S. 7] Ausgehend vom Begriff *kommunikativer Rationalität* entwickelt Habermas darin die Konzeption *kommunikativen Handelns* als intersubjektive Verständigung über die jeweils individuell beabsichtigten Handlungspläne durch Akte sprachlicher Interaktion. Wichtig ist dabei, daß im kommunikativen Handeln Kommunikation und Handlung zusammengedacht werden, ohne aufeinander reduziert zu werden: „Kommunikatives Handeln bezeichnet einen Typus von Interaktionen, die durch Sprechhandlungen koordiniert werden, nicht mit ihnen zusammenfallen." [Hab81, Band I, S. 151]

Im ersten Teil dieses Abschnitts stelle ich die Habermas'sche Kontrastierung *kommunikativer Rationalität* versus *Zweckrationalität* als Leitmotiv der Theorie des kommunikativen Handelns vor. Im zweiten Teil beschreibe ich dann die Grundkonzeption des auf der kommunikativen Rationalität beruhenden *kommunikativen Handelns* selbst.

---

[5]Vgl. zu diesem 'Praxis-Defizit' der meisten bisher zur Computer-Ethik diskutierten Ansätze z. B. auch [Mah92b], [Vol93], [Str92], [LS92].

5.2.1 Kommunikative Rationalität als Leitmotiv

Ausgangspunkt von Habermas' Theorie des kommunikativen Handelns ist die Fragestellung nach der „Beziehung zwischen Rationalität und Wissen, ... denn Rationalität hat weniger mit dem Haben von Erkenntnis als damit zu tun, wie sprach- und handlungsfähige Subjekte *Wissen erwerben und verwenden.*" [Hab81, Band I, S. 25] Eine zentrale Frage von Habermas in seiner Theorie des kommunikativen Handelns ist deshalb, was es heißt, sich als Mensch rational zu *verhalten.*

Das derzeit gesellschaftlich vorherrschende Verständnis von Rationalität sieht Habermas im Begriff „*kognitiv-instrumenteller Rationalität,* der über den Empirismus das Selbstverständnis der Moderne stark geprägt hat. Er führt die Konnotationen erfolgreicher Selbstbehauptung mit sich, welche durch informierte Verfügung über, und intelligente Anpassung an Bedingungen einer kontingenten Umwelt ermöglicht wird." [Hab81, Band I, S. 28] Diese Art von Rationalität wird in Anlehnung an M. Weber auch oft als *Zweckrationalität* bezeichnet.

Habermas stellt diesem Verständnis von Rationalität *als Zweck*rationalität den eigenen Begriff der *kommunikativen Rationalität* gegenüber, „der an ältere Logosvorstellungen anknüpft ... (Er) führt Konnotationen mit sich, die letztlich zurückgehen auf die zentrale Erfahrung der zwanglos einigenden, konsensstiftenden Kraft argumentativer Rede, in der verschiedene Teilnehmer ihre zunächst nur subjektiven Auffassungen überwinden und sich dank der Gemeinsamkeit vernünftig motivierter Überzeugungen gleichzeitig der Einheit der objektiven Welt und der Intersubjektivität ihres Lebenszusammenhangs vergewissern."[6] [Hab81, Band I, S. 28]

Für Rationalität ist weiterhin konstitutiv, daß der jeweils erhobene Geltungsanspruch *begründet* werden kann bzw. daß für die gewähl-

---

[6]In ganz ähnlicher Weise unterscheidet z. B. auch Perrow mehrere Formen von Rationalität: „absolute Rationalität, deren sich in der Hauptsache Wirtschaftswissenschaftler und Ingenieure rühmen, 'beschränkte' oder begrenzte Rationalität, wie sie der Bevölkerung von den Risikoanalytikern attestiert wird, und schließlich eine soziale und kulturelle Rationalität." [Per87, S. 369]

ten Verhaltensweisen jeweils gute Gründe bestehen [Hab81, Band I, S. 28]:

Für den Bereich der *instrumentellen* Zweckrationalität beziehen sich die erhobenen Geltungsansprüche und ihre Einlösung im wesentlichen auf Fragen nach *Wahrheit* und nach der *Wirksamkeit*: „Wie sich *'Wahrheit'* auf die Existenz von Sachverhalten in der Welt bezieht, so *'Wirksamkeit'* auf Eingriffe in die Welt, mit deren Hilfe existierende Sachverhalte hervorgebracht werden können." [Hab81, Band I, S. 28]

Für den Bereich der *kommunikativen* Rationalität hingegen ist diese Bestimmung der Geltungsansprüche und ihrer Einlösung „zu eng, weil wir den Audruck 'rational' nicht nur im Zusammenhang mit Äußerungen verwenden, die wahr oder falsch, effektiv oder unwirksam sein können." [Hab81, Band I, S. 28] Habermas ergänzt die Geltungsansprüche in der *kommunikativen* Rationalität deshalb um die Aspekte *normativer Richtigkeit* und *expressiver Wahrhaftigkeit*. Auch für diese „Typen von Äußerungen (können) ... gute Gründe bestehen ... obgleich sie nicht mit Wahrheits- oder Erfolgsansprüchen verbunden sind. ... Statt eines Tatsachenbezuges haben sie einen Bezug zu Normen und Erlebnissen. Der Handelnde erhebt den Anspruch, daß sein Verhalten mit Bezug auf einen als legitim anerkannten normativen Kontext richtig oder daß die expressive Äußerung eines ihm privilegiert zugänglichen Erlebnisses wahrhaftig ist." [Hab81, Band I, S. 34f.]

Im Unterschied zur Zweckrationalität ist kommunikative Rationalität weiterhin *konstitutiv* auf einen *intersubjektiven* Zusammenhang angewiesen, denn normativer Kontext und die Frage nach der Wahrhaftigkeit expressiver Äußerungen machen nur Sinn in einem sozialen Zusammenhang.[7] Allerdings stellt sich durch die Habermas'sche

---

[7]In ähnlicher Weise hat z. B. der späte Wittgenstein in seinen *Philosophischen Untersuchungen* überzeugend dargelegt, daß der *normative* Bereich der *Regelbefolgung* notwendig auf einen sozialen Zusammenhang angewiesen ist: „Ist, was wir 'einer Regel folgen' nennen, etwas, was nur *ein* Mensch ... tun könnte? ... Es kann nicht ein einziges Mal nur ein Mensch einer Regel gefolgt sein. ... Einer Regel folgen, ... sind *Gepflogenheiten*. ... Darum ist 'der Regel folgen' eine Praxis. Und der Regel zu folgen *glauben* ist nicht: der Regel folgen. Und darum kann man nicht der Regel 'privatim' folgen, weil sonst der Regel zu folgen glauben dasselbe wäre, wie der Regel folgen."[Wit84, Hier: Philosophische Untersuchungen, Sätze

Erweiterung des Rationalitätskonzeptes von der Zweck- zur *kommunikativen Rationalität* nun die zentrale Frage, wie solche Geltungsansprüche überprüft werden können, die sich nicht mehr (nur) auf propositionale *Wahrheit* und instrumentelle *Wirksamkeit* beziehen. An dieser Stelle kommt die *zentrale Rolle von Argumentationen* für das Konzept der kommunikativen Rationalität zum Tragen:

„Die der kommunikativen Alltagspraxis innewohnende Rationalität verweist ... auf die Argumentationspraxis als die Berufungsinstanz, die es ermöglicht, kommunikatives Handeln mit anderen Mitteln fortzusetzen, wenn ein Dissens durch Alltagsroutinen nicht mehr aufgefangen werden kann und gleichwohl nicht durch den unvermittelten oder den strategischen Einsatz von Gewalt entschieden werden soll. *Argumentation* nennen wir den Typus von Rede, in dem die Teilnehmer strittige Geltungsansprüche thematisieren und versuchen, diese mit Argumenten einzulösen oder zu kritisieren. Ein *Argument* enthält Gründe, die in systematischer Weise mit dem *Geltungsanspruch* einer problematischen Äußerung verknüpft sind. "[8] [Hab81, Band I, S. 37f]

Für die argumentative Einlösung der in der kommunikativen Rationalität vereinten Geltungsansprüche *Wahrheit, Richtigkeit* und *Wahrhaftigkeit* schlägt Habermas vor, entsprechende *Diskurse* bzw. entsprechende *Kritikformen* einzurichten:

Geltungsansprüche nach *propositionaler Wahrheit* bzw. *instrumenteller Effizienz* werden dem *Theoretischen Diskurs* subsumiert und Geltungsansprüche nach *normativer Richtigkeit* haben ihren Ort im *Praktischen Diskurs*. Im theoretischen Diskurs dominiert dabei die *Beobachterposition*, im praktischen dagegen die *Betroffenenposition* ([Hab81, Band I, S. 35ff., S. 39f., S. 67ff.].[9] In beiden Diskursformen wird argumentiert mit dem Ziel, daß die Geltungsansprüche „ein verallgemeinerbares Interesse zum Ausdruck (bringen)." [Hab81, Band I, S. 42]

---

199 und 202].

[8] Habermas bezieht sich in seinen weiteren Ausführungen zur Argumentationstheorie insbesondere auf Toulmin und die von ihm vorgeschlagene Struktur von Argumenten, vgl. näher zur Toulminschen Argumentationstheorie z. B. [Tou75].

[9] In Abschnitt 5.3.1. gehe ich unter der Bezeichnung von *methodischem* versus *authentischem* Diskurs näher auf diese Unterscheidung ein.

Evaluative und ästhetische Fragen sowie Geltungsansprüche nach *expressiver Wahrhaftigkeit* hingegen sind nach Habermas nur einer *Kritik* zugänglich, die „keineswegs einen Anspruch auf kulturell allgemeine oder gar universale Zustimmungsfähigkeit (bedeutet)." [Hab81, Band I, S. 41] Den wesentlichen Grund hierfür sieht Habermas in der sehr viel stärkeren Kultur- und damit Geschichtsabhängigkeit bei ästhetischen und expressiven Fragen: „Die Art von Geltungsansprüchen, mit der kulturelle Werte auftreten, (transzendiert) nicht in derselben radikalen Weise lokale Schranken wie Wahrheits- und Richtigkeitsansprüche. Kulturelle Werte gelten nicht als universal; sie sind, wie der Name sagt, auf den Horizont der Lebenswelt einer bestimmten Kultur eingegrenzt." [Hab81, Band I, S. 41] Zwar spielen auch in diesen Formen der Kritik Argumentationen eine zentrale Rolle: „Auch in Disputen über Geschmacksfragen vertrauen wir auf die rational motivierende Kraft des besseren Argumentes." Dennoch ist ihre Funktion im Unterschied zu Diskursen eine eher indirekte: „Argumenten (fällt) hier die eigentümliche Rolle zu, Teilnehmern die Augen zu öffnen, d. h. zu einer beglaubigenden ästhetischen Wahrnehmung *hinzuführen*." [Hab81, Band I, S. 70]

Mit dem Begriff der kommunikativen Rationalität erweitert Habermas den Bereich, innerhalb dessen menschliches Handeln legitimierungspflichtig ist, ausdrücklich über den häufig in den Ingenieurwissenschaften üblichen Bereich des empirisch-instrumentellen Erfolgs hinaus auf soziale Bereiche, und zwar sowohl auf den gesellschaftlich-normativen wie auf den subjektiv-ästhetischen Bereich. Genau durch diese *konzeptionelle* Erweiterung um *intersubjektive Bereiche*, in denen individuelle Handlungspläne legitimationspflichtig werden, erscheint die Habermas'sche Konzeption geeignet, zu der von den Ethischen Leitlinien der GI geforderten Vermittlung individueller und kollektiver Verantwortung beizutragen. Im Sinne kommunikativer Rationalität dürfen die individuellen Handlungspläne nämlich nur dann verfolgt werden, wenn die anderen Beteiligten ihr freies *Einverständnis* dazu gegeben haben, und zwar hinsichtlich aller drei Geltungsansprüche kommunikativer Rationalität.

Kommunikative Rationalität kann also zusammenfassend als eine Integration von drei Bereichen von Geltungsansprüchen verstanden werden, die Menschen untereinander in ihren Kommunikationsbeziehungen erheben: *Wahrheit*, *Richtigkeit* und *Wahrhaftigkeit*.[10] Wahrheit ist ein sachbezogener Geltungsanspruch, Richtigkeit ein auf Normen bezogener Geltungsanspruch und Wahrhaftigkeit ist auf subjektive und ästhetische Aspekte bezogen. Die Überprüfung der jeweils erhobenen Geltungsansprüche wird entweder im argumentativen Diskurs (für Wahrheit und Richtigkeit) oder in der (argumentativ gestützten) Kritik (für Wahrhaftigkeit und Ästhetik) vorgenommen.

5.2.2 Grundbegriffe kommunikativen Handelns

Kommunikative Rationalität weist über den oben diskutierten primär reflektionsbezogenen Aspekt hinaus *auch* einen praktischen Welt- bzw. Handlungsbezug auf: „der Begriff der kommunikativen Rationalität (verweist) ... nach der anderen Seite auf die Weltbezüge, die die kommunikativ Handelnden, indem sie für ihre Äußerungen Geltungsansprüche erheben, aufnehmen." [Hab81, Band I, S. 114]

In Analogie zur oben diskutierten *diskursiven* Einlösung der verschiedenen Geltungsansprüche in der Konzeption kommunikativer Rationalität klassifiziert Habermas deshalb verschiedene Formen menschlichen *Handelns* und unterscheidet dazu zunächst das *teleologische*, das *normenregulierte* und das *dramaturgische* Handeln [Hab81, Band I, S. 126ff.] Das teleologische Handeln erweitert er zum *strategischen* Handeln, „wenn in das Erfolgskalkül des Handelnden die Erwartung von Entscheidungen mindestens eines weiteren zielgerichtet handelnden Aktors eingehen kann." [Hab81, Band I, S. 127] Allen diesen Handlungsformen ist gemeinsam, daß sie vor dem Handlungsvollzug nicht notwendig mit den anderen Beteiligten explizit abgestimmt werden müssen.

Mit dem Begriff des *kommunikativen* Handelns stellt Habermas diesen Handlungsbegriffen eine eigene Konzeption gegenüber, die explizit das *Intersubjektive* der oben eingeführten kommunikativen Ra-

---

[10]Ergänzend dazu macht Habermas zu recht darauf aufmerksam, daß eigentlich stets ein vierter Geltungsanspruch mitgedacht wird, nämlich derjenige der „Verständlichkeit bzw. Wohlgeformtheit von symbolischen Ausdrücken," [Hab81, Band I, S. 70] was so viel wie syntaktische Korrektheit bedeutet, ohne die Ausdrücke nicht verständlich sind.

tionalität als konstitutives Element aufgreift. Kommunikatives Handeln wird verstanden als „Interaktion von mindestens zwei sprach- und handlungsfähigen Subjekten, die (sei es mit verbalen oder extraverbalen Mitteln) eine interpersonale Beziehung eingehen." [Hab81, Band I, S. 128] In dieser Beziehung suchen die Aktoren „eine Verständigung über die Handlungssituation, um ihre Handlungspläne und damit ihre Handlungen einvernehmlich zu koordinieren." [Hab81, Band I, S. 128]

Charakteristisch für *kommunikatives Handeln* ist damit, daß die Aktoren „nicht mehr *geradehin* auf etwas in der objektiven, sozialen oder subjektiven Welt Bezug (nehmen), sondern ihre Äußerung an der Möglichkeit (relativieren), daß deren Geltung von anderen Aktoren bestritten wird."[11] [Hab81, Band I, S. 148] Das hierfür geeignete Medium sieht Habermas nun in der Sprache, der er deshalb in seinem *Handlungsmodell* einen *prominenten Stellenwert* [Hab81, Band I, S. 128] zuweist: „Das kommunikative Handlungsmodell setzt Sprache als ein Medium unverkürzter Verständigung voraus, wobei sich Sprecher und Hörer aus dem Horizont ihrer vorinterpretierten Lebenswelt gleichzeitig auf etwas in der objektiven, sozialen und subjektiven Welt beziehen, um gemeinsame Situationsdefinitionen auszuhandeln."[12] [Hab81, Band I, S. 142]

Sprache wird von Habermas also nicht mehr nur als Darstellungsmedium, sondern zugleich als Koordinationsmedium sozialer

---

[11] Im weiteren Fortgang seiner *Theorie des kommunikativen Handelns* spitzt Habermas diese Gegenüberstellung des kommunikativen Handelns zu den anderen Handlungsformen vor allem auf den dichotomen Gegensatz *strategischer* versus *verständigungsorientierter* Handlungen zu. Im strategischen Handeln bildet *Einflußnahme* das entscheidende Koordinationsmedium, während im kommunikativen Handeln *Einverständnis* diese Rolle übernimmt. Dies stellt sozusagen die Analogie zur oben diskutierten Dichotomie von *instrumenteller* versus *kommunikativer* Rationalität dar.

[12] Habermas greift an dieser Stelle auf sprachwissenschaftliche Vorstellungen von Bühler zurück: Bühler unterscheidet in seinem *Organonmodell* der Sprachfunktionen „drei Funktionen der Zeichenverwendung: die kognitive Funktion der Darstellung eines Sachverhalts, die expressive Funktion der Kundgabe von Erlebnissen des Sprechers und die appellative Funktion von Aufforderungen, die an den Adressaten gerichtet werden. Das Sprachzeichen funktioniert unter diesen Gesichtspunkten gleichzeitig als Symbol, Symptom und Signal."[Hab81, Band I, S. 372 sowie S. 412].

Handlungszusammenhänge verstanden: „Im kommunikativen Handeln übernimmt Sprache, über die Funktion der Verständigung hinaus, die Rolle der Koordinierung von zielgerichteten Aktivitäten verschiedener Handlungssubjekte sowie die Rolle eines Mediums der Vergesellschaftung dieser Handlungssubjekte selbst." [Hab81, Band II, S. 14] Zugleich nimmt Habermas damit sprechakttheoretische Vorstellungen von Austin und Searle auf, wenn er vorschlägt, „die *illokutionäre* Rolle nicht als eine *irrationale* Kraft dem geltungsbegründenden propositionalen Bestandteil gegenüberzustellen, sondern als diejenige Komponente zu begreifen, die spezifiziert, *welchen* Geltungsanspruch ein Sprecher mit seiner Äußerung erhebt, *wie* er ihn erhebt und *für was* er ihn erhebt." [Hab81, Band I, S. 375f.]

Die sprechakttheoretischen Vorstellungen von Austin und Searle differenziert Habermas jedoch entscheidend, indem er das Gelingen von Sprechakten nicht nur als empirischen *Vollzug* von Sprachhandlungen versteht, sondern zugleich fordert, daß diesem Vollzug ein verständigungsorientierter „Prozeß der Einigung unter sprach- und handlungsfähigen Subjekten" vorausgeht: „Der Sprechakt des einen gelingt nur, wenn der andere das darin enthaltene Angebot akzeptiert, indem er (wie implizit auch immer) zu einem grundsätzlich kritisierbaren Geltungsanspruch mit Ja oder Nein Stellung" [Hab81, Band I, S. 387] nehmen kann.

Genau diese Bedingung kommunikativen Handelns unterscheidet deshalb Habermas' Konzeption von den sprechakttheoretischen Vorstellungen, die er zum Ausgangspunkt seines Gedankengangs gemacht hatte. Ein bloß empirischer Vollzug von Sprachhandlungen könnte nämlich statt durch eine diskursiv erreichte Einsicht aller Beteiligten z. B. auch durch Machtausübung, d. h. durch *Einflußnahme* erreicht worden sein: „Für kommunikatives Handeln sind nur solche Sprechhandlungen konstitutiv, mit denen der Sprecher kritisierbare Geltungsansprüche verbindet. In den anderen Fällen, wenn ein Sprecher ... nicht *begründet* Stellung nehmen kann, bleibt das in sprachlicher Kommunikation stets enthaltene Potential für eine durch Einsicht in Gründe motivierte Bindung brachliegen."[13] [Hab81, Band I, S. 410]

---

[13]Eine solche „durch Einsicht in Gründe motivierte Bindung" nennt Habermas auch *Einverständnis*. Ein solches Einverständnis „kann nicht allein durch

Sprache ist deshalb „unter dem pragmatischen Gesichtspunkt relevant, daß Sprecher, indem sie Sätze verständigungsorientiert verwenden, Weltbezüge aufnehmen, und dies nicht nur wie im teleologischen, normengeleiteten oder dramaturgischen Handeln direkt, sondern auf eine reflexive Weise." [Hab81, Band I, S. 148]

Während ich bisher vor allem die Herleitung und die prozedurale Seite des kommunikativen Handelns dargestellt habe, möchte ich jetzt als weiteres *konstitutives* Element der Theorie des kommunikativen Handelns das hierzu komplementäre *Lebensweltkonzept* einführen: „Kommunikativ handelnde Subjekte verständigen sich stets im Horizont einer Lebenswelt. ... Dieser lebensweltliche Hintergrund dient als Quelle für Situationsdefinitionen, die von den Beteiligten als unproblematisch vorausgesetzt werden. ... Nur der Teil des Wissensvorrates, den die Interaktionsteilnehmer für ihre Interpretationen jeweils benützen und thematisieren, wird auf die Probe gestellt." [Hab81, Band I, S. 107, 150]

In jedem Akt kommunikativen Handelns wird von den Akteuren also jeweils ein *bestimmter Ausschnitt* der Lebenswelt thematisiert mit der Absicht, zu einer gemeinsamen Situationsdefinition und Handlungskoordination hinsichtlich der problematisch gewordenen Geltungsansprüche zu kommen. Dabei kann jedoch nie gleichzeitig die gesamte Lebenswelt problematisiert werden, sie erscheint vielmehr als „*horizontbildender Kontext von Verständigungsprozessen*, der die Handlungssituation begrenzt und daher der Thematisierung unzugänglich bleibt." [Hab95a, S. 590].

Einwirkung von außen induziert sein, es muß von den Beteiligten als gültig akzeptiert werden. ... Wohl kann ein Einverständnis objektiv erzwungen sein, aber was *ersichtlich* durch äußere Einwirkung ... zustande kommt, kann subjektiv nicht als Einverständnis *zählen*."[Hab81, Band I, S. 386f.]. Eine interessante Anwendung dieser Überlegungen für die Entwicklung von CSCW-Anwendungen beschreiben [DW91]. Sie haben darin die sprechakttheoretische Position und die Habermas'sche Differenzierung verglichen und eine Entscheidung für Habermas' Ansatz getroffen, da das von ihm zusätzlich geforderte *Einverständnis* zu einer Sprechhandlung offensichtlich notwendig ist für die Akzeptanz von CSCW-Anwendungen in der Praxis. CSCW-, workflow-Systeme u.ä., die dagegen im Sinne einer unmittelbaren Adaption sprechakttheoretischer Vorstellungen diese Autonomie der Kommunikationsempfänger nicht respektieren, werden deutlich weniger angenommen.

Die *Koordinations*leistung des *kommunikativen* Handelns kommt nun genau dann zum Tragen, wenn „die Situationsdefinition eines Gegenübers ... prima facie von der eigenen Situationsdefinition abweicht." [Hab81, Band I, S. 150] In diesem Falle haben sich die Beteiligten in ihrer Grundhaltung verpflichtet, ihre Handlungspläne nur dann zu verfolgen, wenn die damit erhobenen Geltungsansprüche intersubjektiv anerkannt worden sind: „in kooperativen Deutungsprozessen hat keiner der Beteiligten ein Interpretationsmonopol." [Hab81, Band I, S. 150] Die Verständigungsaufgabe besteht also darin, „die Situationsdeutung des anderen in die eigene Situationsdeutung derart einzubeziehen, daß in der revidierten Fassung 'seine' Außenwelt und 'meine' Außenwelt vor dem Hintergrund 'unserer Lebenswelt' an 'der Welt' relativiert und die voneinander abweichenden Situationsdefinitionen hinreichend zur Deckung gebracht werden können." [Hab81, Band I, S. 150]

Die dadurch erreichte (gemeinsame) Situationsdefinition stellt nach Habermas eine Ordnung (wieder) her, die die Kommunikationteilnehmer „ihrer vorinterpretierten Lebenswelt inkorporieren" [Hab81, Band I, S. 150] können. Damit wird auch verständlich, warum zwar „die Interpretationsleistungen, aus denen sich kooperative Deutungsprozesse aufbauen, den Mechanismus der Handlungskoordinierung (darstellen), die *kommunikative Handlung* (jedoch) nicht im interpretatorisch ausgeführten *Akt der Verständigung*" [Hab81, Band I, S. 151] aufgeht, sondern noch „den teleologischen Aspekt der Ausführung eines Handlungsplans (einschließt) ... daß die Beteiligten ihre Pläne in einer gemeinsam definierten Handlungssituation einvernehmlich durchführen." [Hab95a, S. 589] Erst dann ist die als problematisch angesehene Ausgangssituation tatsächlich wieder entproblematisiert.

Auch wenn Habermas seine Theorie des kommunikativen Handelns vielfach als *formal*pragmatischen Ansatz (z. B. [Hab81, Band I, S. 9]) bezeichnet, so möchte ich jedoch mit ihm vor dem Mißverständnis warnen, daß „wir die für das kommunikative Handeln konstitutiven Verständigungsakte nicht in ähnlicher Weise analysieren können wie die grammatischen Sätze, mit deren Hilfe sie ausgeführt werden." [Hab81, Band I, S. 148] In einer grammatikalisch ansetzenden

Analyse der „Regelbefolgung" würde nämlich „jener Aspekt des *dreifachen Weltbezuges* kommunikativen Handelns verloren (gehen), der mir wichtig ist." [Hab81, Band I, S. 144] Die von Habermas selbst in diesem Zusammenhang nochmals *analytisch* genauer unterschiedenen dreifachen Weltbezüge bzw. dreifachen Geltungsansprüche (objektive, soziale und subjektive Welt) treten also in jeder verständigungsorientierten Situation *integriert* auf und drücken „gleichzeitig einen propositionalen Gehalt, das Angebot einer interpersonalen Beziehung und eine Sprecherintention (aus)." [Hab81, Band I,S. 143]

Aus diesem Grund ist Reisin auch voll zuzustimmen, wenn sie formuliert: „Eben deshalb ist kommunikatives Handeln nicht sprachanalytisch faßbar." [Rei92, S. 127] Im kommunikativen Handeln sind es nämlich stets die einzelnen Teilnehmer am Verständigungsprozeß, die „selbst den Konsens suchen und an Wahrheit, Richtigkeit und Wahrhaftigkeit bemessen, also an fit und misfit zwischen der Sprechhandlung einerseits und den drei Welten, zu denen der Aktor mit seiner Äußerung Beziehungen aufnimmt, andererseits." [Hab81, Band I, S. 149]

Habermas ist weiterhin realistisch genug, daß er den idealisierenden Charakter der Vorstellung kommunikativen Handelns deutlich herausstellt. Trotz des verständigungsorientierten Bemühens der Kommunikationsteilnehmer ist nämlich nicht zu erwarten, „daß Interpretationen in jedem Fall oder auch nur normalerweise zu einer *stabilen* und *eindeutig differenzierten* Zuordnung führen müßten. Stabilität und Eindeutigkeit sind in der kommunikativen Alltagspraxis eher die Ausnahme. Realistischer ist das von der Ethnomethodologie gezeichnete Bild einer diffusen, zerbrechlichen, dauernd revidierten, nur für Augenblicke gelingenden Kommunikation, in der sich die Beteiligten auf problematische und ungeklärte Präsuppositionen stützen und von einer okkasionellen Gemeinsamkeit zur nächsten tasten." [Hab81, Band I, S. 150]

Zusammenfassend läßt sich kommunikatives Handeln also in der Weise charakterisieren, daß „sich die Aktoren darauf einlassen, ihre Handlungspläne intern aufeinander abzustimmen und ihre jeweiligen Ziele nur unter der Bedingung eines sei es bestehenden oder auszuhandelnden *Einverständnisses* über Situation und erwartete Konsequenzen zu verfolgen." [Hab83c, S. 144] Insofern ist im kommunikativen Handeln von vorneherein ein *konzeptioneller* Ausgleich individueller und kollektiver Interessen angelegt. Die Theorie kommunikativen Handelns stellt deshalb meines Erachtens einen geeigneten *theoretischen* Ansatzpunkt für die von der GI in ihren Ethischen Leitlinien geforderte Entwicklung von Verfahren zur Vermittlung individueller und kollektiver Ethik dar, selbst wenn diese im konkreten Einzelfall nicht immer erreicht werden mag.[14]

5.3 Diskursethik zwischen Regulativer Idee und Anwendung

In diesem Abschnitt diskutiere ich einige Problembereiche, die meines Erachtens bedacht werden müssen, wenn die *Theorie des kommunikativen Handelns* in *faktischen* Diskursen angewendet werden soll. Die Notwendigkeit zu einer solchen kritischen Prüfung ergibt sich dabei aus der Beobachtung, daß die konkrete Durchführung von Diskursen z. T. anderen Bedingungen unterliegt, als von der Theorie des kommunikativen Handelns postuliert.

Habermas selbst hat die hauptsächlichen der im folgenden aufgezeigten Kritikpunkte und Erweiterungserfordernisse in seinen Schriften durchaus bereits selber thematisiert, allerdings sind seine Differenzierungen in z. T. ganz verschiedenen Arbeiten beschrieben (s. z. B. [Hab83b], [Hab83a], [Hab86], [Hab91a].). Ich halte es deshalb für angebracht, an dieser Stelle nochmals einen *Überblick* zu einigen der hauptsächlichen Spannungsfelder zu geben, denen faktische Diskurse gegenüber der idealtypischen Vorstellung wohl ausgesetzt sein dürften.

Eine solche Darstellung erscheint mir auch umso dringlicher, als es durchaus zunehmend programmatische Ansätze gibt, Systementwick-

---

[14]In solchen Fällen sollte dann ganz besonders auf die Revidierbarkeit von Gestaltungsentscheidungen und von Modellierungs- und Implementierungsentscheidungen geachtet werden: „Softwareobjekte müssen an veränderte Situationsdefinitionen, in denen kommunikativ ein neuer Konsens hergestellt wird, adaptierbar sein und gemäß der neu erhobenen Anforderungen revidiert werden können." [Rei92, S. 129].

lungen in der Informatik entsprechend der Leitidee des kommunikativen Handelns zu verstehen (s. z. B. [LK85], [Val87], [LH88], [Pas91], [Ngw91], [Rei92], [KH93]). Allerdings herrscht in diesen Ansätzen häufig eher eine theoretisch begründete Sympathie für die Leitvorstellung vor, die Mühe der konkreten Umsetzung wird in der Regel dagegen meistens gescheut.[15] Im einzelnen ist dieser Abschnitt folgendermaßen aufgebaut:

Zunächst (Abschnitt 5.3.1) diskutiere ich einige *idealtypische Postulate* der Habermas'schen Leitidee. Insbesondere behandle ich die *ideale Sprechsituation*, das Problem des *methodischen* versus des *authentischen* Diskurses und das Postulat des *handlungsentlasteten* Diskurses. Es wird außerdem dargestellt, wie der gesamte faktische Diskurs in seinem Verständigungserfolg gefährdet werden kann, wenn zu früh von einer Erfüllung der darin geforderten Bedingungen ausgegangen wird.

Anschließend (Abschnitt 5.3.2) diskutiere ich die kommunikationstheoretische Erkenntnis, daß in menschlichen Kommunikationsbeziehungen stets eine Sach- *und* eine Beziehungsebene involviert sind, wenn auch durchaus mit variablen Anteilen. Hieraus folgt als wesentliche Erkenntnis für faktische Diskurse, daß diese nicht alleine dem *zwanglosen Zwang des besseren Arguments* [Hab81, Band I, S. 48] vertrauen dürfen.

Danach (Abschnitt 5.3.3) gehe ich auf den inhärenten *Politik*gehalt jedes faktischen Diskurses ein, und zwar sowohl auf die impliziten Politik*gehalte* des Diskursansatzes wie auf seine Politik*effekte*.

In Abschnitt 5.3.4 beschäftige ich mich mit dem inhärenten Spannungsfeld bei faktischen Diskursen, das sich zwischen der zeit- und handlungsentlasteten Grundhaltung der Habermas'schen Leitidee und der anthropologischen Grundbedingung des Handlungs-

---

[15]Dies führt dann typischerweise zu einem oberflächlich bleibenden Rekurs auf Habermas in folgender Weise: „Konstitutiv bei der kooperativen Gestaltung (von Software) sind *Kommunikationsprozesse*. ... Ich greife deshalb im folgenden einige Kennzeichen (des) Konzepts des 'kommunikativen Handelns' auf ... Auf die hiermit verbundene Problematik für ... Softwareprojekte ... kann ich im Rahmen der vorliegenden Arbeit nicht eingehen." [Rei92, S. 125ff]

zwangs bei faktischen Diskursen ergibt. Als heuristische Entscheidungshilfe wird *exemplarisch* das von Illich vorgeschlagene Kriterium der *Konvivialität* vorgestellt. Dies erfolgt in der Absicht zu verdeutlichen, daß es durchaus realistische Chancen gibt, diskursethische Leitvorstellungen auch bei faktischen Entscheidungs- und Handlungszwängen zu verfolgen.

Abschließend (Abschnitt 5.3.5) stelle ich die von Apel vorgeschlagene *architektonische Erweiterung* der Diskursethik zu einer zweistufigen *kritischen Verantwortungsethik* vor. Apels Konzeption erscheint mir geeignet, die diskursethische Leitidee mit den besonderen Bedingungen, denen faktische Diskurse ausgesetzt sind, konstruktiv zu verbinden. Dabei ersetzt die Apel'sche Diskursethik in keiner Weise die Leitidee des kommunikativen Handelns oder macht diese überflüssig. Sie setzt diese vielmehr als *regulative Idee* voraus.

5.3.1 Idealtypische Annahmen in der Theorie des kommunikativen Handelns

5.3.1.1 Ideale Sprechsituation

Argumentationen und ihre Institutionalisierung in *Diskursen* bzw. in der *Kritik* stellen das konstitutive Medium in der Theorie des kommunikativen Handelns dar. Habermas unterscheidet dabei in *analytischer* Absicht drei Aspekte *argumentativer Rede*, nämlich *Prozeß*, *Prozedur* und *Produkt*: „Als *Prozeß* betrachtet, handelt es sich um eine unwahrscheinliche, weil idealen Bedingungen hinreichend angenäherte Form der Kommunikation. ... Zweitens, als *Prozedur* betrachtet, handelt es sich eine *speziell geregelte* Form der Interaktion. ... Schließlich ... ist (sie) darauf angelegt, triftige, aufgrund intrinsischer Eigenschaften überzeugende *Argumente* mit denen Geltungsansprüche eingelöst oder zurückgewiesen werden können, *zu produzieren.*" [Hab81, Band I, S. 47f.]

Mit seiner analytischen Unterscheidung verbindet Habermas die „grundlegende Intuition, ... unter dem Prozeßaspekt ... ein *universales Auditorium* zu überzeugen und für eine Äußerung allgemeine Zustimmung zu erreichen; unter prozeduralem Aspekt ... den Streit um hypothetische Geltungsansprüche mit einem *rational motivierten*

Einverständnis zu beenden; und unter dem Produktaspekt ... einen Geltungsanspruch mit Argumenten zu begründen oder *einzulösen.*" [Hab81, Band I, S. 49f.]

Sprechsituationen, die die genannten Bedingungen erfüllen, werden von Habermas auch als *ideale Sprechsituationen* bezeichnet, sie können verkürzt insbesondere durch die Attribute *herrschaftsfrei und ohne Interpretationsmonopole* charakterisiert werden [Hab81, Band I, S. 48f., S. 148f.]. In idealen Sprechsituationen kann von den Argumentationsteilnehmern vorausgesetzt werden, „daß die Struktur (der) Kommunikation, aufgrund rein formal zu beschreibender Merkmale, jeden (sei es von außen auf den Verständigungsprozeß einwirkenden oder aus ihm selbst hervorgehenden) Zwang - außer dem des besseren Argumentes - ausschließt (und damit auch alle Motive außer dem der kooperativen Wahrheitssuche ausschaltet)." [Hab81, Band I, S. 48]

Weiterhin gelten in idealen Sprechsituationen u. a. folgende *Kommunikationsregeln*:

- „Jedes sprach- und handlungsfähige Subjekt darf an Diskursen teilnehmen.

- Jeder darf jede Behauptung problematisieren.

- Jeder darf jede Behauptung in den Diskurs einführen.

- Jeder darf seine Einstellungen, Wünsche und Bedürfnisse äußern.

- Kein Sprecher darf durch innerhalb oder außerhalb des Diskurses herrschenden Zwang daran gehindert werden, seine (oben) festgelegten Rechte wahrzunehmen." [Hab83a, S. 99]

Habermas gibt in seiner Diskussion dieser Bedingungen und Regeln einer *idealen Sprechsituation* zwar deutlich zu erkennen, daß deren Erfüllung in faktischen Diskursen immer nur näherungsweise erreicht werden kann. Er thematisiert jedoch nicht im einzelnen, wie weit beispielsweise die Annäherung fortgeschritten sein muß, um in realen Situationen diskursethisch verfahren zu können oder zu dürfen. Für ihn haben die Bedingungen der idealen Sprechsituation eher den philosophisch motivierten Stellenwert, „unausweichliche Präsuppositionen" darzustellen, um sich selbst nicht in „performative Widersprüche" zu verwickeln [Hab83a, S. 100]. Im weiteren Verlauf seiner Diskussion fordert er deshalb lediglich recht allgemein, daß es erlaubt sein müsse, in empirischen Diskursen „*institutionelle Vorkehrungen* (zu treffen), um unvermeidliche empirische Beschränkungen und vermeidbare externe und interne Einwirkungen soweit zu neutralisieren, daß die von den Argumentationsteilnehmern immer schon vorausgesetzten idealisierten Bedingungen wenigstens in hinreichender Annäherung erfüllt werden können." [Hab83a, S. 100] Habermas sagt jedoch meiner Ansicht nach insbesondere (zu) wenig darüber, wie in faktischen Situationen mit *strategischen* Verhaltensanteilen und mit Interpretations*monopolen* konkret umgegangen werden soll, bevor kommunikativ gehandelt werden darf.

Wie wichtig die Behandlung dieser Fragestellungen für faktische Diskurse ist, zeigen dabei meines Erachtens gerade Erfahrungen aus empirisch durchgeführten Diskursprojekten. Wenn dort zu früh in Unterstellung hinreichend erfüllter Bedingungen einer idealen Sprechsituation *trotzdem* ein Diskurs initiiert wird, *als ob* die Bedingungen erfüllt wären, kann dies zu erheblichen Problemen im Diskurs bis hin zu seinem Scheitern führen. So hat das vom WZB Berlin begleitete Mediationsverfahren zur Mülldeponie im Kreis Neuss u. a. deswegen Schlagzeilen gemacht, weil die diskursethische Forderung, daß jeder jede Behauptung problematisieren dürfe, aus Sicht der Umweltverbände nur unzureichend gewährleistet war [FW94]. Ich möchte mit meiner Kritik nicht im geringsten das große Verdienst solcher Demokratisierungsversuche von Technikentwicklungen schmälern, das ich ausdrücklich sehr hoch einschätze. Ich behaupte auch *nicht*, daß mein Kritikpunkt der einzige Grund für den eingetretenen Eklat gewesen wäre, dafür sind reale Situationen viel zu komplex. Meiner Ansicht nach sind hier jedoch Anzeichen für *konzeptionelle* Defizite bei der faktischen Anwendung der diskursethischen Leitidee vorhanden, die u. a. darauf beruhen, daß die Distanz zwischen faktischen Bedingungen der realen Situation und kontrafaktischen Annahmen von diskursethischen Leitideen zu wenig reflektiert wird, *bevor* mit dem Diskurs begonnen wird.

Habermas selbst hat diese Umsetzungsprobleme kommunikativen Handelns im Grundsatz durchaus erkannt, weshalb er im Fall von faktischen oder *Anwendungsdiskursen* [Hab91b, S. 140] zugesteht, daß in ihnen „die hermeneutische Einsicht zum Zuge (kommt), daß die angemessene Norm im Lichte der Situationsmerkmale konkretisiert" werden muß, bevor „die Situation ihrerseits im Lichte der von der Norm vorgegebenen Bestimmungen beschrieben wird." [Hab91b, S. 140] Allerdings bleibt er mit seiner Einsicht meines Erachtens auf halbem Wege stehen, weil er nämlich auf der anderen Seite in kognitivistischer Einstellung daran festhält, daß *zunächst* die Angemessenheit der Norm bezüglich des konkreten Falles *diskursiv* festzustellen ist und dann erst geprüft werden solle, „ob das daraus folgende singuläre Urteil eine Handlung fordert, die existentiell unzumutbar ist." [Hab91b, S. 198]

Damit umgeht Habermas meiner Ansicht nach genau die oben anhand des WZB-Projektes exemplarisch illustrierte tieferliegende *spezifische* Problematik der unvollkommenen Gewährleistung der Bedingungen idealer Sprechsituationen bei faktischen Diskursen. Wenn nämlich die Angemessenheit der Norm *apriori diskursiv* überprüft und festgelegt werden soll, *obwohl* die Bedingungen einer hinreichend verständigungsorientierten Sprechsituation faktisch *nicht* erfüllt sind, dann kann dies zu einer *systematisch* verzerrten Beurteilung führen, in denen sich z. B. Interpretationsmonopole durchsetzen könnten und der Diskurs nur noch eine Scheinlegitimation für das Ergebnis darstellen würde (s. auch [KP94]).[16]

5.3.1.2   Methodischer versus Authentischer Diskurs

Habermas bekennt in seiner Theorie des kommunikativen Handelns, daß er nicht nur bei theoretischen, sondern auch bei praktischen Diskursen, also bei Fragen nach der normativen *Richtigkeit* von Werten und Handlungen „zu einer kognitivistischen Position (neigt), derzufolge praktische Fragen grundsätzlich argumentativ entschieden wer-

---

[16]Insofern halte ich Apels zweistufige Konzeption der Diskursethik für faktische Diskurse für überzeugender, weil sie es erlaubt, bereits *vor* dem Eintreten in den Diskurs zunächst das Ausmaß der Verständigungsorientierung einzuschätzen, um so das Risiko strategisch verzerrter Diskurse zu verringern.

den können." [Hab81, Band I, S. 40] Bereits an dieser Stelle weist er jedoch einschränkend darauf hin, daß „wir praktische Diskurse, die durch einen internen Bezug zu interpretierten Bedürfnissen der jeweils *Betroffenen* charakterisiert sind, nicht vorschnell an theoretische Diskurse mit ihrem Bezug zu interpretierten Erfahrungen eines *Beobachters* assimilieren (dürfen)." [Hab81, Band I, S. 40]

Der wesentliche Unterschied zwischen den beiden Diskursarten ist also darin zu sehen, daß bei theoretischen Diskursen die *Beobachter*haltung und bei praktischen Diskursen die *Betroffenen*haltung im Vordergrund steht. Die spezifische Problematik einer vorschnellen Angleichung besteht darin, daß diese beiden Haltungen nicht beliebig zu vertauschen sind, insbesondere kann die *Betroffenen*haltung von Außenstehenden nur sehr bedingt und nicht alleine aufgrund eines kognitiven Entschlusses eingenommen werden. Allerdings bleibt bei Habermas insgesamt unklar, welche Konsequenzen er aus dieser Einsicht für seine Konzeption zieht. Auf der einen Seite fordert er nämlich generell für *alle* Diskurse, daß die Beteiligten die Überprüfung der erhobenen Geltungsansprüche „*in hypothetischer Einstellung*" [Hab81, Band I, S. 40] vornehmen sollen. Auf der anderen Seite relativiert er - meines Erachtens vollkommen zu recht - genau diese Forderung später entscheidend: „Vergesellschaftete Individuen können sich nicht zu der Lebensform oder der Lebensgeschichte, in der sich ihre eigene Identität gebildet hat, hypothetisch verhalten." [Hab83a, S. 114] Insoweit bleibt also letztlich unklar, wie bei praktischen Diskursen konkret mit der Spannung zwischen der immer schon gegebenen Situationsgebundenheit und der geforderten hypothetischen Einstellung umgegangen werden soll.

Seel hat in dieser Fragestellung eine meines Erachtens hilfreiche Differenzierung vorgeschlagen, wenn er fordert, daß praktische Diskurse *sich ereignen* müssen [See86, S. 61]. Seine Überlegungen beginnt er mit einer rhetorischen Fragestellung, die die von Habermas vertretene kognitivistische Position aufgreift, wonach zwischen theoretischen und praktischen Diskursen (beinahe) jederzeit ein argumentativer Einstellungswechsel möglich wäre: „Warum sollte es nicht ... - wenigstens im Prinzip - möglich sein, die Prioritäten der Argumentation je nach Bedarf - und zwar mit Gründen - zu wechseln? ... Weil dieses jederzeitige Zurückgehenkönnen eine (ideale) Bedingung allein der theoretischen Problematisierung ist und folglich der Gedanke 'eines nur argumentativ zu durchmessenden Universums sprachlicher Strukturen' die Struktur von Argumentationen nach dem Modell des theoretischen Argumentierens vereinseitigt und verzerrt." [See86, S. 61]

Das entscheidende Argument von Seel ist dann, daß bei *praktischen* Diskursen die zu thematisierende Situation „nicht durch Überlegung" zustande kommen kann, sondern sie „muß sich im Kontext lebensweltlich-interaktiver Handlungen und Erfahrungen ... *ereignen*, damit wir ihr Problem uns und den beteiligten anderen *stellen* ... können." [See86, S. 62]

Praktische Diskurse als Fragestellung nach der *richtigen Handlung*sweise können deshalb nicht *jederzeit*, d. h. *methodisch* und *in hypothetischer Einstellung* geführt werden, sondern bedürfen einer Art *situativer Authentizität*: „Die Situationen und die Konflikte, die in ihnen auftreten, *sind* die (praktischen) Probleme, die im Finden begründbarer sozialer Regelungen zu lösen sind. ... Nur weil Habermas den (praktischen) dem theoretischen Diskurs übermäßig angleicht, kann der Eindruck entstehen, es ließe sich von theoretischen zu ethisch-praktischen Fragen durch einen reflexiven Themenwechsel jederzeit 'übergehen.' Dieser Einstellungswechsel jedoch steht nicht zur argumentativen Verfügung allein." [See86, S. 62]

In einigen der von mir in Kapitel 7 beschriebenen Fallstudien war die von Seel formulierte Problematik praktischer Diskurse deutlich zutage getreten. Sie äußerte sich vor allem darin, daß ich auf der kognitiven Ebene keine Probleme hatte, mein diskursethisches Anliegen als entscheidend für eine valide Systementwicklung zu vermitteln. In der praktischen Durchführung jedoch und insbesondere hinsichtlich der eingetretenen handlungsmäßigen Folgenlosigkeit der geführten Diskurse zeigte sich dann aber, daß sich die kognitiv als relevant erkannten Diskursthemen wohl doch nicht authentisch *ereignet* hatten. Die Einsicht in die Bedingung der *Authentizität* von praktischen Diskursen ist meiner Ansicht nach deshalb von zentraler Bedeutung für diskursive Ansätze zur Systementwicklung: Da es gemäß der hier vertretenen Design-Sicht bei Systementwicklungen wesentlich um die *praktische* Frage geht, wie das Design werden *soll* und nicht so sehr um eine darin evtl. enthaltene theoretische *Wahrheit*, muß sich die diskursiv verhandelte Fragestellung *authentisch* ergeben.[17]

5.3.1.3 Handlungsentlasteter Diskurs

Habermas postuliert für den prozeduralen Aspekt von Diskursen, daß diese „von Handlungs- und Erfahrungsdruck entlastet" zu führen seien [Hab81, Band I, S. 48] Diese Forderung ist grundsätzlich sinnvoll, denn sie stellt u. a. sicher, daß vor dem empirischen Vollzug einer möglicherweise nicht auf intersubjektivem Einverständnis beruhenden Handlungsweise ausreichend Möglichkeit besteht, deren Geltungsansprüche im sprachlichen Probehandeln auf ihre Konsensfähigkeit hin zu überprüfen.

Nun ist es aber eine anthropologische Grundbedingung, daß faktische Diskurse nie *völlig* handlungs- und zeitentlastet stattfinden können (s. auch [Ape92, S. 45]). Während in der idealen Sprechsituation immer wieder von einem geschichtslosen Nullpunkt ausgegangen werden kann, wäre diese Annahme für anwendungsorientierte Diskurse nach Apel nur dann zulässig, „wenn so etwas wie ein *vernünftiger Neuanfang* innerhalb der Geschichte möglich wäre." [Ape90b, S. 128] Insofern muß die in der idealen Diskursethik geforderte Handlungsentlastung in faktischen Diskursen dadurch relativiert werden, daß diese stets *auch* ihre historisch-situativ gegebenen und damit unhintergehbaren Handlungsrestriktionen in geeigneter Weise mitbedenken müssen.

Damit möchte ich nun keinesfalls einem fatalistischen Technikdeterminismus das Wort reden, der zu Unrecht dazu neigt, die jeweils konkret gegebenen und in weiten Bereichen *kontingenten* historischen Rahmenbedingungen als unveränderlich bzw. als Sachzwang hinzunehmen. Ich möchte allerdings mit Apel darauf aufmerksam

---

[17]Nur die theoretischen Aspekte können dagegen angemessen auch in einem *methodisch* geführten Diskurs verhandelt werden. Dieses Argument ist zugleich einer der wesentlichen Gründe, weshalb mein Ansatz zur diskursiven Anforderungsanalyse ein Methoden*rahmen* ist, aber keine instrumentell und situationsinvariant einsetzbare *Methode*, was für die (formale) Verifikation der 'Korrektheit' von Systementwicklungen schon eher möglich wäre.

machen, daß wir in faktischen Diskursen aufgrund der anthropologischen Grundbedingung, nicht unendlich lange diskutieren zu können, nicht *die* Freiheiten der Situationsdefinition und Handlungskoordination haben, wie sie in theoretisch bleibenden Diskursen vorausgesetzt werden dürfen (s. auch [Ape90b, S. 128]).

Auch hier hat Habermas wieder das Problem erkannt, ohne jedoch (so weit ich weiß) im einzelnen zu zeigen, welche konkreten Konsequenzen für eine praktische Anwendung der Theorie des kommunikativen Handelns daraus zu ziehen sind: „Praktische Diskurse ... sind weniger 'handlungsentlastet' ... Der Streit um Normen bleibt, auch wenn er mit diskursiven Mitteln geführt wird, im 'Kampf um Anerkennung' verwurzelt." [Hab83a, S. 114ff.] Eine hieran anknüpfende sinnvolle Ergänzung des idealtypischen Postulats der Handlungsentlastung im Hinblick auf die besonderen Restriktionen faktischer Diskurse wäre für mich beispielsweise die Klärung folgender Fragen:

- Wie lange und über welche Inhalte muß der Diskurs jeweils geführt werden, bevor ein effektiver Handlungsvollzug vorgenommen werden darf?

- Wie darf gehandelt werden, wenn in der Handlungskoordination nicht alle Geltungsansprüche überprüft werden konnten bzw. kein volles Einverständnis erzielt wurde?

5.3.2   Kommunikationstheoretische Aspekte faktischer Sprechsituationen

Habermas legt seiner Theorie des kommunikativen Handelns eine an Bühlers triadischem Organon-Modell der menschlichen Sprache orientierte Vorstellung menschlicher Verständigung zugrunde [Hab81, Band I, S. 372f.]. Danach sind in jedem Akt sprachvermittelter menschlicher Verständigung stets *kognitive, expressive* und *appellative* Anteile enthalten. Selbstverständlich variieren diese verschiedenen Anteile je nach Kommunikationssituation, wichtig ist die Einsicht, daß eine Beschränkung sprachvermittelter Kommunikation in menschlichen Lebenszusammenhängen z. B. auf *rein Sachliches* nicht möglich erscheint.[18] Insofern muß für faktische Diskurse grundsätz lich davon ausgegangen werden, daß in ihnen auch Bedeutungsinhalte enthalten sind und übermittelt werden, die das tatsächlich Gesagte *systematisch* überschreiten, d. h. nicht selbst wieder vollkommen sprachlich eingefangen werden können. Diese Einsicht wiederum hat meiner Ansicht nach entscheidende Konsequenzen für die praktische Anwendbarkeit des kommunikativen Handelns:

Die idealtypische Vorstellung, wonach in Diskursen nur der *zwanglose Zwang des besseren Argumentes* [Hab81, Band I, S. 48] zählen dürfe, erscheint mir vor dem Hintergrund der aufgezeigten kommunikationstheoretischen Überlegungen nur bedingt erreichbar. Selbst wenn wir nämlich mit bestem Willen und in kognitiv durchaus plausibel begründeter Verständigungsorientierung in einen solchen Diskurs eintreten würden, könnten wir uns aufgrund der immanent mehrschichtigen und auch von Habermas selbst anerkannten Wirkungsweise sprachlicher bzw. menschlicher Verständigungsverhältnisse nicht *generell* den Effekten der darin gleichfalls enthaltenen *metakommunikativen* Anteile entziehen (s. auch Abbildung 5.1, Quelle: [VSK92, S. 83]) Diese Anteile lassen sich insbesondere „nicht einfach aus der ... Kommunikation ausschließen oder gar ignorieren. Sie bestimmen das *Klima der Verständigung*, das heißt, sie sind *metakommunikativ* stets präsent" [VSK92, S. 81] und beeinflussen damit unmittelbar den grundsätzlich erzielbaren Verständigungserfolg, selbst wenn wir auf kognitiver Ebene einen durchaus ehrlichen Entschluß für eine (rein) verständigungsorientierte Haltung getroffen haben. Die konkrete Wirkung der metakommunikativen Anteile ist dabei stark abhängig von den jeweils aktuell gegebenen situativen *Rahmenbedingungen* (s. z. B. [VSK92, S. 81]), so u. a. von

- den mit der Kommunikation und Handlungskoordination verfolgten Zielen und Interessen,

- den bestehenden Wissensgegensätzen und -unterschieden,

---

[18]Genausowenig kann damit aus den genannten Überlegungen die generelle Verweigerung von (sprachlicher) Kommunikation ein Verhältnis von *Nicht-Kommunikation* begründen. Ein solches Verhalten drückt nämlich *auch* einen Kommunikationsinhalt aus, was Watzlawick mit dem bekannten Ausdruck *Man kann nicht nicht kommunizieren* auf den Punkt gebracht hat.

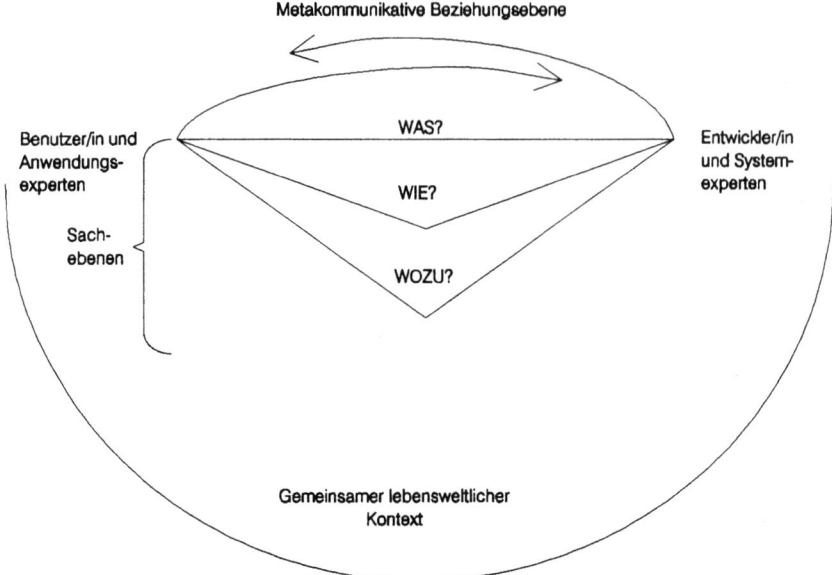

Abbildung 5.1: Mehrschichtigkeit menschlicher Kommunikation

- subjektiven Sympathien und Antipathien,

- dem unausweichlich im Raum stehenden Wissen um die bestehenden hierarchischen Strukturen und Abhängigkeiten.

Aus kommunikationstheoretischer Sicht erscheint mir deshalb wichtig, Ansatzpunkte aufzuzeigen, wie der *Mehrschichtigkeit* menschlicher Kommunikationsverhältnisse in faktischen Diskursen angemessen Rechnung getragen werden kann. Volmerg und Senghaas-Knobloch fordern hierzu z. B. die Ausbildung von Fähigkeiten zum Perspektivenwechsel, verstärkte Sensibilität für die Verflochtenheit von Beziehungs- und Sachaspekt, die Bereitschaft, Selbstverständlichkeiten zu befragen und Interessengegensätze zu benennen. Es ist „nicht allein auf die fachlichen Äußerungen und ihre Implikationen zu achten, sondern auch darauf, in welcher Weise (die) Dialogpartner mit ihren Mitteilungen zueinander in Beziehung treten." [VSK92, S.

57f., 81]. Schulz von Thun bezeichnet dieses Element deshalb auch als *explizite Metakommunikation* [SvT81, S. 91].

Bei allen diesen Vorschlägen ist natürlich im Auge zu behalten, daß sie keine mit Erfolgsgarantie versehenen Methoden im instrumentalistischen Sinne darstellen, „als Preis winkt allerdings eine Befreiung von unausgedrückter Spannung und die Chance, aus der Störung dadurch herauszukommen, daß man wirklich 'hindurchgegangen' ist." [SvT81, S. 92] Falls dagegen in Diskursen zu wenig auf diese Wechselwirkungen geachtet wird, besteht die große Gefahr, daß statt der angestrebten Verständigung zusätzliche Kommunikationsblockaden errichtet werden, bei denen es „nicht mehr um Klärung (geht), sondern darum, die eigene Position zu verteidigen," [VSK92, S. 33] wie es dem in Abschnitt 5.3.1.1 beschriebenen WZB-Projekt zur Umweltmediation tatsächlich widerfahren ist.

5.3.3 Politikhaltigkeit faktischer Sprechsituationen

Empirische Untersuchungen zu Software-Projekten weisen zunehmend darauf hin, daß „eine Entmythologisierung der Softwareentwicklung als rein 'ingenieurmäßiger' Entwicklungsprozeß (notwendig erscheint), durch die ihr Doppelcharakter als Prozeß technischer Entwicklung und 'politischer' Auseinandersetzung deutlich gemacht wird." [WO92, S. 130f.] Die hier von Weltz und Ortmann erhobene Forderung nach einer *Entmythologisierung* von Software-Projekten als rein *sach*bezogene Tätigkeiten geht zurück auf die von ihnen im Rahmen der IPAS-Studien durchgeführten umfangreichen empirischen Untersuchungen zur praktischen Arbeitssituation in Software-Projekten. In den von ihnen untersuchten Projekten war es durchaus typisch, daß Konflikte nicht offen, sondern verdeckt ausgetragen wurden: „Ein Symptom dieser Verdrängung, das zugleich die Auseinandersetzungen über die Systemgestaltung erschwerte, war der Umstand, daß häufig auf technischer Ebene argumentiert wurde, selbst wo es auch oder primär um 'politische' Aspekte ging. Damit wurde vermieden, daß diese ausdrücklich und offen auf den Tisch kamen." [WO92, S. 130]

Meistens jedoch führte diese 'Verdrängung' der Mehrschichtigkeit der Auseinandersetzung zugunsten einer 'sachlichen Behandlung' erst recht zu einer krisenhaften Entwicklung: „Die grundsätzlichen Prämissen und Implikationen des isolierten Gestaltungsproblems blieben meist ausgespart ... bis sich irgendwann ihre Klärung aufdrängt, häufig erst bei der Konfrontation mit dem fertigen 'Produkt'." [WO92, S. 135]

Die empirisch beobachtete inhärente *Politikhaltigkeit* von Systementwicklungen erweitert nun auch den Horizont der zu beachtenden Rahmenbedingungen für die Umsetzung des diskursethischen Auftrags der GI-Leitlinien hin zu einer mehrschichtigen Sichtweise, wonach Systementwicklungen als *Sach- und Politikfragen*[19] zugleich verstanden werden müssen (s. auch [OW89, S. 3]). Konkret muß deshalb zum einen der Methodenrahmen zur diskursiven Anforderungsanalyse so konzipiert werden, daß er die anstehenden *Sach*fragen im Sinne einer verständigungsorientierten Handlungskoordination zu behandeln erlaubt, ohne dabei den Hintergrund der inhärenten *Politik*haltigkeit dieser Verständigung auszublenden.

Allerdings sollte zum anderen auch die inhärente Politikhaltigkeit diskursiver Vorgehensweisen stärker als bei Habermas selbst thematisiert werden. So kann beispielsweise die Sprachgebundenheit und die Explizitheit von Argumentationen durchaus eine politikrelevante Vorschrift in praktischen Diskursen sein, weil nicht immer alles in einer gegebenen lebensweltlichen Situation Relevante *sprachlich* dargelegt werden kann bzw. weil dies u.U. mit systematischen Verzerrungen verbunden sein kann. Eine vorschnelle Einschränkung der zulässigen Ausdrucksformen auf z. B. formalpragmatische Argumentationsschemata (oder gar formale Spezifikationsmethoden der Informatik) hätte deshalb sogar durchaus einen hohen Politikgehalt (s. auch [Bow92], [SM93], [Suc94]).

Wenn also die Angemessenheit von problematisch gewordenen Geltungsansprüchen im Sinne kommunikativer Rationalität in fakti-

---

[19]Politik verstehe ich im Rahmen dieser Arbeit ganz allgemein im Sinne des Brockhaus als „die Gesamtheit der ... institutionellen, prozessualen und entscheidungsinhaltlichen Dimensionen des 'Strebens nach Macht oder nach Beeinflussung der Machtverteilung.'" [Bro92, Stichwort *Politik*].

schen Diskursen verhandelt wird, diese jedoch bei ihrer Durchführung selbst inhärente Macht- und Politikgehalte aufweisen, dann darf das Diskursergebnis nicht unkritisch *ohne weitere Reflektion* in der Weise verstanden werden, daß die diskursiv verhandelten Geltungsamsprüche uneingeschränkt *legitim* und *intersubjektiv gültig* sind. Vielmehr wird es meiner Ansicht nach erforderlich, die aus der Politikhaltigkeit potentiell resultierenden Einschränkungen bzw. Verletzungen der idealen verständigungsorientierten Grundhaltung stets kritisch zu überprüfen, um ggf. das Diskursergebnis in dieser Hinsicht als 'verzerrt' erkennen zu können.

Foucault hat aus solchen Überlegungen heraus in seinem Werk *Die Ordnung des Diskurses* deshalb auch ketzerisch gefragt, ob nicht gerade eine (diskursive) „Ethik der Erkenntnis ... welche die Wahrheit nur dem Begehren nach der Wahrheit selbst und allein der Fähigkeit, sie zu denken" unterwirft und dabei die „spezifische Realität des Diskurses überhaupt leugnet", dazu führt, die faktischen gesellschaftlichen „Einschränkungs- und Ausschließungsspiele" zu verstärken [Fou91, S. 30f.]. In einem kleinen Exkurs möchte ich nun die Foucault'sche Überlegung zur Veranschaulichung auf die von Habermas vorgeschlagene analytische Unterscheidung von Argumentationen als *Produkt, Prozeß* und *Prozedur* übertragen:[20]

- Auf der *Prozeß*ebene von Diskursen wird z. B. durch Vorgaben zu Abstimmungsweisen, Teilnahmehürden für oder Nichtberücksichtigung von Betroffenengruppen, evtl. unterschiedliche Entscheidungsbefugnisse für verschiedene Akteursgruppen ganz offensichtlich 'Politik' gemacht. Auch lassen sich trotz bester Verständigungsabsichten metakommunikative Anteile nicht ganz ausblenden, was die formalpragmatische Idealisierung vom *zwanglosen Zwang des besseren Arguments* [Hab81, Band I, S. 48] durchaus relativiert.

---

[20]Selbstverständlich ist auch meine Unterscheidung *analytisch* zu verstehen, die volle Politikhaltigkeit erschließt sich nämlich erst dann in ihrer ganzen Reichweite, wenn die verschiedenen politikhaltigen Aspekte von Argumentationen bzw. von Diskursen als Gesamtzusammenhang betrachtet werden.

- Die Bestimmung der *prozeduralen* Vorgehensweisen und Ausdrucksweisen legt die erlaubten Ausdrucksmöglichkeiten fest. Es kann sich um formalpragmatische Argumentationsschemata und Bedingungen für ideale Sprechsituationen, um formale Sprachdefinitionen, um graphische Ausdrucksmöglichkeiten usw. handeln. Diese Festlegungen beeinflussen erheblich, welche Aspekte der konkreten Situation besser zur Geltung gebracht werden können und welche untergeordnet oder unberücksichtigt bleiben und haben damit einen unmittelbar politischen Gehalt.

- Die *Produkt*ebene mit den sachbezogenen Entscheidungen, welche inhaltlichen Aspekte bei der Systementwicklung berücksichtigt werden und welche nicht, beeinflußt wesentlich, wessen Interessen und Anforderungen in welchem Umfang Rechnung getragen wird. Dies beeinflußt insgesamt den Grad der Gültigkeit oder der Angemessenheit der Systementwicklung. Die Produktebene ist umgekehrt auch eng verbunden mit den Bedingungen der *prozeduralen* Ebene. Nicht alle relevanten Aspekte können nämlich mit jeder Sprache in gleicher Weise angemessen ausgedrückt werden. Auch die Bedingungen der *Prozeß*ebene spielen eine Rolle. Es macht in faktischen Diskursen nämlich manchmal durchaus einen Unterschied, *wer* einen bestimmten Aspekt als relevant oder als unbedeutend einstuft.

Trotz dieser Bemerkungen zur inhärenten Politikhaltigkeit faktischer Diskurse vertrete ich jedoch auf der anderen Seite mit Habermas durchaus den Standpunkt, daß für die gestellte Aufgabe einer angemessenen *Vermittlung individueller* und *kollektiver* Ethik derzeit diskursethische Elemente *notwendig* zu sein scheinen [Hab83a, S. 104ff.]. Wenn man sich nämlich überhaupt ernsthaft intersubjektiv verständigen will, impliziert dies nach Habermas, „daß jeder Versuch, ein alternatives Begriffssystem zu entwickeln, daran scheitert, daß er Strukturelemente des konkurrierenden und abzulösenden (argumentativen) Systems in Anspruch nimmt." [Hab83a, S. 105] Ohne Argumentationselemente ist deshalb derzeit nicht einsichtig, *wie* die für eine kollektive Ethik wesentliche intersubjektive Verständigung überhaupt erreicht werden soll. Allerdings muß die Politikhaltigkeit faktischer Diskurse meines Erachtens stärker als von Habermas selbst wohl gesehen berücksichtigt werden.

5.3.4 Faktische Diskurse zwischen Konsensorientierung und Entscheidungs- bzw. Handlungszwang

Habermas konzipiert Diskurse als Argumentationsprozesse, in denen *grundsätzlich* ein rational motiviertes Einverständnis erzielt werden könnte, „wobei 'grundsätzlich' den idealisierenden Vorbehalt ausdrückt: wenn die Argumentation nur offen genug geführt und lange genug fortgesetzt werde könnte." [Hab81, Band I, S. 71] Greven weist gegenüber dieser idealtypischen Sichtweise jedoch zu recht darauf hin, daß praktische Diskurse in aller Regel diesen Bedingungen gar nicht gerecht werden *können*: „Nicht jeder Meinungsstreit, ... also auch nicht die meisten politischen Fragen einer Gesellschaft, sind nach den Kriterien des vernünftigen Diskurses konsensfähig; es müssen ... Entscheidungen getroffen ... werden, wenn es um das Zusammenleben geht." [Gre91, S. 217] Faktische Diskurse benötigen daher meines Erachtens neben der Leitidee des argumentativ motivierten Konsenses weitere (heuristische) Entscheidungshilfen, wenn in der praktisch verfügbaren Zeit kein Konsens erzielt werden kann und dennoch eine Entscheidung herbeigeführt werden *muß*.

Ein geeignetes Kriterium sehe ich beispielsweise in der von Illich vorgeschlagenen *Konvivialität* [Ill73].[21] Gemäß dem Kriterium der

---

[21]Ich möchte mit der Wahl des Kriteriums der Konvivialität lediglich *exemplarisch* andeuten, daß ich durchaus realistische Chancen sehe, diskursethische Leitvorstellungen auch bei faktischen Entscheidungs- und Handlungszwängen zu verfolgen. Selbstverständlich lassen sich noch eine ganze Reihe weiterer sinnvoller Entscheidungskriterien in solchen Situationen heranziehen. Ich möchte in diesem Zusammenhang nur z. B. auf die von Perrow vorgeschlagenen Kriterien *loser* versus *enger Kopplung* und *linearer* versus *komplexer Interaktion* hinweisen. Wenn in (technischen, organisatorischen usw.) Systemen zugleich enge Kopplung und komplexe Interaktionen im Sinne von Perrow gegeben sind, so sind „Katastrophen die unabdingbare Konsequenz". Insofern sollte in unklaren Entscheidungssituationen vorsichtshalber zugunsten lose gekoppelter bzw. linear interagierender Systeme entschieden werden. Vgl. näher hierzu z. B. [Per87]. Weitere Kriterien zur Entscheidungshilfe könnten auch z. B. die von Roßnagel u. a. vorgeschlagenen Kriterien der *Verletzlichkeit* und der *Verfassungsverträglichkeit* sein. Vgl. hierzu z. B. [RWHP90a], [RWHP90b].

Konvivialität ist bei allen aktuellen Handlungen darauf zu achten, daß dadurch so wenig zukünftige Handlungsoptionen wie möglich präjudiziert werden, um den faktischen Spielraum zukünftiger Diskurse und gesellschaftlicher Entwicklungsmöglichkeiten möglichst weit offenzuhalten: „To the degree that (an individual) masters his tools, he can invest the world with his meaning, to the degree that he is mastered by his tools, the shape of the tool determines his own self-image. Convivial tools are those which give each person who uses them the greatest opportunity to enrich the environment with the fruits of his of her vision." [Ill73, p. 22]

Die Beachtung der Konvivialität kann meines Erachtens hilfreich sein, unter den anthropologischen Grundbedingungen von Entscheidungs- und Handlungszwang Habermas' eigene Absicht wenigstens näherungsweise zu respektieren, den Bereich *systemisch* koordinierter Handlungsbereiche möglichst klein zu halten zugunsten eines möglichst weiten Feldes auch in der Zukunft noch *diskursiv* koordinierungsfähiger Handlungsbereiche. Der Bezug von der Konvivialität zur diskursiven Handlungskoordination ergibt sich dabei auf zwanglose Weise. Illich fordert nämlich bei der Bestimmung und Abgrenzung der Bereiche, die der Konvivialität erhalten bleiben sollen, ausdrücklich eine Art gesellschaftlichen Verständigungsprozess im Habermas'schen Sinne, wenn er das Einverständnis freier Aktoren einfordert und jede mechanistische Entscheidung über die Handlungskoordination ausschließt: „The criteria of conviviality are to be considered as guidelines to the continuous process by which a society's members defend their liberty, and not as a set of prescriptions which can be mechanically applied." [Ill73, p. 26]

Schließlich ist mit Konvivialität nicht gemeint, daß in problematischen Situationen *gar keine tools* entwickelt werden dürften. Es ist jedoch in solchen Situationen ganz besonders auf ein 'Gleichgewicht' zu achten zwischen einem Bereich, der stärker in seinen Entfaltungsmöglichkeiten durch systemische Koordinationsmechanismen reglementiert ist und lebensweltlichen Bereichen, die bewußt solchen Zwängen entzogen bleiben sollten: „What is fundamental to a convivial society is not the total absence of manipulative institutions ..., but the balance between those tools which create the specific demands they are specialized to satisfy and those complementary, enabling tools which foster self-realization ... (and which) enhances the ability of people to pursue their own goals in their unique way." [Ill73, p. 25]

5.3.5 Die zweistufige Diskursethik nach Apel als kritische Verantwortungsethik

Die bisherige Diskussion in diesem Kapitel hat meines Erachtens deutlich gemacht, daß für die praktische Anwendung der *Theorie des kommunikativen Handelns* verschiedene von Habermas selbst nicht ausreichend behandelte Fragestellungen zu bewältigen sind. Karl-Otto Apel hat hierzu unter der Bezeichnung *Das geschichtsbezogene Anwendungsproblem der Diskursethik* ([Ape90b], [Ape92]) eine meines Erachtens hilfreiche Erweiterung der Diskursethik zu einer zweistufigen *kritischen Verantwortungsethik* [22] vorgeschlagen. Den Hintergrund der Apelschen Überlegungen bilden die folgenden Annahmen zum *Apriori der menschlichen Kommunikationsgemeinschaft*, wie er sie in seinem zentralen Werk *Transformation der Philosophie* entwickelt hat [Ape76, Band II, S. 358-436]:

1. In jedem ernsthaften Argumentieren postulieren wir kontrafaktisch die Voraussetzungen der *idealen Kommunikationsgemeinschaft*, was wir ohne Selbstwiderspruch gar nicht vernünftig bestreiten können.

2. In jedem ernsthaften Argumentieren setzen wird die *reale Kommunikationsgemeinschaft* voraus. Auch dieses können wir ohne Selbstwiderspruch nicht bestreiten, denn faktisch argumentieren können wir nur, solange wir Mitglied dieser realen Kommunikationsgemeinschaft sind.

3. In jedem ernsthaften Argumentieren sind wir uns der prinzipiellen *Differenz zwischen der idealen und der realen Kommunikationsgemeinschaft* bewußt.

---

[22]So hat Ulrich den Apelschen Vorschlag genannt [Ulr87, S. 316ff.]. Zu Habermas' Rezeption der Apelschen Erweiterungsvorschläge vgl. [Hab91b, S. 185-199].

Worin besteht nun der Nutzen dieser Erweiterung der Diskurethik durch Apel gegenüber der Habermas'schen Vorstellung? Ich setze mit meinem Antwortversuch nochmals an der bereits oben problematisierten kognitivistischen Tendenz von Habermas zur grundsätzlichen Diskursfähigkeit menschlicher Fragestellungen und Verständigungserfordernisse an. Habermas schlägt darin auch für *Anwendungsdiskurse* (d. h. faktische Diskurse in meiner Terminologie) vor, *apriori* jeweils einen argumentativen Diskurs über die fraglichen Normen bzw. Handlungspläne zu führen, um danach gegebenfalls zu prüfen, inwieweit die ausgehandelte Norm in der konkreten Situation zu *existentiell unzumutbaren* Konsequenzen führt (s. z. B. [Hab91b, S. 198]). Apel übt hieran folgende grundsätzliche Kritik:

„Mit dieser Beurteilung des Problems hat Habermas nur das sozusagen *normale Anwendungsproblem auf der ontogenetischen Stufe einer Diskursethik*, und das heißt: unter stillschweigender Voraussetzung *idealer Anwendungsbedingungen des Prinzips praktischer Diskurse in der sozialen Welt*, angesprochen. Er hat also wiederum von dem soziohistorischen Problem der Realisierung der Anwendungsbedingungen der postkonventionellen Diskursethik abstrahiert." [Ape90b, S. 138]

Apels Unterscheidung von idealer versus realer Kommunikationsgemeinschaft erlaubt es nun, die möglichen ethischen Probleme der Habermas'schen Position genauer zu fassen. Eine *apriori* unterstellte Erfüllung der Bedingungen der idealen Kommunikationsgemeinschaft und eine darauf aufbauende unreflektierte Verfolgung der Vorstellung des kommunikativen Handelns kann nämlich genau dann in ethische Probleme führen, wenn die realen Kommunikationsbedingungen zu sehr davon abweichen, „wenn also die Reziprozitätsbedingungen der Kommunikation und Interaktion nicht gewährleistet sind." [Ape92, S. 35]

Der von Habermas vorgeschlagene Weg wäre nach Apel deshalb lediglich dann „als hinreichendes Verfahrensprinzip für die Lösung aller Probleme der Normenbegründung bzw. Normenlegitimation akzeptierbar, wenn wir (schon) unter den Bedingungen der im argumentativen Diskurs kontrafaktisch antizipierten idealen Kommunikationsgemeinschaft lebten; ... Alleine, keine der hier unterstellten Voraussetzungen ist realistisch: ... Jeder, der in irgendeiner Form für ein Selbstbehauptungssystem ... einzustehen hat, muß damit rechnen, daß vorerst Interessenskonflikte nicht nur durch praktische Diskurse ... sondern auch durch *strategische* Formen der Interaktion ... geregelt werden *müssen*." [Ape90b, S. 128]

Da wir Menschen nun also nicht in der *idealen* Kommunikationsgemeinschaft, sondern in der *realen* Kommunikationsgemeinschaft leben, *müssen* wir von der faktischen Existenz von *Selbstbehauptungssystemen* ausgehen. Zugleich jedoch antizipieren wir in jedem argumentativen Umgang miteinander bereits Teile der *idealen Kommunikationsgemeinschaft*, was wir nur unter Begehung eines performativen Selbstwiderspruchs bestreiten könnten. Apel bezeichnet diese Überlegung zur Bedingung der Möglichkeit intersubjektiver Verständigung denn auch als „Einsicht in eine transzendentalpragmatische Verschränkungsstruktur: daß wir als Argumentierende darauf reflektieren können und müssen, daß wir immer zugleich die Präsuppositionen eines *idealen Diskurses* ... und die Tatsache der *Differenz* zwischen diesen Bedingungen und den jeweiligen *realen Diskurs- und Interaktionsbedingungen* in der *realen Kommunikationsgemeinschaft* voraussetzen müssen." [Ape92, S. 56]

Als konkrete Konsequenz aus dieser Einsicht schlägt Apel für die praktische Anwendung der Diskursethik deshalb ein *Doppelprinzip* vor, das einerseits als *Bedingung der Möglichkeit* ernsthaften Argumentierens die *ideale* Kommunikationsgemeinschaft voraussetzt und zum anderen den Erhalt der *realen* Kommunikationsgemeinschaft sichern soll, um die faktische Möglichkeit zum Argumentieren zu erhalten: „Erstens muß es in allem Tun und Lassen darum gehen, das *Überleben* der menschlichen Gattung als der *realen* Kommunikationsgemeinschaft sicherzustellen, zweitens darum, in der realen die *ideale* Kommunikationgemeinschaft zu verwirklichen." [Ape90b, S. 141]

Für die praktische Umsetzung seines Doppelprinzips unterscheidet Apel dann einen *Teil A* und einen *Teil B* in seiner zweistufigen Diskursethik: „*Teil A* behandelt die Begründung des idealen prozeduralen Prinzips der Lösung aller moralisch-normativen Probleme im

Sinne der diskursiven Konsensbildung." *Teil B* behandelt im Sinne einer Verantwortungsethik „die moralische Vermittlung von Moralität ... (im Sinne von Teil A) mit strategischem Handeln."[23] [Ape92, S. 60f.]

Die *ethische* Pointe der zweistufigen Diskursethik ergibt sich schließlich durch die *unbedingte* Ausrichtung des Teils B auf die Erreichung der idealen Kommunikationsgemeinschaft (im Sinne einer *regulativen Idee*) hinzuarbeiten, d. h. die Umsetzungsbedingungen des Teils A zu verbessern. Zu diesem Zweck muß bei allen in Teil B vorgenommenen Handlungen stets darauf geachtet werden, daß die darin gebotene „Vermittlung zwischen Moralität im engeren Sinne und strategischer Vorsicht selbst noch als moralisch gebotene *konsensfähig* (ist) ... (um dadurch) an der langfristigen Beseitigung solcher Verhältnisse mitzuarbeiten, die eine strategiefreie Verständigung unter Menschen unmöglich machen." [Ape92, S. 35f.]

Die von Apel vorgeschlagene zweistufige Diskursethik scheint mir zusammenfassend in besonderer Weise die von den GI-Leitlinien geforderte Erarbeitung von Verfahren zur Vermittlung individueller und kollektiver Verantwortung zu unterstützen. Die wechselseitig aufeinander bezogenen Teile des *kommunikationsethischen Auftrages* und des *legitimen Selbstschutzauftrages* können dabei als konzeptionelle Grundbestandteile für eine solche Vermittlung angesehen werden. Zugleich ersetzt die zweistufige Diskursethik von Apel jedoch in keiner Weise die Leitidee des kommunikativen Handelns oder macht diese überflüssig. Diese ist im Gegenteil als diskursethisches *Universalisierungsprinzip* wesentlich für die Apelsche Konzeption: „Bei der geschichtsbezogenen Anwendungsproblematik der postkonventionellen Diskursethik ... (geht es darum) ... traditionelle Institutionen und Konventionen sukzessiv durch solche zu ersetzen, die dem Universalisierungsprinzip (U) der Metainstitution des argumentativen Diskurses Rechnung tragen." [Ape90b, S. 148] Die zweistufige Diskursethik benötigt also gerade die *Theorie des kommunikativen Handelns* als regulative Idee, wenn sie ihren ethischen Gehalt bewahren soll.

---

[23]Im Fortgang meiner Arbeit bezeichne ich Teil A auch als *Kommunikationsethischen Auftrag* und Teil B als *Legitimen Selbstschutzauftrag*.

Kapitel 6

Methodenrahmen zur diskursiven Anforderungsanalyse

In diesem Kapitel führe ich in die Konzeption und in die Grundelemente meines Methodenrahmens zur diskursiven Anforderungsanalyse ein. Dazu mußte ich in weiten Gebieten konzeptionell und methodisch Neuland betreten:

Einerseits gibt es unter Stichworten wie *Risiko-Kommunikation* und *Umweltmediation* seit ungefähr zehn Jahren zunehmend auch in Deutschland Erfahrungen mit handlungsorientierten Ansätzen einer *diskursiven* Technikfolgenabschätzungs- und -gestaltungspolitik.[1]

Andererseits gibt es für den konkreten Anwendungsbereich *Systementwicklungen in der Informatik* bislang nur einige wenige exemplarische Erfahrungen zum Einsatz diskursiver Verfahren, die außerdem eher theoretische bzw. grundsätzliche Fragestellungen behandel-

---

[1]Vgl. zum Thema *Risikokommunikation* z. B. [Hen88], [WH89], [JW90], [FJ91], [Jun91], [Ren91], [Roh91], [Wie91]. Zum Bereich *parlamentarischer diskursiver Technikfolgenabschätzung* z. B. [Ueb91b], [Ueb91a], zum Bereich *Umweltmediation* z. B. [Fie91], und [CW94], darin inbes.: [FW94], [KW94], [Wie94], [WC94], [WFN94]. Vgl. zur allgemeinen Problematik diskursiver Technikgestaltungsprozesse auch die Arbeiten von Renn et al., z. B. [R+85], [RW92], [Ren92], [RW93], [Ren93] und [Ren94].

ten. Beispiele hierfür sind die in der jüngsten Zeit gemeinsam von der
GI und dem VDI durchgeführten Diskursprojekte zur *rechtlichen Beherrschbarkeit von Informationstechnik* [Wil93] und zur Frage nach
einer *Theorie der Informatik* [C⁺92]. Stärker handlungsorientierte
Ansätze zur dialogischen bzw. partizipativen Systementwicklung wie
z. B. [Pas94] und [Rei92] und der von Hammer, Pordesch und Roßnagel [HPR93] unter der Bezeichnung *KORA* vorgeschlagene Ansatz zur
rechtsverträglichen Technikgestaltung schließlich thematisieren nicht
unmittelbar die diskurs*ethische* Seite. Im einzelnen ist das vorliegende
Kapitel folgendermaßen aufgebaut:

In Abschnitt 6.1 erläutere ich konzeptionelle Vorüberlegungen für
meinen Methoden*rahmen*. Außerdem formuliere ich aus spezifisch diskursethischer Sicht wichtige Anforderungen an den Methodenrahmen.

In Abschnitt 6.2 behandle ich die generelle Zielsetzung des Methodenrahmens bei Systementwicklungen und ordne ihn in den insgesamt komplementären Gesamtzusammenhang von diskursiven und
praktischen Anteilen bei Systementwicklungen in der Informatik ein.

In Abschnitt 6.3 führe ich in die Grundelemente meines Methodenrahmens ein (vgl. auch Abbildung 6.1).[2] Zunächst stelle ich das
Situationsprofil und die *diskursive Öffnung* als indirekt diskursive
Vorgehensweisen vor, die sich aus dem im vorigen Kapitel beschriebenen *legitimen Selbstschutzauftrag* meines diskursethischen Bezugsrahmens ergeben. Danach diskutiere ich ausführlich die *diskursive
Anforderungsanalyse* (im engeren Sinne), die sich in analoger Weise
aus dem im vorigen Kapitel beschriebenen *kommunikationsethischen
Auftrag* ergibt. In ihrem Mittelpunkt steht die intersubjektive begriffliche Verständigung und gemeinsame Begriffsrekonstruktion.

Ergänzend zu diesem Kapitel stelle ich in Anhang A wichtige mathematische Grundlagen der von mir zur begrifflichen Verständigung

---

[2]Aufgrund der einer solchen Arbeit immanenten Begrenzungen mußte ich in
dieser ersten Stufe jedoch manche in anderen Diskurskontexten bewährtes Grundelement, wie z. B. die Rolle eines *Mediators*, aus meinen Betrachtungen aus-
klammern, obwohl ich nicht ausschließe, daß gerade der Rolle des Mediators eine entscheidende Funktion für eine diskursethisch erfolgreiche Vermittlung zwischen individueller und kollektiver Verantwortung zufallen könnte. Eine eingehen-
de Beschäftigung damit muß jedoch weiteren, empirisch gestützten Untersuchungen vorbehalten bleiben.

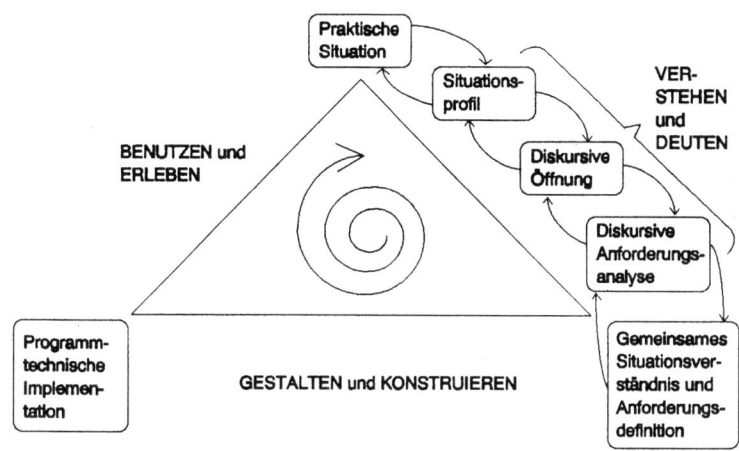

Abbildung 6.1: Grundelemente des Methodenrahmens zur diskursiven Anforderungsanalyse

eingesetzten (semi-formalen) Methode der Formalen Begriffsanalyse vor. Anhang B enthält weiterführende Hilfestellungen zum praktischen Einsatz der einzelnen Grundelemente des Methodenrahmens.

6.1 Konzeptionelle Vorüberlegungen

6.1.1 Methodenrahmen - Landkarte oder mehr?

Der Methodenrahmen zur diskursiven Anforderungsanalyse umfaßt im Sinne von Reisin „einen theoretischen Bezugsrahmen sowie aufeinander abgestimmte Methoden. ... Die Methoden sind nur hinsichtlich der invarianten Bestimmungsmomente der Theorie festgelegt und darüber hinaus modifikabel. Sie können erweitert, eingeschränkt oder durch alternative Methoden, die mit dem theoretischen Bezugsrahmen verträglich sind, äquivalent ersetzt werden." [Rei92, S. 63] Die Funktion meines Methoden*rahmens* ist demnach, durch die angebotene diskurstheoretische Orientierung und die exemplarische Benennung hierfür angepaßter methodischer Elemente die praktische

Entwicklung eigener situationsangepaßter Vorgehensweisen zu unterstützen, solange sie mit dem diskursethischen Bezugsrahmen kompatibel sind.

Mit der Bezeichnung Methoden*rahmen* möchte ich also ausdrücklich betonen, daß ich *keine* situationsinvariant einsetzbare Vorgehensweise im Sinne instrumenteller Vernunft bzw. im Sinne der in Kapitel 4 ausführlich und kritisch diskutierten vorherrschenden Methodenorientierung im Software-Engineering vorschlage.[3] Vielmehr folge ich mit meiner Entscheidung für einen Methoden*rahmen* entsprechenden Hinweisen z. B. von Naur, wonach für pragmatisch erfolgreiche Systementwicklungen die konkret einzusetzenden Methoden nicht situationsinvariant vorgegeben werden können: „The notion of methods as systems of rules that in an arbitrary context and mechanically will lead to good solutions is an illusion. ... This must remain entirely a matter ... to decide, taking into account the actual problem to be solved." [Nau85, p. 260]

Metaphorisch kann der Methodenrahmen deshalb auch mit einer Landkarte verglichen werden, die die Aufgabe hat, Orientierungspunkte anzubieten, die jedoch im Einzelfall jeweils ausdrücklich gegenüber den Besonderheiten der konkreten Landschaft *zurückzutreten* haben und schon gar nicht die Fülle des jeweiligen Landschaftserlebnisses angemessen wiedergeben können. Im Zweifel ist also eher der Landschaft als der Landkarte zu folgen.[4]

---

[3]Ein solches Mißverständnis diskursethischer Methoden wird von Wiedemann aufgrund eigener Erfahrungen in diskursiv angelegten Mediationsverfahren gar als *das k.o.-Kriterium* solcher Ansätze bezeichnet: „(Wer) das Verfahren als Verfahren begreift, dessen idealtypische Gestalt in Form von Merkmalen vorliegt und der nicht versteht, daß die Realität der Kommunikation ... immer etwas anderes ist, der scheitert. Denn er wird versuchen, die idealtypischen Merkmale des Verfahrens trotzdem 'durchzuziehen' und dabei in eine unhaltbare Position geraten." [Wie94, S. 190] Mit dem Methoden*rahmen* wird dagegen im Sinne der qualitativen Sozialforschung angestrebt, daß innerhalb der damit gegebenen Orientierungshilfe Raum bleibt für „die aus dem Gegenstand sich entwickelnde Methode." [Lam88, S. 12]

[4]Auf originelle Weise interpretiert Sauer diesen begrenzten Stellenwert von Methoden für pragmatisch erfolgreiche Programmentwicklungen in der Informatik unter der Bezeichnung *strategy of partial abandonment* [Sau93]. Darin wird postuliert, daß Projekte in der Regel (u. a. wegen des nicht in allen Einzelheiten vorhersehbaren Projektverlaufs) gerade dann besser durchgeführt werden können, wenn

Nur aufgrund der situationsbezogenen Flexibilität des Methodenrahmens erscheint weiterhin eine diskursethisch verantwortbare Bewältigung der pragmatischen Lücke bei Systementwicklungen in der Informatik konzeptionell erreichbar: „Es sind nicht die Verfahren 'an sich', kraft derer Konflikte bereinigt werden können, sondern es ist stets die kulturell eingebundene Praxis der Konfliktbewältigung, die verfahrensmäßige Züge aufweist, aber nicht aus dem sozio-kulturellen Zusammenhang gerissen werden darf." [WFN94, S. 217]

Für einen in diesem Sinne angemessenen Umgang mit dem Methodenrahmen können nun jedoch keine situationsinvarianten Entscheidungsalgorithmen angegebenen werden. Ich möchte das hierfür erforderliche *menschliche* Urteilsvermögen, in welcher Situation die Landkarte angemessene Hilfestellung leistet und wo dagegen besser der konkreten Landschaft zu folgen ist, deshalb im Sinne von Seel als *kommunikative Vernunft* bezeichnen, „die in den aus ihr möglichen und nötigen Begründungen zugleich zu beurteilen weiß, welche Form der Begründung zu welcher Zeit angebracht ist bzw. wann es geboten ist, eine bis dahin dominante Orientierungsweise in kritischer Distanzierung zu verlassen. .. (Sie kann) nicht selbst wieder als Form einer ausschreitenden Logik der Argumentation expliziert werden."[5] [See86, S. 66f.]

6.1.2 Der Methodenrahmen zwischen Theorie und Praxis

Habermas konzipierte die Theorie des kommunikativen Handelns aus der Tradition der *Kritischen Theorie* der Frankfurter Schule heraus. Eines der Hauptanliegen der Kritischen Theorie kann darin gesehen werden, im Sinne des sogenannten *emanzipatorischen Interes-*

---

methodische Vorgaben nach situativen Verhältnissen teilweise verworfen werden (dürfen). Ähnlich dazu das Plädoyer von Glass [Gla93] für den Vorrang der Situation vor der (instrumentell verstandenen) Methode.

[5]Ganz ähnlich aufgrund eigener praktischer Erfahrungen in Umweltmediationsverfahren z. B. auch Fietkau: „Die Frage, ob man sich (in einen Diskurs) begeben soll oder nicht und die Beurteilung, ob man in einem laufenden Verfahren gut aufgehoben ist ... bedarf sorgfältiger Überlegungen. Hier ist in erster Linie der 'gesunde Menschenverstand', der durch nichts zu ersetzen ist, gefragt." [Fie94, S. 43].

ses durch Selbstreflektion der jeweils gegebenen Situation zu einer Befreiung von „ideologisch festgefrorenen, im Prinzip aber veränderlichen Abhängigkeitsverhältnissen" zu kommen [Hab69, S. 159]. Im emanzipatorischen Interesse, wie es auch der Theorie des kommunikativen Handelns zugrundeliegt, wird also ein komplementäres bzw. dialektisches Verhältnis von Theorie und Praxis angenommen: „Die Einheit von Erkenntnis und Interesse bewährt sich in einer Dialektik, die aus den geschichtlichen Spuren des unterdrückten Dialogs das Unterdrückte rekonstruiert." [Hab69, S. 164]

Innerhalb dieses komplementären Gesamtzusammenhangs von Reflektion und Praxis konzentriere ich mich in meinem Methodenrahmen auf die diskursiv-reflektionsorientierten Anteile als *notwendige* Bedingung, um die pragmatische Lücke erfolgreich im Sinne kommunikativen Handelns bewältigen zu können: „Könnten wir nicht auf das Modell der Rede Bezug nehmen, wären wir nicht imstande, auch nur in einem ersten Schritt zu analysieren, was es heißt, daß sich zwei Subjekte miteinander verständigen." [Hab81, Band I, S. 387]

Damit die diskursive Verständigung jedoch nicht nur Selbstzweck im Sinne einer *kognitiven* Aufklärung bleibt, sondern auch *praktisch* zu einer stärkeren kommunikativen Selbstbestimmung der Menschen beiträgt, erfordert die Theorie des kommunikativen Handelns *auch* die Berücksichtigung des konkreten Praxis- bzw. Situationsbezuges und den praktischen Handlungsvollzug: „Konstitutiv für verständigungsorientiertes Handeln ist die Bedingung, daß die Beteiligten ihre Pläne in einer gemeinsam definierten Handlungssituation einvernehmlich *durchführen*." [Hab95a, S. 589]

Auch wenn ich mich in meinem Methodenrahmen also auf die *diskursiven* Elemente konzentriere, so ist ganz im Sinne der Theorie des kommunikativen Handelns immer die beschriebene Ergänzungsnotwendigkeit der diskursiven Elemente durch den konkreten Situationsbezug und durch handlungsbezogene Aspekte im weiteren Verlauf der Systementwicklung mitgedacht.[6] Allerdings muß eine detaillierte

---

[6]Vgl. hierzu mein bereits in Abbildung 1.1. in Kapitel 1 dargelegtes Grundverständnis von Systementwicklungen als zyklisch-iterativer Prozeß von Situationsdeutung und Handlungskoordination sowie anschließender informationstechnischer Gestaltung und praktischer Nutzung der Systementwicklung.

Ausarbeitung dieser zyklisch-iterativen Gesamtzusammenhänge von reflektorischen und handlungsorientierten Anteilen weiteren Arbeiten vorbehalten bleiben.

6.1.3 Anforderungen an den Methodenrahmen aus diskursethischer Sicht

Die Diskussion des idealtypischen Charakters vieler Postulate der *Theorie des kommunikativen Handelns* in Kapitel 5 hat verständlich gemacht, warum eine unkritische Verfolgung von Diskursideen im Sinne einer instrumentell-methodisch verstandenen Vorgehensweise einen so ambivalenten Eindruck hinterläßt. Der Diskursansatz ist gerade wegen der von allen Beteiligten geforderten Bereitschaft, ihre individuellen Geltungsansprüche an denjenigen der Anderen zu relativieren, eine durch situative Rahmenbedingungen besonders verletzliche Institution, weil sich im Diskurs „das einzelne Subjekt in ein immer dichteres und zugleich subtileres Netz reziproker Schutzlosigkeiten und exponierter Schutzbedürftigkeiten (verstrickt). ... Daraus erklärt sich eine gleichsam konstitutionelle Gefährdung und chronische Anfälligkeit der Identität, die der handgreiflichen Versehrbarkeit der Integrität von Leib und Leben noch vorausliegt." [Hab91c, S. 15]

Diskurse können also nur insoweit im Sinne kommunikativer Rationalität gelingen, soweit sie in der Lage sind, eine "verhaltenswirksame Garantie der gegenseitigen Schonung und Respekt" geben zu können [Hab91c, S. 15]. Ich bezeichne diese Bedingung für faktische Diskurse deshalb auch als *Apriori des Situationsbezugs*. Ohne die sorgfältige Beachtung des *Apriori des Situationsbezuges* innerhalb des Methodenrahmens droht also die mit der Diskursidee verbundene Intention des emanzipatorischen Interesses geradezu in ihr Gegenteil einer Verfestigung des status quo verkehrt zu werden, was letztendlich zu einem Scheitern unkritisch durchgeführter faktischer Diskurse im Sinne kommunikativer Rationalität führen *muß*. In meinem Methodenrahmen werde ich diese diskursethischen Einsichten u. a. in folgender Weise berücksichtigen:

Vor einer Durchführung faktischer Diskurse schlage ich *indirekt diskursive* Elemente vor, mit deren Hilfe die konkrete Situation hinsichtlich ihrer Verständigungsorientierung besser eingeschätzt werden kann. Nicht in jeder Situation wird selbstverständlich die Durchführung einer solchen vor-diskursiven Phase in der gleichen Ausführlichkeit erforderlich sein. Andererseits erscheint mir jedoch ein solches Instrument aus den in Kapitel 5 dargelegten diskurs-ethischen Überlegungen *grundsätzlich* unverzichtbar.[7]

Der Sinn dieser Situationsklärung ist, diskursethisch angemessen entscheiden zu können, in welchen Bereichen zunächst eher eine *diskursive Öffnung* zur Verbesserung der Verständigungsorientierung als Voraussetzung einer diskursiven Anforderungsanalyse versucht wird, in welchen Bereichen dieses vergeblich erscheint und in welchen Bereichen die reale Kommunikationssituation schon so weit an die idealen Voraussetzungen angenähert erscheint, daß ein unmittelbarer Diskurs ethisch verantwortbar und praktisch erfolgversprechend erscheint. Die konkrete Entscheidung, in welchem Umfang bzw. ob überhaupt in einer konkreten Situation davon Gebrauch zu machen ist, muß jedoch letzlich der fallbezogenen Entscheidung überlassen bleiben.

6.2 Zur Einordnung des Methodenrahmens bei Systementwicklungen

6.2.1 Gemeinsame Theoriebildung als Zielsetzung

Mit Systementwicklungen in der Informatik ist zwangsläufig die Entstehung und Bewältigung der pragmatischen Lücke verbunden. Eine zentrale Aufgabe des Methodenrahmens ist deshalb, eine nachvollziehbare Identifizierung, Systematisierung, Auswahl und Modellierung der *relevanten* Anforderungen zu unterstützen, um die notwendigerweise vorzunehmenden Reduktionen und Formalisierungen auf ihre Angemessenheit für die gegebene Situation intersubjektiv

---

[7]So auch Habermas selbst: Nur eine Vorgehensweise, die „im dialektischen Gang der Geschichte die Spuren der Gewalt (berücksichtigt), die den immer wieder angestrengten Dialog verzerrt, und aus den Bahnen zwangloser Kommunikation immer wieder herausgedrängt hat, treibt den Prozeß, dessen Stillegung (sie) sonst legitimiert, voran: den Fortgang der Menschengattung zur Mündigkeit." [Hab69, S. 164]

überprüfen zu können. Diese Aufgaben können jedoch durch formale Repräsentationsformalismen und algorithmische Vorgehensweisen alleine nicht angemessen gelöst werden.[8] Stattdessen wird zunehmend die Ansicht vertreten, daß in Anlehnung an den Naur'schen *Theory Building View* jeder in diesem Sinne validen Systementwicklung eine diese transzendierende *Theorie* zugrundeliegt und logisch vorausgeht:

Nach Naur [Nau85] muß jede Systementwicklung primär als eine Form von Theoriebildung über einen gegebenen Weltausschnitt angesehen werden, der zunächst von den Beteiligten inhaltlich verstanden sein muß, bevor eine programmiertechnische Modellierung und Realisierung dazu erfolgen kann. Erst auf der Grundlage einer solchen Theorie ist es nämlich möglich, eine valide Bestimmung der *relevanten* Anforderungen für die Systementwicklung zu erreichen, da erst in diesem Stadium *argumentativ begründbar* entschieden werden kann, in welcher Weise die konkrete Gestaltung der Systementwicklung erfolgen soll. Auch eine spätere praktisch erfolgreiche und verantwortungsvolle Nutzung einer Systementwicklung ist immer auf eine solche Theorie angewiesen. Sie kann deshalb zusammenfassend als ein die Systementwicklung als formales Produkt transzendierendes inhaltliches Verständnis angesehen werden, in welchen praktischen Situationen und für welche praktischen Aufgaben das Programm einsetzbar ist:

„Programming properly should be regarded as an activity by which the programmers form or achieve a certain kind of insight, a theory, of the matters at hand. ... On the Theory Building View of programming the theory built by the programmers has primacy over such other products as program texts. What has to be built by the programmer is a theory of how certain affairs of the world will be handled by, or supported by, a computer program." [Nau85, p. 255]

---

[8]Ähnlich dazu z. B. auch Zeigler, der diese Leistung als *art* of modelling charakterisiert und jeden darüber hinausgehenden formalistischen bzw. instrumentell-methodischen Ansatz als zu eng und erkenntnistheoretisch problematisch zurückweist: „We must assert at the outset that no a priori rules can be given for the choice of components, descriptive variables, or component interactions - their selection is part of the art of modelling. ... If we provided rules for the selection of the model elements, we would be setting forth a theory of reality, which is a vastly more ambitious project than is even a theory of modelling." [Zei84, p. 10].

Die Theorie einer Systementwicklung, das heißt u. a. die damit
verbundenen Intentionen, Rechtfertigungen für gewisse Design-Entscheidungen usw., kann nach Naurs Theory-Building-View weiterhin
nur bedingt alleine aus Dokumentationen erschlossen werden und ist
letztlich konstitutiv an die am Entwicklungsprozeß aktiv Beteiligten
gebunden: „A main claim of the Theory Building View of programming is that an essential part of any program, the theory of it, is
something that could not conceivably be expressed, but is inextrica-
bly bound to human beings." [Nau85, p. 258]

In Erweiterung der Naurschen Vorstellung, der die Theoriebildung
als *individuelle* Konstrukte jedes *einzelnen* Programmierers versteht,
geht es bei meinem Methodenrahmen jedoch um eine *gemeinsame*
Theorie, über deren praktische Erarbeitung Naur selbst nichts aussagt, wie Reisin zu Recht kritisch bemerkt: „Die Notwendigkeit der
(gemeinsamen) Theoriebildung erwächst in Softwareprojekten nicht
zuletzt aus der erforderlichen diskursiven Verständigung über unterschiedliche Anforderungen und Perspektiven der Beteiligten. Die hiermit verbundenen Implikationen für den Prozeß der (gemeinsamen)
Theoriebildung selbst thematisiert Naur nicht." [Rei92, S. 87]

Diskursive Anforderungsanalyse kann also als ein Ansatz zu einer *gemeinsamen Theoriebildung* im erweiterten Naur'schen Sinne
verstanden werden. Dabei steht vor jeder programmiersprachlichen
Formalisierung zunächst im Vordergrund, ein möglichst weitgehendes gegenseitiges Einverständnis über die *Reduktionstransparenz* und
die *Modellierungstransparenz* zu erreichen:[9]

- *Reduktionstransparenz* bezeichnet die Frage, *was*, d. h. welche
  Aspekte bei der Modellierung berücksichtigt werden (sollen)
  und welche nicht, einschließlich ihrer jeweiligen Begründung.
  Auch eine weitere Differenzierung der Unterscheidung ist
  möglich. So kann z. B. innerhalb der nicht berücksichtigten
  Aspekte unterschieden werden in solche, die bezüglich der Mo-
  dellierungszwecke nach Ansicht der Beteiligten auch tatsächlich vernachlässigbar sind und in solche, welche in einer neuen Modellierung noch ergänzend hinzukommen sollen.

---

[9]Die Unterscheidung ist nicht absolut, sondern heuristisch bzw. analytisch zu
verstehen, da beide Aspekte häufig eng miteinander zusammenhängen.

• *Modellierungstransparenz* bezeichnet die Frage, *wie*, d. h. auf welche Weise die im Modell berücksichtigten Aspekte modelliert wurden und warum. Bei Variablen betrifft dies z. B. den vorgesehenen bzw. zulässigen Wertebereich und das Verhalten des Systemmodells bei Abweichungen vom Normalbereich.

6.2.2 Der Methodenrahmen im Gesamtzusammenhang von Systementwicklungen

In diesem Abschnitt möchte ich den Ort und den Stellenwert meines Methodenrahmens innerhalb des Gesamtzusammenhangs von Systementwicklungen in der Informatik genauer beschreiben. Ausgangspunkt meiner Darstellung ist die Beobachtung, daß das Anliegen pragmatisch valider Systementwicklung in der Informatik zumindest in programmatisch-konzeptioneller Hinsicht zunehmend mit der Theorie des kommunikativen Handelns in Verbindung gebracht wird (so z. B. [LK85], [LH88], [Ngw91], [Rei92], [KA93], [KH93], [Pas94]).[10]

Allerdings beschränkt sich der Bezug auf Habermas in den meisten mir bekannten Beiträgen primär auf die theoretische Ebene, was Klein et al. vor allem mit der für gegenüber der Kritischen Theorie Außenstehenden nur schwer verständlichen Sprache[11] und mit den vergleichsweise schwach ausgeprägten Vorstellungen auch von Habermas selbst zu Fragen der ganz konkreten Anwendung seiner Theorie begründen: „Although there are a number of books on Critical Social Theory written by Jürgen Habermas and his colleagues, the language is fairly obscure and difficult to understand ... There is virtually a total lack of illustrative cases and procedural guidelines for practical applications of (Critical Social Theory). Habermas himself has unfortunately not addressed this issue satisfactorily." [KH93, p. 263]

---

[10] Nach Ngwenyama hat Mingers 1981 im Rahmen der Arbeiten am *Soft Systems Approach* erstmals auf solche Verbindungslinien zwischen der Kritischen Theorie, d. h. insbesondere Habermas' Theorie des kommunikativen Handelns und einer emanzipatorisch orientierten Systementwicklung aufmerksam gemacht [Ngw91, p. 267].

[11] Dieser Einwand war bei der Erarbeitung der vorliegenden Arbeit auch ein zentraler Diskussionspunkt insbesondere mit meinen Gesprächspartnern in der Informatik.

Genau an diesem Umsetzungsdefizit setzt der in dieser Arbeit zu entwickelnde Methodenrahmen an. Konzeptionell gehe ich dabei im Sinne der Theorie des kommunikativen Handelns von einem dialektischen Verhältnis von theoretischen und praktischen Anteilen bei Systementwicklungen aus. In der konkreten Umsetzung bei Systementwicklungen führt diese Sichtweise zu einer zyklisch-iterativen Abfolge von reflektionsbezogenen und umsetzungsbezogenen Phasen, wie sie bereits in Abbildung 1.1. in Kapitel 1 veranschaulicht wurde.

Innerhalb dieses Gesamtzusammenhangs konzentriere ich mich in meinem Methodenrahmen dabei auf das Verstehen und Deuten der Situation und auf die sich anschließende gemeinsame Handlungs- bzw. Anforderungsdefinition. Eine Hauptaufgabe in diesen Schritten ist die Bewältigung der pragmatischen Lücke im Sinne kommunikativer Rationalität. Hilfreich erscheint mir zu diesem Zweck, zwischen den in der nachfolgenden Abbildung 6.2 (Quelle: [VSK92, S. 71]) benannten unterschiedlichen Handlungsorientierungen und Rationalitätsschwerpunkten zu unterscheiden. Das aus der Gegenüberstellung von *lebensweltlich- hermeneutischem* und *technisch-naturwissenschaftlichem* Paradigma resultierende Spannungsfeld ist meines Erachtens nämlich eine treffende Charakterisierung genau der Vermittlungsleistung, die eine diskursive Anforderungsanalyse im Sinne kommunikativer Rationalität zu leisten hat. Dabei ist jedoch grundsätzlich davon auszugehen, daß die unterschiedlichen Rationalitäten und Handlungsorientierungen zwar im Diskurs auf geeignete Weise gegenseitig aufeinander zu beziehen und zu überbrücken sind, daß jedoch zugleich immer ein gewisses Spannungsverhältnis zwischen ihnen bestehen bleiben wird.

Aufgrund der in Kapitel 5 dargestellten *kommunikationstheoretischen* Überlegungen erscheint es mir außerdem notwendig, bereits in der Konzeption meines Methodenrahmens zu berücksichtigen, daß faktische Diskurse stets als Sach- *und* Beziehungsprozeß, sowie stets als Sach- *und* Machtprozeß verstanden werden müssen. Insbesondere erscheint es mir sinnvoll, in Erweiterung des bereits dargestellten zyklisch-iterativen Grundverständnisses von Systementwicklungen in *analytischer* Absicht auch zu unterscheiden zwischen einem *Vordergrund* und einem *Hintergrund* von Systementwicklungen:

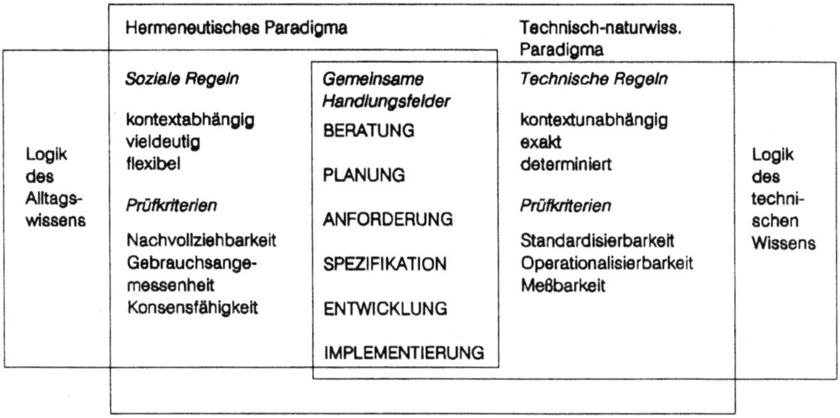

	Hermeneutisches Paradigma		Technisch-naturwiss. Paradigma	
	Soziale Regeln	*Gemeinsame Handlungsfelder*	*Technische Regeln*	
Logik des Alltags- wissens	kontextabhängig vieldeutig flexibel	BERATUNG PLANUNG	kontextunabhängig exakt determiniert	Logik des techni- schen Wissens
	Prüfkriterien	ANFORDERUNG	*Prüfkriterien*	
	Nachvollziehbarkeit Gebrauchsange- messenheit Konsensfähigkeit	SPEZIFIKATION ENTWICKLUNG	Standardisierbarkeit Operationalisierbarkeit Meßbarkeit	
		IMPLEMENTIERUNG		

Abbildung 6.2: Im Diskurs zu vermittelnde Rationalitäten

Mit *Vordergrund* einer Systementwicklung bezeichne ich die äußerlich bleibende (Beobachter-)Perspektive auf den zyklischen Gesamtzusammenhang eines solchen Prozesses, in dem sich die hauptsächlichen Phasen

- des praktischen Handelns in Situationen, die zunehmend als problematisch empfunden werden

- der reflektierenden Situationsdeutung und Handlungskoordination

- der technisch-instrumentellen Programmimplementation als Umsetzung der Handlungskoordination

- des Einbringens der Programmimplementation in die zugrundeliegende Situation

- der praktischen Programmnutzung in der nun gegenüber dem Anfang veränderten Situation

abwechseln und gegenseitig bedingen.

Mit *Hintergrund* einer Systementwicklung bezeichne ich dagegen diejenigen Bereiche von Systementwicklungen, die sich erst einer

Innen- oder Betroffenenperspektive voll erschließen und die den Systementwicklungs*prozeß* erst im eigentlichen Sinne zu einem *sozialen* Interaktionsprozeß machen. Der Hintergrund von Systementwicklungen zeichnet sich insbesondere durch folgende Charakteristika aus:

- Als Träger von Systementwicklungen sind immer *Akteure und Rollen* beteiligt.

- Mit Systementwicklungen werden immer konkrete *Interessen, Motive und Erfolgskriterien* verfolgt.

- Für Systementwicklungen stehen jeweils ganz bestimmte *Ressourcen* sowohl im ideellen Bereich (Methoden, Repräsentationsformalismen usw.) wie im materiellen Bereich zur Verfügung.

Die Vermittlung zwischen dem *Vorder-* und dem *Hinter*grund von Systementwicklungen erfolgt schließlich im konkreten Entwicklungs*prozeß* durch die dabei stattfindenden sozialen Interaktionen.[12] Gemäß den in Kapitel 5 diskutierten kommunikationstheoretischen Überlegungen kommt dabei der jeweiligen *Interaktionskultur* eine Schlüsselrolle bei der Bewältigung der pragmatischen Lücke im Sinne kommunikativer Rationalität zu. Die Interaktionskultur beeinflußt nämlich wesentlich, in welcher Gewichtung der Systementwicklungsprozeß als Sach- bzw. als Beziehungsprozeß verstanden wird. Insofern entscheidet die Interaktionskultur letztlich sogar wesentlich darüber, inwieweit die diskursive Bewältigung der pragmatischen Lücke im Sinne kommunikativer Rationalität gelingen kann oder ob eher an eine Bewältigung im Sinne instrumenteller Rationalität gedacht ist.

Für eine im Sinne kommunikativer Rationalität verantwortbare Durchführung diskursiver Anforderungsanalyse ist es also wesentlich, die dargelegte *Mehr*schichtigkeit von Systementwicklungsprozessen im Sinne eines Vorder- und eines Hintergrunds zu berücksichtigen.

---

[12] Dabei bestehen selbstverständlich zwischen den einzelnen Aspekten des Hintergrunds einer Systementwicklung untereinander und zu den Aspekten des jeweiligen Vordergrunds in jeder konkreten Systementwicklung vielfältige und stets nur teilweise explizierbare Wechselwirkungen bzw. gegenseitige Abhängigkeiten.

Eine bloß auf den Vordergrund fixierte Betrachtungsweise und eine allein darauf basierende diskursive Anforderungsanalyse würde nämlich insbesondere die in Abschnitt 5.3. ausgearbeitete Pointe der *kritischen Verantwortungsethik* verfehlen, wonach es neben dem *kommunikationsethischen* Auftrag auch einen *legitimen Selbstschutz*auftrag gibt. Letzterer kann nur dann diskursethisch verantwortbar wahrgenommen werden, wenn Systementwicklungen in ihrer Gesamtheit von Vordergrund, Hintergrund und den vermittelnden sozialen Interaktionsprozessen verstanden werden. Ein zentraler Indikator hierfür dürfte sein, inwieweit die Interaktionskultur erlaubt, die inhärent mit Systementwicklungsprozessen verbundenen Interessen, Macht- und Politikaspekte explizit zu thematisieren.

In Abbildung 6.3 veranschauliche ich nochmals zusammenfassend das beschriebene Gesamtverständnis von Systementwicklungen in der Informatik. Daran wird insbesondere ersichtlich, daß sich mein Methodenrahmen zwar auf die Bewältigung der pragmatischen Lücke konzentriert, sich jedoch zugleich konzeptionell problemlos in das umfassendere Gesamtverständnis von Systementwicklungen als eines mehrschichtigen und komplementären Zusammenhangs von diskursiven und praktischen Elementen integrieren läßt.

6.3   Grundelemente des Methodenrahmens

In diesem Abschnitt stelle ich die wesentlichen *Grundelemente* meines Methodenrahmens vor, wie sie sich aus dem in Kapitel 5 beschriebenen zweistufigen diskursethischen Bezugsrahmen ergeben (vgl. auch Abbildung 6.1). Das *Situationsprofil* (Abschnitt 6.3.1) und die *diskursive Öffnung* (Abschnitt 6.3.2) können dabei als Konkretisierungen des zuvor entwickelten *legitimen Selbstschutzauftrages* angesehen werden. Die *diskursive Anforderungsanalyse* (im engeren Sinne) (Abschnitt 6.3.3) kann analog dazu als Konkretisierung des *kommunikationsethischen Auftrages* angesehen werden.[13]

---

[13]Bei der Darstellung in diesem Abschnitt konzentriere ich mich auf die Diskussion der erkenntnistheoretischen Begründung und der *konzeptionellen Struktur* der einzelnen Grundelemente. Zur konkreten inhaltlichen Ausgestaltung und Umsetzung dienen die in Anhang B vorgestellten praktischen Hilfestellungen. Außerdem

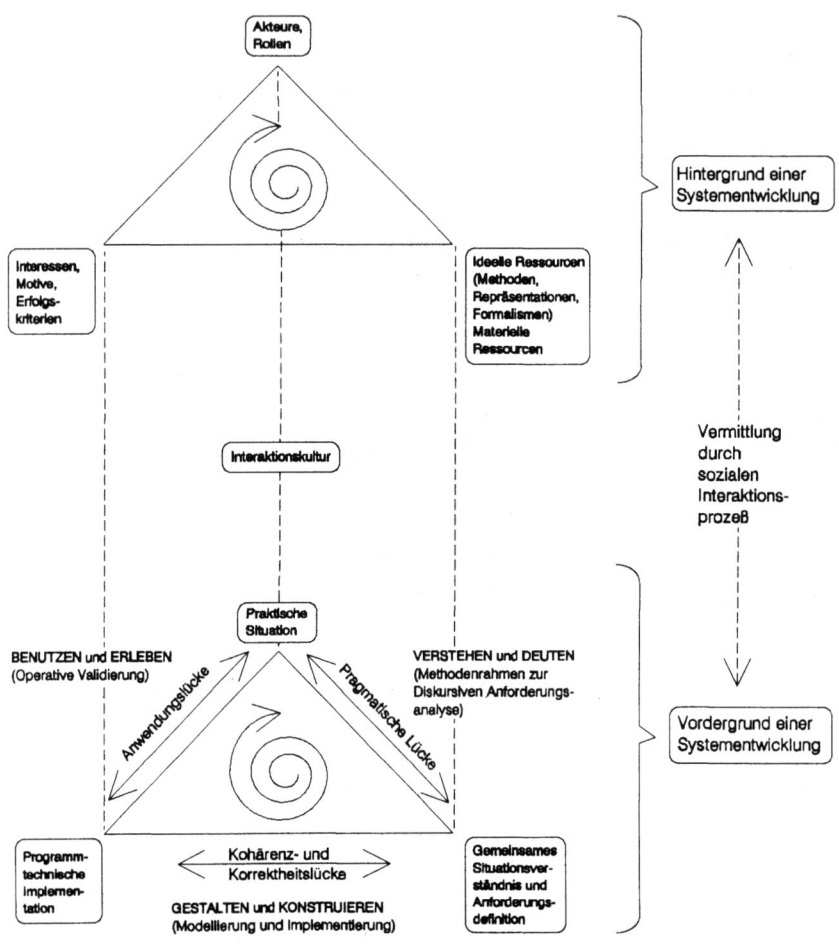

Abbildung 6.3: Das Gesamtverständnis von Systementwicklungen in der Informatik

Die zur Beschreibung des Methodenrahmens gewählte *lineari-sierte* Darstellungsform entspringt alleine Überlegungen zur besseren Verständlichkeit der einzelnen Grundelemente. Die Darstellungs*form* darf keinesfalls in der Weise *mißverstanden* werden, daß der Methodenrahmen in konkreten Projekten situationsinvariant im Sinne des klassischen Wasserfallmodells 'abgearbeitet' werden könnte, indem z. B. zu einem festen Zeitpunkt ein für die ganze restliche Projektdauer gültiges *Situationsprofil* erstellt werden könnte. Die Grundelemente des Methodenrahmens sind deshalb auch *nicht als Phasen* in einem feststehenden Vorgehensmodell zu verstehen, sondern als flexible Interventionsinstrumente, deren wiederholter und situationsangepaßter Einsatz sich im praktischen Vollzug von Systementwicklungsprozessen als sinnvoll erweisen kann a.) für eine iterative Annäherung an Bedingungen einer idealen Sprechsituation und b.) für eine gemeinsame diskursive Anforderungsanalyse bei der beabsichtigten Systementwicklung im Sinne kommunikativer Rationalität.

6.3.1 Das Situationsprofil als heuristische Antwort auf das Apriori des Situationsbezugs

Faktische Diskurse stehen nach Apel [Ape90b, S. 141] unter den drei konstitutiven Bedingungen, daß sie

- die ideale Kommunikationsgemeinschaft als Bedingung der Möglichkeit diskursiver Verständigung *voraussetzen,*

- diese Bedingungen in der realen Kommunikationsgemeinschaft *nur teilweise erfüllen,*

- im Diskurs selbst eine *Verringerung dieser Differenz* versuchen.

Um im Diskurs insbesondere dem letzten Postulat gerecht werden zu können, muß diese *Differenz* jedoch vorab in geeigneter Weise bewußt gemacht und beschrieben werden. Eine solche heuristische Beschreibung nenne ich *Situationsprofil.* Es hat die *diskursethische Aufgabe*, die nie vollständig aufhebbare Differenz zwischen *realer* und

---

können die in den Fallstudien (Kapitel 7) exemplarisch dargestellten Anwendungssituationen als heuristische Umsetzungshinweise verstanden werden.

idealer Kommunikationsgemeinschaft überhaupt erst in den Bereich
des Bewußtseins der Diskursteilnehmer zu bringen und Hinweise zu
geben, in welchen Bereichen oder zu welchen Problemstellungen dennoch nach Möglichkeit ein ethisch verantwortbarer Diskurs geführt
werden kann.

Als erste Leitfragen zur Bestimmung eines solchen Situationsprofils können sicherlich die von Habermas benannten 'Regeln' für ideale
Sprechsituationen herangezogen werden. Darin formuliert Habermas
für die drei analytisch von ihm unterschiedenen Argumentationsberei-
che *Prozeß, Prozedur* und *Produkt* jeweils *ideale* Bedingungen, so z. B.
„Jeder darf jede Behauptung problematisieren." [Hab83c, S. 96ff.]

Allerdings geben die von Habermas selbst benannten Regeln meiner Ansicht nach nur allgemeine Hinweise auf die sehr wahrscheinlich
in konkreten Fällen ohnehin verletzten Vorbedingungen einer *idealen*
Sprechsituation. Ich möchte das Situationsprofil deshalb stärker als
ein *strategisches* Instrument im Sinne des legitimen Selbstschutzauftrages der in Kapitel 5 entwickelten kritischen Verantwortungsethik
konzipieren. Dazu muß das Situationsprofil jedoch meiner Ansicht
nach über die von Habermas angegebenen formalpragmatischen Regeln hinausgehen. Hilfreich erscheint mir hierfür z. B. der Vorschlag
von Karger und Wiedemann ([KW94, S. 195], ähnlich z. B. [Ren91],
[Ren94]), daß faktische Diskurse stets folgenden *qualitativen* Anforderungen genügen müssen, um als verständigungsorientierter Verhand-
lungsprozeß gelten zu können:

- Den Verhandlungspartnern ist bewußt, daß sie strittige Interessen haben.

- Es ist prinzipiell möglich, zu kommunizieren.

- Vermittelnde Lösungen oder Kompromisse sind denkbar.

- Die Verhandlungspartner können sich gegenseitig vorläufige Angebote machen.

- Angebote oder Vorschläge bilden das Verhandlungsergebnis erst
  dann, wenn sie von den Beteiligten akzeptiert werden.

Vor der Durchführung faktischer Diskurse muß weiterhin die bereits in Kapitel 5 diskutierte kommunikationstheoretische Einsicht berücksichtigt werden, daß der Einigungsprozeß in Diskursen auch von den vorangegangenen individuellen Erfahrungen, der Vorgeschichte des Konfliktes und von der Art des gewählten Verhandlungsprozesses abhängt: „Vorhergehende Auseinandersetzungen, Konflikte und Empfindlichkeiten der Parteien fließen in den Aushandlungsprozeß ein." [KW94, S. 196] Schließlich weisen z. B. Wiedemann et al. darauf hin, daß die Erfolgschancen diskursiver Verständigung „weniger von der Problemebene oder dem Problemtyp bedingt (sind). ... Nach unserer Erfahrung ist der Wille zu einem verständigungsorientierten Vorgehen bei einem entsprechend einflußreichen Verfahrensbeteiligten die wesentliche Grundlage." [WC94, S. 230f.]

Mit meinem Ansatz zur heuristischen Analyse der Verständigungsorientierung der konkreten Situation mithilfe eines *Situationsprofils* betrete ich indes allerdings weitgehend Neuland für den Bereich der Anforderungsanalyse:

Eine der wenigen mir bekannten Vorgehensweisen, die im Sinne meiner Grundidee des *Situationsprofils* explizit die Reflektion der situativen Rahmenbedingungen bei der Anforderungsanalyse vorsieht, stellt der Ansatz der *Soft Systems Methodology* von Checkland et al. dar [CS90]. Die Autoren schlagen darin ausdrücklich vor, bei der Systemanalyse sowohl eine *sachbezogene* Analyse wie eine *kulturelle* Analyse zu machen und aufeinander zu beziehen. Die kulturelle Analyse differenzieren sie nochmals in einen *sozialen* und in einen *politischen* Teil [CS90, pp. 44-52]. Dabei darf jedoch gerade die politische Analyse nicht zu weit gehen und unterliegt einem besonderen Diskretionsbedürfnis: „The sensitivity stems from the fact that politics is ultimately concerned with power and its disposition, issues not usually faced overtly in human dialogue ... and there is a sense in which the real politics of a situation, not publicly acknowledged, will always retreat to a tacit level beyond whatever is the explicit level of analysis. ... So it behoves users of (Soft Systems Methodology) to be circumspect about the use of the cultural enquiry, and especially the 'Political System' Analysis." [CS90, p. 51]

Der von Checkland et al. vorgestellte Ansatz stellt aber eher die Ausnahme denn die Regel dar. Ein wesentlicher Grund hierfür dürfte darin liegen, daß es in Organisationen eher unüblich ist, auf die hinter den faktischen Verhaltensweisen stehenden Handlungs*orientierungen* zu sprechen zu kommen, wie es sinngemäß mit meinem Situationsprofil versucht wird.[14] Und Wiedemann et al. weisen darauf hin, daß sogar in den Kommunikationswissenschaften selbst (trotz einschlägiger Vorarbeiten z. B. im Sinne der humanistischen Psychologie von Rogers) ein weitgehend instrumentelles Verständnis zur Durchführung von Verständigungsprozessen vorherrscht: „In den letzten Jahren sind vor allem in den USA Konzepte zur Verbesserung der Kommunikation und zur Konfliktbewältigung in umweltpolitischen Auseinandersetzungen entwickelt worden. ... Aus kommunikationswissenschaftlicher Perspektive ist vor allem das Ignorieren der tatsächlichen Kommunikationsbedingungen und -probleme in Konflikt-Konstellationen bemerkenswert. ... (Empirische) Untersuchungen ... zeigen, daß die kommunikative Wirklichkeit solcher Konflikt-Gespräche vielfältiger und differenzierter ist, als es sich die Autoren von Handreichungen und Empfehlungen offenbar träumen lassen.“[15] [WFN94, S. 216f.]

---

[14] Aus organisationswissenschaftlicher Perspektive bezeichnet Argyris deshalb die normalerweise anzutreffende Tabuisierung der grundsätzlichen Handlungsorientierungen auch als *defensives Denken*. Die von ihm zur Überwindung solcher Haltungen vorgeschlagenen organisationswissenschaftlichen Konzepte, die sinngemäß meinem *Situationsprofil* entsprechen, beschreibt er dagegen hinsichtlich ihrer Neuartigkeit folgendermaßen: „It is about making the undiscussable discussable, about not taking for granted what is taken for granted, about getting the underground above ground so that the unmanageable can become manageable.“ [Arg90, p. 6]

[15] Als konzeptionelle Folgerung aus diesen Einsichten schlagen Wiedemann et al. vor, *kommunikatives Konfliktmanagement* an einem „interaktionstheoretischen Konzept von Kommunikation (zu orientieren), das darauf abzielt, die Natur kommunikativer Prozesse zu erfassen.“ [WFN94, S. 217] Sie verfolgen dabei einen meinem Methoden*rahmen* sehr ähnlichen Weg, in dem Sprache ebenfalls einen zentralen Stellenwert einnimmt: „Gestalt und Ordnung von Kommunikation entwickelt sich in der Situation durch die aufeinander bezogenen Aktivitäten der beteiligten Sprecher, die in ihrer Gesamtheit die Bedingungen für die nächstfolgenden Redebeiträge vorgeben. Kommunikation ist prinzipiell offen, situationsabhängig und eben nicht regelbestimmt. Dieser Punkt ist nicht trivial, gerade der Blick auf Konfliktmittlungsliteratur demonstriert dies deutlich. Dort erscheinen

Das Situationsprofil kann also zusammenfassend als ein *diskurs-ethisch notwendiges* Instrument angesehen werden, um zu verhindern, daß durch eine allzu naive Unterstellung verständigungsorientierter Rahmenbedingungen die *diskursethisch geforderte* verantwortliche Wahrnehmung „einer situationsangemessenen Vermittlung zwischen strategisch vorbehaltloser ... Verständigung ... und ... strategischen Praktiken" [Ape90a, S. 141] verfehlt wird. Zugleich ist das Situationsprofil jedoch nicht Selbstzweck, sondern sollte im weiteren Verlauf der Systementwicklung selbst, soweit es die situativen Rahmenbedingungen zulassen, zum Gegenstand eines diskursähnlichen Verständigungsprozesses gemacht werden. Dies bezeichne ich als *diskursive Öffnung*. Hierauf gehe ich im nächsten Abschnitt ein.

6.3.2 Diskursive Öffnung als Strategie-Konter-Strategie

In der Praxis muß bei diskursiven Verständigungsprozessen mit Rahmenbedingungen gerechnet werden, die eine unmittelbare Diskursdurchführung aus diskursethischer Sicht nicht erlauben. Um diese Rahmenbedingungen überhaupt erkennen zu können, habe ich oben zunächst das Instrument des *Situationsprofils* vorgeschlagen. Auf der Grundlage des Situationsprofils sollte sich dann in der Regel, d. h. soweit es die situativen Rahmenbedingungen zulassen, eine *diskursive Öffnung* anschließen. Zielsetzung der diskursiven Öffnung ist, im Sinne einer diskursethischen *Strategie-Konter-Strategie* [Ket92, S. 346ff.] die Möglichkeiten bzw. derzeitigen Begrenzungen für einen verständigungsorientierten Diskurs erkennen und beurteilen zu können und durch die offene Thematisierung der derzeitigen Diskurs-Begrenzungen gegebenenfalls einen entsprechenden *diskursiven Druck* aufzubauen, um die Verständigungsorientierung günstig zu beeinflussen.[16]

---

die Kommunikationsverfahren selbst als Herr der Kommunikation: gleich Automaten laufen sie gemäß inhärenten Regeln ab. ... Dies ist ganz offenbar unsinnig: denn, was in der einen Situation gut oder günstig ist, mag gerade in einer anderen kontraproduktiv sein." [WFN94, S. 217]

[16]So halten z. B. auch Wiedemann et al. ganz in meinem Sinne in Situationen, wo unterschiedliche Interessenlagen *latent* existieren, eine vor-diskursive Phase analog der *diskursiven Öffnung* für „besonders sinnvoll, in der die Interessen ausgelotet

Im Kern besteht die diskursive Öffnung also darin, die mithilfe
des Situationsprofils gewonnenen Daten über die situativen Rahmenbedingungen auszuwerten, zu vernetzen und in einem Kommunikationsprozeß zusammen mit den relevanten Akteuren zu validieren. Die
aktive Validierung des Situationsprofils durch alle beteiligten Akteure
sollte, soweit es die situativen Rahmenbedingungen erlauben, schon
alleine deshalb vorgenommen werden, um Fehldarstellungen, einseitige Sichtweisen u. ä. im Situationsprofil möglichst erkennen und be-
richtigen zu können.[17] Innerhalb der *diskursiven Öffnung* unterscheide ich folgende hauptsächliche Situationen:

- Lassen die Angaben im Situationsprofil Bereiche erkennen, in
  denen die Annäherung an Bedingungen einer idealen Sprechsituation ausreichend erscheint, können dort direkt Diskurspro-
  zesse zur Anforderungsanalyse initiiert werden. In diesen Situationen braucht das Situationsprofil auch nicht in allen Punkten
  erstellt und analysiert oder thematisiert zu werden.[18]

- Weisen die Angaben im Situationsprofil z. B. auf strategische Positionen, Interpretationsmonopole oder weitere diskursiv
  nicht direkt einlösbare Rahmenbedingungen hin, kann die *diskursive Öffnung* helfen, diese Diskurshemmnisse *argumentativ*
  thematisierbar zu machen und durch den dadurch entstehenden
  diskursiven Druck die situativen Rahmenbedingungen für eine
  stärkere Verständigungsorientierung zu öffnen.[19]

Selbstverständlich sind die Durchführbarkeit und der Erfolg
der diskursiven Öffnung ihrerseits wiederum abhängig von der
grundsätzlichen Verständigungsbereitschaft aller daran Beteiligten.
Dazu gehört u. a., daß sich die Beteiligten freiwillig auf ein solches
Verfahren einlassen und daß sie zu Kompromissen fähig bzw. willens

---

werden, wobei gleichzeitig für das Verfahren geworben wird." [WC94, S. 231]

[17] Dazu können ausreichende *informelle* Kommunikationsgelegenheiten sehr hilfreich sein.

[18] Ein solcher Fall ist in der Fallstudie Beta auszugsweise beschrieben.

[19] In der Beschreibung der Fallstudien Alpha und Gamma gehe ich auf diese
Form der diskursiven Öffnung ein und beschreibe dadurch angestoßene gemeinsame Lernprozesse.

sind. Außerdem gehört dazu die Haltung, daß durch den diskursiven Lernprozeß alle zu Gewinner werden können und nicht im Sinne eines Nullsummenspiels der Gewinn des Einen notwendig zu Lasten des Anderen gehen muß. Wenn diese situativen Rahmenbedingungen jedoch einigermaßen erfüllt sind, dann kann davon ausgegangen werden, daß die diskursive Öffnung tatsächlich zu einem gemeinsamen Lernprozeß führt, in dessen Verlauf die Situation in Richtung einer stärkeren Verständigungsorientierung 'geöffnet' werden kann und verständigungsbehindernde Rahmenbedingungen erkannt und abgebaut werden können.

Auch mit meinem Ansatz der diskursiven Öffnung betrete ich indes weitgehend Neuland für den Bereich der Anforderungsanalyse. Eine der wenigen mir bekannten vergleichbaren Vorgehensweisen haben beispielsweise Bratteteig et al. unter der Bezeichnung *Soft Dialectics* vorgeschlagen. Ihr Ansatz sieht gerade in der Anforderungsanalyse die methodische Thematisierung von Widersprüchen in der Sache und in den beteiligten Interessen vor ([BØ94]).[20] Aus dem Bereich der Sozialwissenschaften berichten Volmerg und Senghaas-Knobloch von der Fruchtbarkeit von Ansätzen im Sinne der diskursiven Öffnung, sich der normalerweise unproblematischen Alltagssituation manchmal in bewußt theoretisch-reflektierender Einstellung zu vergewissern: „Der Phänomenologe Edmund Husserl hat das eine *theoretische Umstellung* genannt, die die *natürliche Einstellung* ... ablöst. ... In den Sozialwissenschaften hat man die Fruchtbarkeit eines solchen Vorgehens, das im übrigen unbemerkt im Alltag ständig geschieht, erkannt

---

[20]Ihr Ansatz geht zurück auf entsprechende Vorarbeiten in den Organisationswissenschaften zu dialektischen Verfahren der Entscheidungsfindung (s. [Mas69], [ME79], [Ben83], [SSR86]). Dialektische Verfahren nehmen in ihrer Grundhaltung (anfängliche) Interessenkonflikte und unterschiedliche Sichtweisen nicht als Bedrohung wahr, sondern sehen sie zunächst als Bereicherung bzw. als anthropologische Grundbedingung. Gerade bei unklaren Problemlagen werden durch die *methodische Grundhaltung*, Widersprüche zu benennen und auszutragen bzw. auszuhalten, nicht vorschnell Entscheidungen getroffen, sondern zunächst eine intensive Situationsdefinition versucht: „Dialectical analysis permits the critique of existing organizational realities and the construction (both in thought and in action) of alternative futures." [Ben83, p. 346] Nach Schweiger et al. können dadurch gegenüber entscheidungs- oder konsensbetonten Vorgehensweisen häufig deutlich höhere Entscheidungsqualitäten erreicht werden [SSR86].

und den methodischen Einsatz von Routinestörungen in *Krisenexpe-
rimenten* erprobt." [VSK92, S. 87]

Obwohl also die diskursive Öffnung als *methodische* Störung der
gewohnten Routine erfolgversprechend sein *kann* im Sinne eines gemeinsamen Lernprozesses, warnen Volmerg und Senghaas-Knobloch
jedoch zugleich vor sozialpsychologischen Akzeptanzhürden: "Dieser
Entwicklungsweg wird von ... Experten ... zwar als erfolgreicher anerkannt, aber dennoch kaum gegangen. Er scheint zutiefst den am Funktionieren ausgerichteten technischen Entwicklungsprinzipien und den
Geboten der Kostenrationalität zu widersprechen."[21] [VSK92, S. 87]
Dieses Argument dürfte meines Erachtens einer der Hauptgründe
sein, weshalb bislang die meisten Methoden zur Systementwicklung
bzw. zur Anforderungsanalyse kein Element enthalten, das der diskursiven Öffnung vergleichbar wäre, obwohl ein solches Element für
die Bewältigung der pragmatischen Lücke im Sinne kommunikativer
Rationalität unverzichtbar erscheint.

6.3.3 Diskursive Anforderungsanalyse als gemeinsame Sprachrekonstruktion

Der Methodenrahmen zur diskursiven Anforderungsanalyse hat zum
Ziel, zur Bewältigung der pragmatischen Lücke bei Systementwicklungen im Sinne kommunikativer Rationalität beizutragen. Mit den
Instrumenten des *Situationsprofils* und der *diskursiven Öffnung* habe
ich bislang die *indirekt* diskursiven Elemente meines Methodenrahmens vorgestellt, wie sie sich aus dem *legitimen Selbstschutzauftrag*
meines diskursethischen Bezugsrahmens ergeben haben. Sie haben
innerhalb des Methodenrahmens vor allem die (subsidiäre) Aufgabe, die situativen Rahmenbedingungen für die vorgesehene diskursi-

---

[21] Im Hintergrund dieser 'Akzeptanzhürde' sehen Volmerg et al. dabei einen
Widerstreit der beiden folgenden Paradigmen, wie sie bereits in der Abbildung
6.2 veranschaulicht wurden: „*Fehlervermeidung* und *Fehlerfreundlichkeit* stehen
sich als Entwicklungsprinzipien im hermeneutischen und im technischen Paradigma gegenüber. Es wäre wünschenswert, wenn beide Prinzipien in der anwendungsbezogenen Software-Entwicklung in ein produktives Verhältnis gesetzt
würden."[VSK92, S. 87].

ve Anforderungsanalyse auf ihre Verständigungsorientierung hin zu prüfen bzw. diese zu verbessern.

Im Mittelpunkt dieses Abschnitts steht nun die Einführung in die Grundkonzeption des zentralen *diskursiven* Elements meines Methodenrahmens, nämlich die gemeinsame Sprach- und Begriffsrekonstruktion mit dem Ziel einer intersubjektiv gültigen Situationsdefinition und Handlungskoordination, wie es sich im Sinne des kommunikativen Handelns aus dem *kommunikationsethischen* Auftrag meines diskursethischen Bezugsrahmen ergibt. Zu diesem Zweck greife ich unter anderem zurück auf die von Wille u. a. entwickelte Formale Begriffsanalyse ([GW96]) und auf den im Sinne der konstruktiven Wissenschaftstheorie der Erlanger Schule von Luft und Kötter erarbeiteten sprachkritischen Ansatz zu einer Rekonstruktion der Informatik als Wissenstechnik ([Luf81], [Luf82], [Luf88] und [LK94]).[22] Ergänzende umsetzungsbezogene Durchführungshinweise zu der hier vorliegenden theoretisch-konzeptionellen Darstellung sind in Anhang A und B enthalten.

6.3.3.1 Zur Zielsetzung diskursiver Anforderungsanalyse

Grundlegende Zielsetzung der diskursiven Anforderungsanalyse ist die Erarbeitung eines von allen an einer Systementwicklung bzw. am geplanten Systemeinsatz Beteiligten *gemeinsam geteilten Verständnisses* über die für die Systementwicklung relevanten Aspek-

---

[22]Luft und Kötter betonten darin ausdrücklich den inneren Zusammenhang ihres Ansatzes zur diskurstheoretischen Position, wie ich sie in der vorliegenden Arbeit unter Bezug auf Habermas und Apel entwickle:„Die Ausarbeitung des theoretischen Hintergrunds der Argumentationsprozesse bei der Wissensbildung führte zu Argumentations- und Konsenstheorien des Wissens, die heute insbesondere von der Erlanger und Frankfurter Schule vertreten werden." [LK94, S. 23] Zum inneren Zusammenhang zwischen konstruktiver Wissenschaftstheorie und diskurstheoretischen Elementen vgl. ergänzend bei Luft auch [Luf88, S. 123-127] und bei Lorenzen [Lor87, S. 193 und S. 230]. Auch Wille weist auf diesen engen inneren Zusammenhang hin zwischen der Habermas-Apelschen *Diskursphilosophie*, der *Erlanger Schule* und der beiden gemeinsamen erkenntnistheoretischen Grundorientierung an der *pragmatischen Philosophie* im Sinne von Peirce. Seinen eigenen Ansatz zur Formalen Begriffsanalyse und zur darauf basierenden begrifflichen Wissensverarbeitung verortet er ebenfalls ausdrücklich in diesem Horizont [Wil94, S. 13].

te, Bedingungen und Anforderungen bezüglich des zugrundeliegenden
Weltausschnittes. Dabei muß vor allem auf eine für alle Beteiligten
nachvollziehbare und in ihren reduzierenden Schritten argumentativ
begründbare Vorgehensweise im Sinne einer *gemeinsamen Theoriebildung* geachtet werden (s. Abschnitt 6.2.1). Diesen gemeinsamen Verständigungsprozess bezeichne ich auch als *diskursive Anforderungsanalyse* (im engeren Sinne).
    Aufgrund der unterschiedlichen Vertrautheit der einzelnen Dis-
kursteilnehmer mit dem Gegenstandsbereich und ihren unterschiedlichen Ausdrucks- und Sichtweisen muß jedoch zunächst eine allen
Beteiligten gleichermaßen zugängliche Verständigungsbasis gefunden
werden, von der aus die angestrebte gemeinsame Theoriebildung
überhaupt diskursiv im Sinne kommunikativer Rationalität begonnen
werden kann (s. Abbildung 6.4, Quelle: [VSK92, S. 77]). Nach Reisin
kann eine hierfür geeignete Basis in der gemeinsamen Sprachrekonstruktion vor dem Hintergrund des immer schon gegebenen lebensweltlichen Hintergrundes gesehen werden: „Der kooperative Aufbau
einer gemeinsamen Theorie ... vermittelt sich notwendigerweise über
die Rekonstruktion der den Entwicklern und Benutzern jeweils als
Fach- und Milieusprache gegebenen Alltagssprache und Konstruktion einer neuen, ihnen gemeinsamen Theorie- oder Projektsprache."[23]
[Rei92, S. 103]
    Damit nun jedoch keine Mißverständnisse aufkommen, daß die
hier in Anspruch genommene *sprachkritische Wende* zur Bewältigung
der pragmatischen Lücke erneut zu einem Reduktionsproblem im Sinne einer kognitivistisch verkürzten Weltsicht führe, möchte ich mit
Luft und Kötter folgende Präzisierung und zugleich Relativierung im
Anspruch der Bewältigung der pragmatischen Lücke vornehmen:
    „In gewisser Weise entwerfen wir unsere Lebensverhältnisse durch
unsere sprachlichen Schöpfungen selbst - einschließlich unserer sozia-

---

[23]Im Hintergrund dieser Auffassung steht dabei die in der Philosophiegeschich-
te der Neuzeit immer deutlicher werdende zentrale Einsicht in die Sprach- bzw.
Zeichengebundenheit menschlicher und insbesondere intersubjektiv mitteilbarer
Welterkenntnis. Sprache dient dabei nicht sich selber, „sondern der interpersonalen Erschließung der Welt. ... Die Sprache sucht sich also einerseits der Welt und
ihrer sich aufdrängenden Gliederung anzupassen, indem sie andererseits der Welt
eine Gliederung erst gibt."[KL73, S. 45, 49].

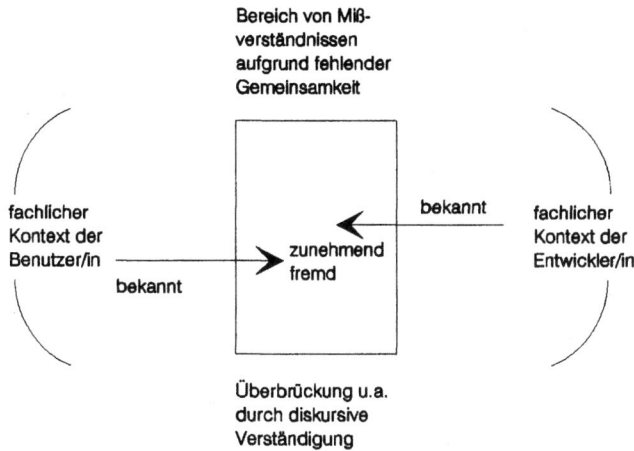

Abbildung 6.4: Verständigungsproblematik bei der gemeinsamen Begriffsrekonstruktion

len und technischen Lebensverhältnisse: Die argumentativ zugängliche Realität kann stets nur das sein, worüber wir reden. Das heißt allerdings nicht, daß die menschlichen Lebensäußerungen auf Sprechakte reduzierbar seien; zum Denken gehört unauflöslich die Verbindung zur Welt durch Wahrnehmungen und Empfindungen, aber Wahrnehmungen und Empfindungen zwingen uns nicht in eindeutiger Weise eine sprachliche Gliederung der Welt auf. Sie bilden den Rahmen, in den die Menschen ihre sprachlichen Entwürfe einpassen müssen." [LK94, S. 18]

Das hier angesprochene komplexe Wechselwirkungsverhältnis zwischen der Sprachgebundenheit unserer Welterkenntnis und der diese offensichtlich stets transzendierenden Reichhaltigkeit der lebensweltlichen Situation weist damit zugleich die Eignung der diskursiven Anforderungsanalyse wie ihre immanente Begrenzung bei der Bewältigung der pragmatischen Lücke aus:

Einerseits erscheint die gemeinsame Sprach- und Begriffsrekonstruktion im Rahmen der diskursiven Anforderungsanalyse geeignet zur Verkleinerung der pragmatischen Lücke. Andererseits gehe ich nicht davon aus, daß dadurch die pragmatische Lücke vollständig be-

seitigt werden kann. Diesen Zusammenhang bezeichne ich zusammenfassend auch als *Bewältigung* der pragmatischen Lücke.

Vor dem Hintergrund des Anspruchs diskursiver Anforderungsanalyse, zur Verkleinerung der pragmatischen Lücke beizutragen,
verfolge ich mit meinem Ansatz vor allem die nachstehenden
Zielsetzungen:[24]

- **Unterstützung der intersubjektiven Verständigung**

  Die Bewältigung der pragmatischen Lücke soll durch eine gemeinsame Theoriebildung erreicht werden. Im Mittelpunkt hierbei steht die gemeinsame Sprachrekonstruktion im Sinne einer intersubjektiven Rekonstruktion individueller Begriffsauf-
  fassungen. Begriffe verstehe ich dabei im Sinne der auch in
  die DIN 2330 und 2331 eingegangene philosophischen Tradition als ein Grundelement menschlichen Denkens und Erkennens. Deshalb wird in den folgenden Abschnitten vor allem die
  Frage gemeinsamer Begriffsbildung weiter diskutiert und mit
  der Formalen Begriffsanalyse ein standardsprachlicher Ansatz
  vorgestellt, der explizit den dargestellten Wechselbeziehungen
  von sprachlicher Welterschließung und dazu komplementärer le-
  bensweltlicher Eingebundenheit Rechnung trägt.

- **Unterstützung der Nachvollziehbarkeit der Systementwicklung**

  Die im Laufe der Systementwicklung erforderliche Präzisierung, Formalisierung und Reduktion der Benutzeranforderungen führt häufig dazu, daß die *Nachvollziehbarkeit* der
  ursprünglichen Benutzeranforderungen im fertigen System
  nicht mehr gewährleistet ist. Die Nachvollziehbarkeit dieses
  Transformations- und Reduktionsprozesses ist jedoch *Voraussetzung* zur *Überprüfung der Angemessenheit* der Systementwicklung bezüglich der ursprünglichen Anforderungen und für
  die Akzeptanz bzw. den Erfolg beim Einsatz des Informations-
  systems. In diesem Sinne kann eine geeignete Dokumentation

---

[24]Im Rahmen dieser Arbeit konzentriere ich mich vor allem auf die erste Zielsetzung, die beiden weiteren Zielsetzungen sind dagegen eher perspektivisch zu
sehen.

der wesentlichen Inhalte und Ergebnisse der begrifflichen Verständigung (soweit sie eben angemessen explizierbar sind) die geforderte Nachvollziehbarkeit sinnvoll unterstützen. Diskursive Anforderungsanalyse kann deshalb auch als ein Beitrag innerhalb der Bemühungen um *Design-Rationale* gesehen werden.[25]

• **Unterstützung der weiteren Systementwicklung**

Die bei der begrifflichen Verständigung erstellten Dokumentationen sind zunächst ein wichtiges *Strukturierungs-, Kommunikations- und Darstellungsmittel* für den Prozeß der gemeinsamen Anforderungsbestimmung selbst. Auch die sich anschließenden *praktischen* Schritte bei Systementwicklungen können jedoch durch diskursive Anteile sinnvoll unterstützt werden: eine vorherige begriffliche Verständigung über die genauen Inhalte und Zielsetzungen von vorgesehenen Prototypingphasen kann beispielsweise die Validität und Fruchtbarkeit dieser praktischen Phasen erhöhen. Umgekehrt wird die anschauliche Erprobung von Prototypen auf noch bestehenden Verständigungsbedarf aufmerksam machen, der sinnvollerweise wiederum *zunächst* begrifflich und dann erst programmtechnisch aufgearbeitet werden sollte. kann.

6.3.3.2 Rekonstruierte Begriffe sind idealisierte Begriffe

Meine Überlegungen zur besonderen Bedeutung der begrifflichen Verständigung innerhalb der diskursiven Anforderungsanalyse gehen zurück auf die auch in die DIN 2330 und 2331 eingegangene philosophische Tradition, Begriffe als *ein* Grundelement menschlichen

---

[25]Die Zielsetzung von Design-Rationale besteht verkürzt darin, bei Systementwicklungen nachvollziehbar zu machen, *warum* die Systementwicklung so durchgeführt wurde, *wie* sie durchgeführt wurde. Grundhaltung des Ansatzes von Design-Rationale ist dabei in Übereinstimmung mit meiner Sichtweise, daß Systementwicklungen einen *argumentativen* Design-Prozeß darstellen. Vgl. hierzu näher z. B. [CM91], [FLMM91], [LL91], [M+91], [RD92], sowie kritisch hinsichtlich der praktischen Einsetzbarkeit des Design-Rationale z. B. [SH94]. Die Kritik von Shum richtet sich dabei nicht grundsätzlich gegen den Ansatz, sondern weist u. a. auf die Frage eines für den praktischen Einsatz angemessenen Detaillierungsgrades der expliziten Dokumentation hin, die bislang noch nicht hinreichend geklärt sei.

Denkens und Erkennens zu verstehen: Begriffe sind aufgrund von
Abstraktion typischer Merkmale gewonnene (gedankliche) Vorstellungen von Gegenständen mit ihren Eigenschaften und Merkmalen
([Wag73], ergänzend z. B. [Sei87]). Die im Diskurs rekonstruierten
Begriffe und ihre standardisierten Extensionen bzw. Intensionen sind
jedoch stets *idealisierte* Begriffe und auf keinen Fall gleichzusetzen
mit der ganzen Fülle von Bedeutungsschattierungen, Assoziationen
und Konnotationen, die diese Begriffe für die einzelnen Beteiligten
zusätzlich umfassen.[26] Schließlich sind die rekonstruierten Begriffs-
strukturen selbst zeitlich veränderlich und können deshalb nur in
Bezug auf jeweils konkrete Situationen sinnvoll interpretiert werden
[Sei94, S. 107].

Wenn ich also im Rahmen der diskursiven Anforderungsanalyse von *Begriffsrekonstruktion* spreche, so meine ich damit immer *idealisierte* Vereinfachungen gegenüber einem umfassenderen
Begriffsverständnis, wie es beispielsweise von Seiler im Sinne einer konstruktivistisch-strukturgenetischen Begriffstheorie folgendermaßen charakterisiert wird und wie es auch dieser Arbeit zugrundeliegt: "Begriffe werden nicht ... von der Realität abgelesen, sondern
an sie herangetragen und in der Auseinandersetzung mit der Realität und der sozialen Umwelt ständig weiter entwickelt und dabei sowohl dinglichen Anforderungen als auch soziokulturellen Maßstäben
schrittweise angepaßt. ... Die Aufspaltung in Gegenstände und Merkmale, sowie ihre listen- oder tabellenartige Darstellung ist eine idealisierte und schematisierte Vereinfachung zum Zweck der theoretischen
Analyse. ... Der Rest bleibt implizit, kann aber auch so, in gewisser Weise unbewußt das Denken und Reden beeinflussen." [Sei94, S.
112f.]

Mit meiner Auffassung der im expliziten Verständigungsprozeß
rekonstruierten Begriffe als *idealisierte* Begriffe übernehme ich also
insbesondere *nicht* die vielfach in der Informatik unter der Bezeichnung *Wissensrepräsentationshypothese* postulierte Annahme der allgemeinen (begrifflich-)symbolischen Darstellbarkeit von Wissen (s.
z. B. [BS85] und [BHS93, S. 14f.], kritisch dazu [Zic92]). Die diskur-

---

[26]Seiler nennt diese individuellen Begriffe deshalb auch *idiosynkratisch* im Unterschied zu den im Diskurs explizit rekonstruierten Begriffen [Sei94, S. 105].

siv rekonstruierten Begriffe verstehe ich vielmehr als heuristisches Kommunikations- und Kooperationsmedium zur intersubjektiven Offenlegung und Vermittlung von unterschiedlichen Situationsverständnissen und Sichtweisen im Sinne der von Star vorgeschlagenen *boundary objects* [Sta89b].[27] Ausgangspunkt ihrer Überlegungen zu den *boundary objects* waren Untersuchungen, wie räumlich bzw. kulturell verteilte wissenschaftliche Disziplinen kooperieren. Die für solche Kooperationsbeziehungen konstitutiven Rahmenbedingungen charakterisiert Star folgendermaßen [Sta89b, p. 46]:

- cooperate without having good models of each other's work.

- successfully work together while employing different units of analysis, methods of aggregating data, and different abstractions of data;

- cooperate while having different goals, time horizons, and audiences to satisfy.

Diese Aufgaben können nach Star nun durch *boundary objects* entscheidend unterstützt werden, weil sie aufgrund ihrer *Plastizität* erlauben, ein dynamisches Gleichgewicht aufzubauen zwischen a.) einheitlichen sprachlichen Grundkonzepten, ohne die eine gegenseitige Kommunikation nicht möglich wäre, und b.) jeweils individuellen Ergänzungsmöglichkeiten der standardisierten Sprachelemente, ohne die kreative wissenschaftliche Arbeit nicht möglich wäre: „Boundary objects are objects that are both plastic enough to adapt to local needs and constraints of the several parties employing them, yet robust enough to maintain a common identity across sites. They are weakly structured in common use, and become strongly structured

---

[27]Star hat die Konzeption der boundary objects bei Forschungsarbeiten zu verteilten wissensbasierten Systemen entwickelt, vgl. auch [Sta91]. Der Grundgedanke von Star wurde inzwischen allgemein für Zwecke der Systementwicklung z. B. von Brown und Duguid unter der Bezeichung *border resources* aufgegriffen. Vgl. dazu näher das *Special Issue on Context in Design* von *Human-Interaction*, vol. 9, No. 1, 1994, darin u. a. [BD94] sowie mit besonderem Nachdruck für die Erhaltung individueller Freiheitsräume bei der Entwicklung und beim Einsatz von Computersystemen [Fis94].

in individual-site use. ...A boundary object 'sits in the middle' of a
group of actors with divergent viewpoints." [Sta89b, p. 46]

Zur Bewältigung der pragmatischen Lücke übertrage ich diese
Überlegungen von Star nun auf meinen Ansatz zur diskursiven Anforderungsanalyse in folgender Weise:

Grundsätzlich sind die Rahmenbedingungen bei der Anforderungsanalyse vergleichbar mit den Bedingungen der verteilten Kooperationsbeziehungen, die Star ihren Untersuchungen zugrundelegte. In
beiden Fällen kann es weiterhin bei der angestrebten intersubjektiven Verständigung und bei der expliziten Begriffsrekonstruktion *nicht*
darum gehen, daß *alle* Beteiligten eine in *allen* Details *einheitliche*
Sichtweise entwickeln. Es geht vielmehr darum, daß die in Form *idea-
lisierter* Begriffe gemeinsam vereinbarten Aspekte und zu erfüllen-
den Anforderungen im Sinne von *boundary objects* so weit von allen
getragen und akzeptiert werden können, daß die jeweiligen idiosyn-
kratischen Begriffe, Intepretationsmuster, Absichten und Interessen
daran im Sinne kommunikativer Rationalität anknüpfen können. Nur
in Fällen, wo dies (noch) nicht für alle Beteiligten möglich ist, ist eine
weitere begriffliche Verständigung erforderlich bzw. darf sie aufgrund
der Orientierung an der Theorie des kommunikativen Handelns auch
von jedem einzelnen Beteiligten eingefordert werden.

6.3.3.3 Formale Begriffsanalyse als semi-formales Medium

Die zentrale Aufgabe für die diskursive Anforderungsanalyse besteht
nach den bisherigen Überlegungen darin, den inneren Zusammenhang
von formalen und inhaltlichen Aspekten im Prozeß der gemeinsamen
Begriffsrekonstruktion und im Verlauf der weiteren Systementwicklung (so weit möglich) zu erhalten, um so zu einer Bewältigung der
pragmatischen Lücke im Sinne kommunikativer Rationalität beizutragen. Dabei werden die explizit rekonstruierten Begriffe ausdrücklich als *idealisierte* Begriffe verstanden und lediglich soweit expliziert
und formalisiert, wie es erforderlich ist, daß sie von den Beteiligten
als *boundary objects* angesehen werden können.

Diskursive Anforderungsanalyse, d. h. insbesondere die damit beabsichtigte intersubjektive begriffliche Verständigung erfordert deshalb einen konzeptionellen Rahmen, der über einen formalen Re-

präsentationsansatz hinaus dem dargelegten inneren Zusammenhang von formalen und inhaltlichen Aspekten bei Systementwicklungen angemessen Rechnung zu tragen in der Lage ist. Ein solcher Ansatz kann meines Erachtens in der *Formalen Begriffsanalyse* [GWW87] [GW96] gesehen werden.[28] Sie hat ihren Ausgangspunkt in R. Willes Arbeiten zur *Restrukturierung* der mathematischen Verbandstheorie [Wil82]. Ihre erklärte Zielsetzung ist es, den Zusammenhang zwischen formalem und inhaltlichem Denken zu stärken. Diese Zielsetzung hat ihre konzeptionelle Entsprechung insbesondere im Postulat eines inneren Zusammenhangs inhaltlicher und formaler Aspekte bei der intersubjektiv-diskursiven Rekonstruktion begrifflichen Wissens und seiner formalen Repräsentation:

In der Formalen Begriffsanalyse wird grundsätzlich von dem oben diskutierten traditionellen philosophischen Begriffsverständnis ausgegangen, wonach ein Begriff als gedankliche Einheit verstanden werden kann, bestehend aus zwei Teilen, seinem Umfang (Extension) und seinem Inhalt (Intension) [Wag73]. Für dieses Begriffsverständnis stellt die Formale Begriffsanalyse eine mathematische Theorie zur Modellierung begrifflichen Wissens bereit, die sich auf eine mengensprachliche Semantik gründet und als eine extensionale Standardsprache im Sinne von Schnelle [Sch73] verstanden werden kann.

Weiterhin wird von der Annahme ausgegangen, daß nur Ausschnitte menschlichen Wissens in einer solchen begrifflichen Weise angemessen behandelt werden können, daß es aber viele weitere Wissensformen und -inhalte gibt, die sich *grundsätzlich* einer expliziten begrifflichen Darstellung entziehen (s. auch [Pol85]). In der Terminologie der Formalen Begriffsanalyse wird deshalb der Bereich menschlichen Wissens in einem gegebenen Handlungskontext, der als prinzipiell (begrifflich) explizierbar verstanden wird, auch als *begriffliches Universum* bezeichnet [LW91].

---

[28]Im folgenden diskutiere ich aus Gründen der übersichtlicheren Darstellung die Formale Begriffsanalyse primär unter dem Aspekt ihrer grundsätzlichen Eignung und ihrer Bezüge zur diskursiven Anforderungsanalyse. Die wichtigsten mathematischen Grundbegriffe können gegebenenfalls im Anhang A nachgelesen werden. Konkrete Anwendungsmöglichkeiten sind weiterhin in den einzelnen Fallstudien in Kapitel 7 dargestellt.

Schließlich wird davon ausgegangen, daß begriffliches Wissen immer in einem inneren Zusammenhang zum jeweils gegebenen Handlungs- und Lebensweltkontext steht. Dieser immer schon gegebene lebensweltliche Horizont wird als *pragmatisch-situativer Kontext* oder im folgenden auch kurz als *pragmatischer Kontext* bezeichnet [And94, S. 159].

In der Formalen Begriffsanalyse werden (formale) Begriffe also grundsätzlich stets *bezüglich* eines begrifflichen Universums und immer *im Rahmen* eines je schon gegebenen pragmatischen Kontextes (re-)konstruiert, dargestellt und verstanden. Die mithilfe der verschiedenen Darstellungsmöglichkeiten der Formalen Begriffsanalyse bereitgestellten formal-begrifflichen Wissensstrukturen müssen damit immer bezüglich des aktuell gegebenen pragmatischen Kontextes inhaltlich rekonstruiert und interpretiert werden. Das begriffliche Universum vermittelt dabei als prinzipiell begrifflich explizierbarer und standardsprachlich erfaßbarer Bereich zwischen dem gegebenen lebensweltlichen Kontext und der formalen Wissensdarstellung.

In diesem von der symbolischen Wissensrepräsentationshypothese deutlich zu unterscheidenden Sinne, deren erkenntnistheoretischer Hintergrund abbildtheoretisch orientiert ist, kann der Einsatz von Methoden der Formalen Begriffsanalyse die intersubjektive Begriffsrekonstruktion bei Systementwicklungen im Sinne der hier zugrundegelegten diskurstheoretischen Erkenntnisauffassung angemessen unterstützen:

- Die Formale Begriffsanalyse verfügt über eine in der (sprach-) pragmatischen Philosophie begründete erkenntnistheoretische Verankerung, „nach dem für das menschliche Denken und Handeln nicht nur das Subjektive und das Objektive, sondern auch das Intersubjektive im transzendentalphilosphischen Sinne konstitutiv ist." Dabei geht es ganz im Sinne des Auftrags der ethischen Leitlinien der GI zur Vermittlung individueller versus kollektiver Verantwortung „nicht nur um intersubjektive Gewißheit, sondern auch um eine interpersonale Ethik, mit der ... Mechanismen und Gefahren in Systemen unserer wissenschaftlich-technischen Zivlsation bewußt gemacht und ethisch bewertet werden können." [Wil94, S. 13f.]

- Die in der Formalen Begriffsanalyse vertretene Grundposition, „daß die Sicherung intersubjektiver Begriffe niemals abgeschlossen ist, sondern immer wieder in Prozessen kommunikativen Handelns hergestellt werden muß," [Wil94, S. 19] entspricht in besonderer Weise meinem Grundverständnis von Systementwicklungen als eines zyklisch-iterativen und argumentativen Design-Prozesses, in dem sich unabschließbar gemeinsame Situationsdeutung und praktische Situationsbewältigung
  abwechseln und gegenseitig bedingen.

- Die Formale Begriffsanalyse erlaubt im Sinne einer schritt-
  weisen begrifflichen Standardisierung und Formalisierung die
  diskursive Anforderungsanalyse für Systementwicklungen konstruktiv zu unterstützen, ohne dabei den für die Bewältigung
  der pragmatischen Lücke konstitutiven Praxisbezug aufzuge-
  ben. Vielmehr wird der inhaltliche Bezug zum pragmatischen
  Kontext durch das oben beschriebene in der jeweiligen lebensweltlichen Situation verankerte Wissensverständnis konzeptionell immer aufs Neue eingefordert. Zugleich unterstützt diese Grundposition der Formalen Begriffsanalyse mein Anliegen,
  daß es bei der diskursiven Anforderungsanalyse um die situa-
  tionsadäquate Bestimmung von *boundary objects* geht, die sich
  gerade durch ihre grundsätzliche Offenheit und potentielle Un-
  vollständigkeit gegenüber in der Zeit veränderlichen lebensweltlichen Anforderungen auszeichnen.

- Die verschiedenen Grundelemente der Formalen Begriffsanalyse (*Formaler Kontext*, *Liniendiagramme* und *Begriffsverband*)
  können den intersubjektiven Verständigungsprozess und insbesondere die Verbindung von informalen und formalen Ausdrucksweisen in besonderer Weise unterstützen:

  Die grafische Darstellung des zum diskursiv erarbeiteten formalen Kontext zugehörigen Begriffsverbandes als Liniendiagramm aktiviert besonders den visuellen Teil unserer Wahr-
  nehmungsfähigkeiten und kann damit in vielen Situationen
  durchaus angemessener auf kontra-intuitive Begriffsbildun-
  gen aufmerksam machen kann als beispielsweise tabellarische

Notationen.[29] *Begriffsbildungsprobleme* können damit nicht nur auf der diskursiven Ebene, sondern auch auf einer vor-begrifflichen Ebene erkannt werden und sind dann nochmals im Verständigungsprozeß diskursiv thematisierbar, bevor ein möglicherweise nicht angemessenes Begriffsverständnis unbemerkt bzw. unbeabsichtigt in eine konkrete Systementwicklung übernommen wird.

• Die mathematischen Verbandseigenschaften garantieren weiterhin, daß zu je zwei formalen Begriffen im Begriffsverband auch der größte gemeinsame Unterbegriff (Infimum) bzw. der kleinste gemeinsame Oberbegriff (Supremum) existieren. Diese Eigenschaft wird meines Wissens von kaum einem anderem Ansatz zur Wissensrepräsentation gewährleistet. Mir erscheint sie jedoch gerade in den ganz frühen Phasen einer Systementwicklung äußerst hilfreich zu sein. Die im Liniendiagramm veranschaulichte Verbandsordnung enthält nämlich auch alle formalen Begriffe, die im Moment weder Gegenstands- noch Merkmalsbegriff sind, sich jedoch formal als Schnitt (Infimum) oder Verbindung (Supremum) anderer formaler Begriffe ergeben. Der Versuch, diese formalen Begriffe inhaltlich zu interpretieren, kann damit zu einem nochmals vertieften inhaltlichen Verständnis des realen Gegenstandsbereichs beitragen.[30]

• Schließlich bietet die Formale Begriffsanalyse im Sinne einer mengensprachlichen Standardsprache nach Schnelle geeignete Schnittstellen an in Richtung der (konstruktsprachlichen) Prädikatenlogik.[31] So schlägt Zickwolff beispielsweise vor, Prädikate auf der Basis der Hornlogik als Merkmale im Sinne der Formalen Begriffsanalyse zu interpretieren ([Zic91], [Zic92],

---

[29] Vgl. ähnlich zum Nutzen von Visualisierungen für die menschliche Verständigung z. B. auch [BHS93, S. 23], [Lud93] und [Lei90].

[30] Diese positiven Verständigungseffekte beim Einsatz von Liniendiagramm sind auch bei meinen Fallstudien zu beobachten gewesen. Hierauf gehe ich in Kapitel 7 näher ein.

[31] Die detaillierte Ausarbeitung dieser Zusammenhänge kann jedoch im Rahmen dieser Arbeit nicht geleistet werden. Für die Unterscheidung von Standard- und Konstruktsprache vgl. näher [Sch73].

[Zic94]). Der von Zickwolff entwickelte Erweiterungsansatz erlaubt insbesondere, meinen auf der Formalen Begriffsanalyse aufbauenden (standardsprachlichen) Ansatz einer gemeinsamen Begriffsrekonstruktion mit weitverbreiteten (konstruktsprachlichen) Repräsentationsformalismen in der Informatik auf Basis der Prädikatenlogik zu verbinden und eröffnet so grundsätzliche Anschlußmöglichkeiten meines Methodenrahmens für weitere Formalisierungs-Schritte innerhalb des Gesamtprozesses von Systementwicklungen.

6.3.3.4 Zur Durchführung gemeinsamer Begriffsbildung

Bei der im Rahmen der diskursiven Anforderungsanalyse im Mittelpunkt stehenden gemeinsamen argumentativen Begriffsbildung können meiner Ansicht nach in *analytischer* Hinsicht u. a. die Schritte *Prädikation, Argumentation* und *Evaluation* unterschieden werden (s. auch [Rei92, S. 164ff.] und [H+94, S. 41]). Selbstverständlich bedingen sich die hier einzeln benannten Schritte in konkreten Verständigungssituationen gegenseitig und „kommen neben anderen etwa narrativen oder appellativen" [Rei92, S. 164] Anteilen innerhalb des Gesamtprozesses der Systementwicklung vor. Auch möchte ich durch die vorgeschlagenen hauptsächlichen Schritte *nicht* dazu verleiten, begriffliche Verständigung alleine auf die formal-methodische Durchführung genau der drei benannten Aktivitäten zu reduzieren. Allerdings macht Reisin meines Erachtens zu Recht darauf aufmerksam, daß die vorgeschlagene Strukturierung der gemeinsamen Begriffsbildung entlang den benannten Schritten „als Hintergrundwissen ... nützlich sein (kann), um die Rationalität der Kommunikation und die Logik der Argumentation bestimmen und beispielsweise in Konfliktfällen strukturieren zu können." [Rei92, S. 164] Im folgenden charakterisiere ich die einzelnen Schritte deshalb jeweils kurz und weise auf entsprechende umsetzungsbezogene Konkretisierungen hin.

Prädikation:

Die logisch grundlegende Handlung für die gemeinsame Begriffsbildung kann in Übereinstimmung mit der konstruktiven Wissenschaftstheorie in der *Prädikation* gesehen werden: „Die explizite
sprachliche Erschließung einer Lebenswelt beginnt ... mit Handlungen, die ein Wort, genannt 'Prädikator', einem Gegenstand zu- oder
absprechen. ... Im Zuge des Prädizierens werden Gegenstände, die
unter bestimmten Interessen oder Zwecken als gleichartig angesehen
werden, unter einer gemeinsamen Benennung - dem Prädikator - zu-
sammengefaßt." ([LK94, S. 83f.], ausführlich bei [Lor87, insbes. S. 25-
147]). Durch die Prädikation werden also beispielsweise Gegenstände,
Tatbestände und Sachverhalte der gegebenen lebensweltlichen Situation begrifflich bzw. sprachlich erschlossen und werden dadurch intersubjektiv mitteilbar und argumentativ überprüfbar.

Von besonderer Bedeutung ist weiterhin, daß die Prädikation stets
in einem untrennbaren Zusammenhang zum zugrundeliegenden gemeinsamen Situationsbezug gesehen wird. Dieser Bezug zur zugrundeliegenden Situation ist unverzichtbar, um die pragmatische Gültigkeit der gemeinsamen begrifflichen Verständigung nicht zu gefähr-
den: „Ein gemeinsames Verständnis von Prädikatoren kann ... dadurch gesichert bzw. kontrolliert werden, daß wir im Zweifelsfall zu
dem zurückkehren, was wir in den jeweils zugeordneten Praxiszusam-
menhängen an nicht-sprachlichen Handlungen ausführen." [LK94, S.
84] Durch dieses Wechselspiel zwischen (sprachlicher) Prädikation
und nicht-sprachlichem Bezugspunkt der Prädikatoren kann dann
schließlich auch die angestrebte Verständigung im Sinne einer gemeinsamen Theorie über den relevanten Gegenstandsbereich entstehen:
„Es geht beispielsweise darum, Arbeitsmittel zu zeigen, zu erläutern,
Analogien zu bilden, Tätigkeiten mit dem Arbeitsmittel zu demon-
strieren und zu erläutern ... und dabei die relevanten Bedeutungs-
aspekte der gegebenen Tatbestände zu erschließen. ... Dadurch werden diese selbst erfahrbar gemacht und wechselseitig erlernt, also
gemeinsam begriffen. Die alltagssprachlichen Mittel werden rekonstruiert und die neuen, für den Aufbau der gemeinsamen Theorie
relevanten, konstruiert." [Rei92, S. 167f.]

Argumentation:

Während Prädikationen als bloße Zuschreibungen von Wörtern und Begriffen zu Gegenständen, Sachverhalten usw. verstanden werden können, sind sie ihrerseits meistens in komplexere Verständigungsprozesse eingebettet, beispielsweise in *Argumentationen*,[32] in denen im sprachlichen Für und Wider Gründe für die jeweilige Prädikation ausgetauscht werden. Das Ziel von Argumentationen ist dabei, die jeweils zu klärenden Prädikationen so zu behandeln, daß ihre Lösung bzw. Beantwortung allgemein nachvollziehbar ist: „'Vernünftiges' Argumentieren heißt nichts anderes als diese allgemeine Nachvollziehbarkeit." [Lor87, S. 250]

Argumentationen sind ihrerseits jedoch umgekehrt auf ein Mindestmaß an gemeinsamer Sprache angewiesen, was nichts anderes heißt, als daß ein gewisser Vorrat an Prädikationen bzw. sprachlichen Ausdrucksfähigkeiten immer schon für Argumentationen vorausgesetzt werden können muß, der seinerseits nie zugleich vollständig problematisiert werden kann.[33]

Weiterhin bedeutet Argumentieren noch nicht, daß die vorgebrachten Argumente und darin enthaltenen Prädikationen auch bereits als intersubjektiv gültig akzeptiert sind: „Ob ein Argument in den Bereich des kollektiv Geltenden und damit zum konstitutiven Bestandteil der gemeinsamen Theorie wird oder nicht, hängt von seiner Beurteilung, seiner Evaluation durch die Benutzer und Entwickler

---

[32]Für das meiner Arbeit zugrundeliegende 'formal-pragmatische' Verständnis von Argumenten und Argumentationsprozessen kann z. B. auf die von Toulmin entwickelte und von Habermas in seiner Theorie des kommunikativen Handelns weiterentwickelte Argumentationstheorie zurückgegriffen werden [Tou75], [Hab81, Band I, S. 44-71]. Einen stärker formal orientierten Ansatz stellen beispielsweise Lorenzens Überlegungen zu einer 'dialogischen Logik' dar [Lor87, S. 53ff.], vgl. für eine prägnante Kurzfassung auch [LK94, S. 22 - 32]. Einen daran anknüpfenden Ansatz zu einem argumentativ-dialogischen Systementwurf stellt Pasch vor [Pas91, S. 110- 149], [Pas94, S. 109-164].

[33]In völliger Übereinstimmung mit dem in meinem diskursethischen Bezugsrahmen postulierten Lebensweltkonzept von Habermas wird deshalb auch in der konstruktiven Wissenschaftstheorie terminologisch unterschieden zwischen einem *Kommunikationsbereich*, der als immer schon gegeben vorausgesetzt wird, und einem *Diskursbereich* [LK94, S. 26], der gerade problematisiert wird. Es kann dabei nie der gesamte *Kommunikationsbereich* zugleich zur Diskussion gestellt werden.

ab." [Rei92, S. 171] Das heißt konkret, daß gemeinsame Begriffsbildung neben den *expliziten* Schritten der *Prädikation* und der *Argumentation* noch auf eine mehr oder weniger explizite *Zustimmung* zu diesen beiden Schritten angewiesen ist, bevor tatsächlich von einer intersubjektiv gültigen Verständigung und gemeinsamen Begriffsbildung gesprochen werden kann. Diese Zustimmung nenne ich *Evaluation* oder *Konsens*, worauf ich abschließend näher eingehe.

Evaluation:

Evaluation kann verstanden werden als der logische Abschluß gemeinsamer Sprachrekonstruktion und Begriffsbildung. Vor dem Hintergrund der vorgeschlagenen Prädikationen und der zugehörigen Argumentationen wird durch die Evaluation festgestellt und entschieden, „ob ein praktischer Begriff, ein Argument und eine propositionale Aussage in die Beschreibung des gemeinsamen Geltungsbereichs aufgenommen wird oder nicht. Festgestellt wird, ob sie in dem gemeinsamen Kontext von allen als 'gültig', 'wahr' oder 'richtig' bewertet und ob sie in die gemeinsame Theorie aufgenommen und damit kollektiv anerkannt werden." [Rei92, S. 171f.]

Die Evaluation muß jedoch *nicht* immer explizit erfolgen, häufig sogar wird die Zustimmung der Beteiligten zur erfolgten gemeinsamen Begriffsrekonstruktion eher stillschweigend erfolgen. Allerdings kann es in Konfliktsituationen nützlich sein, über gewisse Evaluationsregeln zu verfügen, die in solchen Fällen helfen, dem 'zwanglosen Zwang des besseren Arguments' auch tatsächlich Geltung zu verschaffen. Pasch schlägt hierfür beispielsweise unter Bezug auf Miller drei explizite *Kooperationsprinzipien* vor, die mir für die Überführung von Prädikationen und Argumentationen in den Bereich des kollektiv Geltenden besonders geeignet erscheinen [Pas91, S. 121ff.]:

- *Verallgemeinerungsprinzip*: Gemäß dem Verallgemeinerungsprinzip darf für alle Aussagen, die von den Argumentationsteilnehmern als unmittelbar empirisch oder kollektiv evident akzeptiert werden, davon ausgegangen werden, daß sie ohne weitere Prüfung zum kollektiv Geltenden gehören.[34]

---

[34] Dessen unbeschadet können sie natürlich nach dem im folgenden beschriebe-

- *Objektivitätsprinzip*: Gemäß dem Objektivitätsprinzip *können* Aussagen dann zu einer Erweiterung oder Einschränkung des kollektiv Geltenden führen, wenn dies von einem oder mehreren Argumentationsteilnehmern gefordert wird und die Gültigkeit ihrer Forderung von den Argumentationsteilnehmern nicht bestritten werden kann bzw. wenn umgekehrt ihre Negation sich nicht aus kollektiv Geltendem begründen läßt.

- *Wahrheits-* oder *Konsistenzprinzip*: Gemäß dem Wahrheits- oder Konsistenzprinzip *muß* schließlich das kollektiv Geltende erweitert oder eingeschränkt werden, wenn die Aussagen des kollektiv Geltenden untereinander Widersprüche enthalten.

---

nen Objektivitätsprinzip einer nochmaligen argumentativen Überprüfung unterzogen werden, falls dies einer der Argumentationsteilnehmer wünscht. In analoger Weise *müssen* sie nochmals überprüft werden, wenn sie in innerem Widerspruch zu anderen Aussagen des kollektiv Geltenden stehen.

Kapitel 7

Fallstudien

7.1 Einführung und Überblick

In diesem Kapitel beschreibe ich exemplarisch anhand mehrerer von mir praktisch durchgeführter Fallstudien Anwendungsmöglichkeiten des Methodenrahmens zur diskursiven Anforderungsanalyse. Die Darstellung ist am Erkenntnisinteresse orientiert, wie mein Methodenrahmen in konkreten Projekte zur Systementwicklung eingesetzt werden kann. Dabei soll insbesondere der Übergang dargestellt werden von der *diskursethischen* Leitfrage

- *Wie kommen wir zu einer gültigen Situationsdefinition und Handlungskoordination?*

zur *informationstechnischen* Leitfrage

- *Wie kommen wir zu einem gültigen Modell?*

Der von mir mit den *Fallstudien* gewählte Ansatz kann im Sinne der qualitativen Sozialforschung als ein Forschungsansatz verstanden werden, der versucht, „die untersuchten Einzelfälle in ihrer Ganzheitlichkeit realitätsgerecht zu erfassen," [Lam89, S. 8] wobei er sich bewußt bleibt, daß dies stets nur näherungsweise und stets nur perspektivisch möglich ist. Statt der Angabe von statistischen bzw. quantitativen Aussagen auf der Basis möglichst vieler Fälle „besteht das

Bestreben, aus jedem Einzelfall eine Untersuchung für sich zu machen. ... Das Ziel der Einzelfallstudie ist, genaueren Einblick in das Zusammenwirken einer Vielzahl von Faktoren ... zu erhalten, wobei sie meist auf das Auffinden und Herausarbeiten typischer Vorgänge gerichtet ist." [Lam89, S. 7]

Fallstudien und ihre Darstellung sind *multimethodisch* anzulegen, dabei ist insgesamt *kommunikativ, naturalistisch, authentisch* und *offen* vorzugehen [Lam89, S. 8ff.]. Auch die unten dargestellten Beschreibungen sind deshalb letztlich prozeßhaft zu verstehen. Sie dürfen nicht als endgültige Aussagen über *gesetzmäßige* Zusammenhänge in den beschriebenen Situationen mißverstanden werden, sondern stellen innerhalb eines hermeneutischen Gesamtprozesses auf der Basis authentischer Situationen *Hypothesen* und Situations*deutungen* dar, die dann erneut in einem gemeinsamen Kommunikationsprozeß mit den an der Situation Beteiligten überprüft werden müssen und grundsätzlich mit der Situationsänderung fortzuschreiben sind. Ziel ist „die *Erfassung und Rekonstruktion der grundlegenden Interaktionsmuster*, ohne dabei die *Originalität und Individualität* der einzelnen Untersuchten aufgeben zu wollen. ... (Dazu sind) grundsätzlich auch die *Eigendeutungen* der Betroffenen einzubeziehen." [Lam88, S. 201] Die unten beschriebenen Fallstudien sind daher jeweils mit verschiedenen der Beteiligten in einer an das Verfahren der *kommunikativen Validierung* [Lam88, S. 159ff.] angelehnten Vorgehensweise überprüft worden.

Die Beschäftigung mit der Praxis von Systementwicklung anhand konkreter Einzelfälle ordnet sich schließlich ein in die allgemeine und oben bereits ausführlich dargestellte Diskussion um die zunehmenden Diskrepanzen zwischen dem erreichten wissenschaftlichen und häufig normativ bzw. methodisch-instrumentell ausgerichteten Stand der Disziplin *Software-Engineering* und der so ganz anderen Praxis der Systementwicklung: „Die Literatur zum Thema 'Softwareengineering' ist außerordentlich reich an Veröffentlichungen, in denen normativ Konzepte, Modelle, Methoden und Instrumente zur Gestaltung von Softwareprojekten dargestellt werden. Relativ selten wurde bislang beschrieben, wie in der Praxis Softwareprojekte tatsächlich abgewickelt werden. ... Die praktizierte Wirklichkeit in den Softwareprojekten und die normative Welt des 'Softwareengineering' haben wenig miteinander gemein; Praxis und Wissenschaft nehmen erstaunlich wenig voneinander Kenntnis. Dies wirkt sich für beide zum Nachteil aus." [WO92, S. 11]

Die Darstellungen der einzelnen Fallstudien sind formal ähnlich aufgebaut, in jeder Fallstudie werden inhaltlich jedoch unterschiedliche Aspekte aus dem zugrundegelegten Methoden*rahmen* betont:

In der *Fallstudie Alpha* beschreibe ich ausführlich das Situationsprofil und die diskursive Öffnung. Die diskursive Anforderungsanalyse ist dagegen nur knapp beschrieben. Mir ist in dieser Fallstudie wichtig, den starken Einfluß der situativen Rahmenbedingungen zu betonen. Genau dieser Einfluß kann nämlich meiner Ansicht nach durch situationsinvariant angewandte ingenieurmäßige Methoden der Systementwicklung nicht angemessen erfaßt werden, sondern nur durch Instrumente wie beispielsweise das *Situationsprofil* und die im Falle von Alpha ausführlich genutzte *diskursive Öffnung*.

In der *Fallstudie Beta* beschreibe ich ebenfalls das Situationsprofil. Da die Situation in ihren Rahmenbedingungen bereits in einer außergewöhnlichen Weise verständigungsorientiert war, war ein expliziter diskursiver Druck zur diskursiven Öffnung nicht erforderlich. Allerdings hat dafür die dominante Verständigungsorientierung und die vorrangige Beachtung der Anforderungen des Anwendungszusammenhangs die ursprüngliche Planung stark verändert und war nur durch eine besondere Flexibilität des Projektbudgets und unter Verlängerung der Projektlaufzeit möglich. Wesentlichen Einfluß auf diese Bereitschaft hatte dabei sicherlich das von Anfang an im Vordergrund stehende Erfolgskriterium der *praktischen Brauchbarkeit*.

In der *Fallstudie Gamma* schließlich beschreibe ich das Situationsprofil und die diskursive Öffnung nur sehr knapp, um danach die durchgeführte diskursive Anforderungsanalyse ausführlich darzustellen. Dabei kommt es mir darauf an, die durch den Einsatz von Methoden der Formalen Begriffsanalyse erreichten Verständigungsleistungen zu vermitteln. Zugleich verdeutliche ich mit der Darstellung exemplarisch, in welchen Schritten ein begriffsgestützter Übergang von der gemeinsamen Situationsdeutung hin zu einer informationstechnischen Modellierung dieser Vorstellungen erfolgen kann.[1]

Daß ich in meiner Darstellung nur am Rande auf die Umsetzung der Problem-Beschreibung in eine programmiertechnische Implementation eingehe und auch kaum auf Probleme des praktischen Programmeinsatzes und seiner Evaluation eingehe, bedeutet *nicht*, daß diese Bereiche keine wichtigen Aufgaben bei Systementwicklungen wären. Im Gegenteil, auch diese Aufgaben sind *notwendige* Bestandteile jeder Systementwicklung. Im Rahmen der vorliegenden Arbeit interessiert mich jedoch primär die diesen Aktivitäten logisch vorgeordnete Fragestellung, wie menschliche Verständigung über die für die konkrete Systementwicklung relevanten Anforderungen erreicht und diskursiv unterstützt werden kann. Ich möchte dabei insbesondere die Bedeutung nicht-technischer Faktoren für die Bewältigung der pragmatischen Lücke herausarbeiten, was meines Erachtens im Rahmen formal-methodischer Ansätze zu wenig beachtet wird.

Die gewählte *linearisierte Darstellungsform* in der Reihenfolge *Situationsprofil, diskursive Öffnung* und *diskursive Anforderungsanalyse* ist schließlich lediglich aus Gründen der besseren Verständlichkeit und Übersichtlichkeit gewählt. Selbstverständlich ist jede konkrete Systementwicklung ein fortwährender sozialer Interaktions- und Lernprozess, bei dem sich ständig situative Rahmenbedingungen und der erreichte Wissensstand verändern, dementsprechend stellen sich neue Fragen für die diskursive Anforderungsbestimmung und umgekehrt. In diesem Sinne haben sich auch die hier linear beschriebenen Erkenntnisse und Aktivitäten erst nach und nach bzw. auf zyklische Weise ergeben und haben sich möglicherweise bereits wieder weiterentwickelt.

---

[1]Die in dieser Fallstudie beschriebenen Einzelschritte dürfen jedoch nicht vorschnell zu einer instrumentellen Methodik verallgemeinert werden, vielmehr müssen sie im Sinne der qualitativen Sozialforschung in anderen Situationen gegebenenfalls angepaßt bzw. modifiziert werden: „Theoretische Konzepte werden nicht durch ... Vorwissen des Forschers stimuliert und dann an einem Datensatz getestet, ... sondern sie werden aufgrund des erhobenen Materials erst entwickelt und formuliert." [Lam89, S. 26].

7.2 Fallstudie *Alpha*

7.2.1 Situationsprofil

7.2.1.1 Ausgangssituation und Zielsetzungen

Handlungsmotivation und Sachziele

Die Situation ist ein studentisches Programmierpraktikum im Rahmen der Software-Engineering-Ausbildung im Hauptstudium Informatik an der TH Darmstadt. Um die Durchführungsbedingungen der Programmieraufgabe der Situation an Systementwicklungen *in der Praxis* anzunähern, werden in der Regel Systementwicklungsaufträge von lehrstuhl-externen Auftraggebern gestellt, die von den Studentengruppen zu bearbeiten sind. Die fachliche Betreuung findet in der Regel durch die Auftraggeber statt, die Benotung findet nach weitgehend aufs Methodische ausgerichteten Kriterien durch den Lehrstuhl statt.

Im Projekt *Alpha* soll im Auftrag einer Institution der Landesregierung, die zentral u. a. die Entwicklung und den Einsatz von Schulsoftware betreut, eine Vorversion für eine sogenannte *Elektronische Arbeitsmappe* für den Einsatz im Unterricht entwickelt werden. Dabei sollen Möglichkeiten zur Erarbeitung des Lehrstoffes in Gruppen angeboten werden, von den Ergebnissen soll jeder Schüler aber so etwas wie eine persönliche Arbeitsmappe führen können. Der Auftraggeber „verfolgt mit diesem Projekt das Ziel, die Einsatzchancen eines solchen Arbeitsmittels - möglicherweise auch in anderen Unterrichtsfächern als der Informatik - einschätzen zu können."[2]

Allgemeiner Situationscharakter

Die Projektsituation kann im Sinne von Andersen et al. [A$^+$90, p. 19] als Problem*bestimmungs*situation angesehen werden, da nur sehr rudimentäre Kenntnisse über die Möglichkeiten und evtl. Grenzen

---

[2]Die hier als Zitat wiedergegebene Äußerung ist den Originaldokumenten der Studenten entnommen. Für Zwecke dieser Arbeit muß allerdings auf eine namentliche Benennung der Quellen verzichtet werden, dies gilt auch für die weiteren noch folgenden Zitate.

beim Einsatz elektronischer Arbeitsblätter und Arbeitsmappen für
Schüler vorhanden sind. Der mögliche Lösungsraum ist daher weitgehend unbestimmt und nur durch eine genaue Kenntnis der konkreten
Anwendungsbedingungen in pragmatisch sinnvoller Weise näher einzugrenzen.

Praktische Handlungsmotivation

Die Handlungsmotivation für die ausführenden Studenten ergibt
sich vor allem aus dem Erwerb der Studienleistung. Dazu zählt primär
die Einhaltung von methodischen und programmiertechnischen Vorgaben, wie sie sich aus den Inhalten der parallel zum Praktikum angebotenen Vorlesung zum Software-Engineering ergeben. Die Erfüllung
der aus der Aufgabenstellung sich ergebenden inhaltlichen Anforderungen spielt insofern eine Rolle, als die Bewertung des Praktikums
auch von der Zufriedenheit des Auftraggebers mit dem fertigen Produkt abhängt.

Der Auftraggeber hat sich im vorliegenden Fall außer der oben
skizzierten allgemeinen inhaltlichen Rahmensetzung jedoch im wesentlichen auf die Vorgabe einzuhaltender technischer Rahmenbedingungen beschränkt. Wegen schulrechtlicher Vorbehalte kann eine
praktische Einsatzerprobung im Unterricht im Rahmen des gewählten Projektrahmens nicht erfolgen. Dies erschwert deutlich den Einsatz moderner Software-Engineering-Ansätze wie Prototyping oder
evolutionärer Systementwicklung, obwohl diese Methoden in der begleitenden Lehrveranstaltung durchaus als wünschenswert vermittelt
werden.

Berücksichtigung von Handlungsalternativen

Die Betrachtung von *programmiertechnischen* Handlungsalternativen wurde durch die systemtechnischen Vorgaben des Auftraggebers
weitgehend apriori ausgeschlossen. Dies ist vor allem auf die weitgehend feststehende Verfügbarkeit einheitlicher Standardrechner und
entsprechender Standardsoftware in den Schulen des Landes zurückzuführen.

Inhaltliche Handlungsalternativen, die *didaktisch* motiviert wären, z. B. für welche Arbeitsphasen im Unterricht oder für welche Fächer der Einsatz besonders geeignet ist, sollen ebenfalls nicht behandelt werden. Dazu ist die Aufgabenstellung des Auftraggebers zu sehr auf die Überprüfung und möglichst die Erbringung des 'Nachweises' der *technischen* Machbarkeit der Idee orientiert. Außerdem sehen die für die Praktikumsgruppe relevanten Beurteilungskriterien solche Überlegungen ebenfalls höchstens zusätzlich zu der Bewältigung der technischen Fragestellungen vor.

Handlungslogik(en) des Gegenstandsbereichs

Der Anteil sozialer Interaktionen für den geplanten Einsatzbereich der Systementwicklung ist äußerst hoch. Die Erarbeitung von Lehrstoff in Gruppen auf der Grundlage von Arbeitsblättern des Lehrers unterscheidet sich ja absichtlich durch ihren höheren kommunikativen Gehalt von Frontalunterricht. Wenn Arbeitsblätter eingesetzt werden, so können Schüler darauf Lösungsskizzen anfangen, sie dann untereinander oder dem Lehrer zur Beurteilung zeigen, der Lehrer kann falsche Stellen anstreichen, so daß der Schüler auch danach noch die Situation nachvollziehen kann u.v.m.

Vor diesem Hintergrund müßte bei der Systementwicklung beachtet werden, inwieweit dieses hohe Potential sozialer Interaktionen bei computergestützten elektronischen Arbeitsmappen adäquat erhalten bleiben kann. Zudem ist im Unterschied zum Umgang mit Papier und Bleistift, deren Kenntnis der Benutzung problemlos vorausgesetzt werden kann, bereits der bloße Umgang mit dem neuen Medium wahrscheinlich zunächst im Unterricht zu vermitteln.

Epistemologische bzw. ontologische Grundannahmen

Die dominierende Haltung der Beteiligten bei der Projektdurchführung ist eine abbildtheoretisch motivierte Erkenntnistheorie: „Angestrebt wird die möglichst 'naturgetreue' Abbildung des (unterrichtsbezogenen) Inhalts von Schülerarbeitsmappen in eine offene, leicht bedienbare, gruppenarbeitsorientierte PC-Anwendung."

Schon die direkt erkennbaren Veränderungen, daß Schüler nach dem Schluß der Unterrichtsstunde statt einem Blatt Papier eine Datei als Ergebnis 'in der Hand halten', machen jedoch die Problematik einer rein abbildtheoretischen Auffassung der Aufgabenstellung deutlich. Die Studenten weisen an mehreren Stellen deshalb zu Recht z. B. darauf hin, daß „sich der Arbeitsstil der Schüler ändern wird".

Aufgrund der geschilderten Rahmenbedingungen bleiben die Möglichkeiten einer eingehenderen Beschäftigung damit aber im Bereich des Spekulativen: „Um (Benutzerpositionen und Nutzungserfahrungen) gestaltungsrelevant zu machen, hätten diese (d. h. die Benutzer) sich zunächst mit dem Produkt befassen müssen. ... Dieses war aus Gründen der Praktikabilität nicht durchführbar, zumal aus rechtlichen Gründen Befragungen etwa der am Informatikunterricht teilnehmenden Schüler nicht zulässig sind und deswegen nicht vorgenommen werden konnten." In welcher Weise bei der elektronischen Abbildung bisher papiergebundener Arbeitsvorgänge qualitative Änderungen der davon betroffenen Handlungszusammenhänge eintreten, konnte also trotz des Bewußtseins der Studenten, daß eine solche Untersuchung notwendig wäre für eine praktisch einsetzbare Schulsoftware, nicht in Erfahrung gebracht werden.

7.2.1.2 Akteure und Rollen

Auftraggeber

Von seiten des Auftraggebers ist im wesentlichen ein Lehrer aktiv, der zum Teil vom Unterricht befreit ist, um in der zentralen Landeseinrichtung Software-Entwicklung und -einsatz für die Schulen zu koordinieren. Er verfügt selbst über Praxiserfahrung in der Programmierung und kennt sich in technischen Fragestellungen gut aus, was nach den ersten Gesprächen auch eine hauptsächliche Motivation für ihn zur Erteilung der Aufgabenstellung war. Als Leitidee für die Aufgabenstellung formulierte er, daß seine Vision die Vorstellung vom *papierlosen Büro* sei. Damit könnte dann auch das Problem der unkontrollierten Ablage von bearbeiteten Arbeitsblättern durch die Schüler gelöst werden.[3]

Als weiterer Auftraggeber kann der Informatik-Lehrstuhl angesehen werden. Er ist zuständig für die unter technisch-methodischen Gesichtspunkten angemessene Ausführung der Programmieraufgabe und für die endgültige Benotung.

Ausführende

Die Studentengruppe besteht zum überwiegenden Teil aus (Wirtschafts-)Informatikstudenten, ein kleiner Teil sind Soziologiestudenten. Die Teilnahme der Soziologiestudenten ist das Ergebnis einer bereits längeren Zusammenarbeit des Informatik-Lehrstuhls mit dem Soziologie-Lehrstuhl. Diese fachübergreifende Zusammenarbeit wird motiviert durch das gegenseitige Interesse, daß bei Systementwicklungen auch viele Fragestellungen im sozialen Bereich berücksichtigt werden müssen und daß umgekehrt sozialverträgliche Technikentwicklung eine interessante Aufgabenstellung für die Forschung und Lehre in der Soziologie darstellt.

Bei der Gruppenzusammenstellung kannten sich die Soziologiestudenten und die Informatikstudenten noch nicht untereinander. Auch gab es keine explizite Vorbereitung der Studenten für die besonderen Anforderungen interdisziplinärer Zusammenarbeit. Für die Informatik-Studenten gibt es ein weitgehend transparentes Schema

---

[3]Wie stark der Auftraggeber sich mit dieser Vision allerdings wohl von der Unterrichtswirklichkeit entfernt hat, ergab z. B. die später statt einer praktischen Benutzerbeteiligung durchgeführte exemplarische Lehrerbefragung. Dort wurden von derzeit tatsächlich unterrichtenden Lehrern mehrfach Einschätzungen geäußert wie: „Ich halte (das Programm) für ein schönes Beispiel einer theoretischen, aus der Praxisferne gestellten Aufgabe." Diese negative Einschätzung der Vision vom papierlosen Büro als untaugliche Leitmetapher für die Systementwicklung wird übrigens inzwischen ganz allgemein bestätigt: „Diese Vision, die schon dem Rechnerpionier Heinz Nixdorf vorschwebte hat sich längst als Trugbild erwiesen. Gleichwohl dient sie weiter als Verkaufsargument, wenn es darum geht, PC oder Netzwerktechnologie an den Kunden zu bringen. ... Der PC ist der größte Baumkiller seit Erfindung der Axt", in: SPIEGEL-Special, Nr. 3/1995, Abenteuer Computer - Elektronik verändert das Leben, Kapitel *Computer schaffen das 'papierlose Büro' - und andere Vorurteile*, S. 76.

für die Beurteilung ihrer Leistungen, das sich ungefähr an einem traditionellen Phasenschema für Software-Entwicklungen orientiert. Für
die Soziologie-Studenten ist es wesentlich unklarer, wonach und durch
wen ihre Leistungen bewertet werden.

Auch ist in der Studentengruppe nicht klar, welche Auswirkun-
gen es für die Bewertung hat, wenn sie im Interesse von interdis-
ziplinärem Fortschritt von den insbesondere im Informatik-Teil bislang praktizierten phasenorientierten Standards abweichen. Dies betrifft z. B. die Frage, welche Produkte zu welcher Zeit mit welchem
Inhalt und in welcher Darstellung vorzuliegen haben. Wird im Interesse einer stärker anwendungsgerechten Software-Entwicklung eine
evolutionäre Vorgehensweise angewendet, so ergeben sich wegen der
stärkeren Verzahnung von Wissensfortschritt, Dokumentation und
Implementierungsversuchen größere Risiken bei der Einhaltung der
zu Projektbeginn vorgelegten Zeitplanung. Es ist unklar, wie dieser
trade-off die Notengebung beeinflußt bzw. in welchem Umfang die
Studentengruppe hierüber selbst entscheiden soll oder darf.

Benutzer und Betroffene, Bereichsexperten

Die Betroffenen bzw. Benutzer, also die Schüler, konnten nicht
einbezogen werden. Dies war zwar vor allem von den Soziologiestudenten und auch von den Informatikern in der Gruppe als grundsätzlich wünschenswert angesehen worden. Doch die erste Hürde war bereits, daß „dazu vom Auftraggeber kein direkter Auftrag vorlag, oder
ein Wunsch in dieser Richtung geäußert wurde." Ein eigenverant-
wortlich initiierter Versuch der Kontaktaufnahme wurde dann u. a.
von seiten der Behörden mit dem Hinweis auf schulrechtliche Schwierigkeiten abgewiesen.

Um dennoch einen ungefähren Eindruck von den Einsatzbedingungen für das Software-Produkt zu bekommen, sollten stellvertretend Kontakte mit Lehrern stattfinden. Doch dies blieb auch eher
Wunsch als Wirklichkeit. Insgesamt konnte für das gesamte Praktikum, das mehr als ein Jahr dauerte, eine 90-minütige Befragung einer
Lehrergruppe durchgeführt werden. Diese Lehrer waren Teilnehmer

an einem Fortbildungskurs, um zusätzlich zu den derzeitigen Fächern die Lehrberechtigung für das Fach Informatik an Gymnasien zu erhalten.

7.2.1.3 Interessen, Werte und Erfolgskriterien

Für den Auftraggeber ist vor allem die Perspektive interessant, ein technisch einsatzfähiges und zweckoffenes Verwaltungssystem „für die strukturierte Verarbeitung und Speicherung der Arbeitsdaten von Schülern, die diese direkt am PC erstellt haben" zu erhalten. Insbesondere liefert das Produkt „*keine* Werkzeuge zur Erstellung und Bearbeitung von Texten, Grafiken, Bildern, ... Die zentrale Aufgabe ... liegt in der Integration und der einheitlichen Verwaltung der mit anderen Applikationen erstellten Datenobjekte". Pädagogische, didaktische und konkrete software-ergonomische Aspekte spielen nur eine untergeordnete Rolle bzw. können nicht evaluiert werden. Der Informatik-Lehrstuhl ist stärker am Nachweis der systematischen Organisation und Durchführung des Programmier-Praktikums gemäß etablierter Software-Engineering Prinzipien interessiert, d. h. an der Beachtung methodisch-programmiertechnischer Prinzipien. Dafür bekommen die Studenten ihren Leistungsnachweis.

Interessanterweise formulieren die Studenten unter diesen Rahmenbedingungen jedoch folgende für sie wesentliche Qualitätsmerkmale, „wobei die Reihenfolge der Abhandlung deren Priorität innerhalb des Projekts widerspiegelt:"

- Benutzungsfreundlichkeit

  - Handhabbarkeit
  - Einheitlichkeit
  - Erlernbarkeit

- Betriebstüchtigkeit

  - Korrektheit
  - Robustheit

– Sicherheit

• Wartbarkeit

– Änderbarkeit
– Erweiterbarkeit
– Portabilität

Faktisch können jedoch die genannten Kriterien wohl nur in der umgekehrten Priorität gewährleistet werden. Die erstgenannten Kriterien sind nämlich stark von den Werten, Interessen und Bedürfnisse der zukünftigen Benutzer oder Betroffenen des Produktes abhängig. Deren reale Anliegen können wiederum allenfalls am Rande berücksichtigt werden, da die zukünftigen Benutzer kaum beteiligt sind und eine praktische Evaluation durch sie deshalb kaum möglich ist. Zum anderen dürften die ausführenden Studenten bei den derzeitigen oben benannten technikzentrierten Bewertungskriterien für ihre Leistung auch kaum eine Motivation dafür haben, außerdem noch eine intensive praktische Erprobung durchzuführen.

7.2.1.4 Interaktions- und Kommunikationskultur

Von den teilnehmenden Informatikstudenten besaßen mehrere positive Vorerfahrungen und Grundeinstellungen in Fragen interdisziplinärer Zusammenarbeit und sozialverträglicher Technikgestaltung. Die anfänglich begrüßte Idee einer interdisziplinären Besetzung der Studentengruppe für die Systementwicklung wurde in der Praxis jedoch zunehmend überschattet durch folgende Problematik:

Für die Studentengruppe war von Anfang an unklar, was durch die Zusammenarbeit von Informatikern und Soziologen außer einem jeweils disziplinär orientierten Arbeitsergebnis sozusagen als eigenständige interdisziplinäre Leistung erwartet wurde. Außerdem waren die situativen Rahmenbedingungen für das sowohl von den Soziologiestudenten wie von den benannten Informatikstudenten angestrebte Anliegen einer sozialverträglichen Systementwicklung ungünstig, da der Kontakt zur Anwendungsumgebung praktisch nicht möglich war.

Die interdisziplinäre Zusammenarbeit beschränkte sich daher auf eine formale Ebene, wonach z. B. die Soziologen Teile des Pflichtenheftes in Eigenverantwortung (z. B. zu Aspekten der Sozialverträglichkeit) mehr oder weniger fiktiv formulierten. Parallel und weitgehend unbeeinflußt davon erarbeiteten die Informatiker technische Gestaltungs- und Implementierungsvorschläge. Im weiteren Verlauf der Projektarbeit erstellten die Soziologiestudenten dann einen soziologischen Bericht über das von ihnen mit der Lehrergruppe geführte Interview. Die Auswertung des Interviews steht aber ebenfalls weitgehend unverbunden neben der Programmiertätigkeit,[4] die Soziologiestudenten beendeten damit ihre Teilnahme. Die Informatiker arbeiten inzwischen alleine an der Implementation.

Die Bereitschaft insbesondere der Informatikstudenten zu einer nochmaligen interdisziplinären Zusammenarbeit ist nach eigenen Aussagen aufgrund der gemachten Erfahrungen stark zurückgegangen: die Motivation für eine zugleich technisch *und* sozialwissenschaftlich kompetente Systementwicklung kann nämlich nur dann erreicht werden, wenn beide Ursprungskompetenzen überhaupt die *reale Chance* haben, aufeinander bezogen zu werden und Eingang in die *gemeinsame* Entwicklung zu finden. Wesentlichen Anteil daran hatten sicherlich die skizzierten Rahmenbedingungen, die es nicht erlaubten, Ergebnisse im Sinne einer *gemeinsamen dritten Kompetenz* zu erarbeiten, was nach Volmerg et al. notwendig wäre für erfolgreiche interdisziplinäre Zusammenarbeit [VSK92, S. 53]. Der herrschende formale Zwang, aus jeder *disziplinären* Sicht 'irgendetwas' beitragen zu müssen, führte vielmehr dazu, daß immer mehr disziplinäre Beiträge geleistet wurden, die allerdings untereinander unverbunden

---

[4]Allerdings waren die Aktivitäten der Informatiker- und der Soziologengruppe untereinander durch externe Einflüsse in der ersten Projektphase bereits so stark zeitlich verschoben, daß die Befragungsergebnisse erst nach der Fertigstellung des Pflichtenheftes vorlagen. Diese für eine pragmatisch valide Systementwicklung unbefriedigende Situation stabilisierte sich jedoch unter den weiteren situativ gegebenen Bedingungen von alleine: durch die eingetretene zeitliche Verschiebung mußten die Informatiker sich in ihrer zu Beginn entworfenen Konzeption nicht mit (Änderungs)Wünschen aus der Anwendungsumgebung beschäftigen und die Soziologen brauchten ihre Befragungsergebnisse nicht für Zwecke der Technikgestaltung weiter konkretisieren.

und unverbindlich blieben und so faktisch die Vorstellung von der Existenz der *zwei Kulturen* (Snow) für alle Beteiligten bestätigten statt zu ihrer Überbrückung beizutragen.

7.2.2 Diskursive Öffnung

7.2.2.1 Valide Systementwicklung ohne Anwender?

In der zum Programmierpraktikum vorbereitend angebotenen Vorlesung zum Software-Engineering wird zunehmend Wert gelegt auf die Vermittlung zyklischer und evolutionärer Entwicklungsmodelle und -methoden. Dabei wird insbesondere betont, daß gerade die Anforderungsermittlung ein gemeinsamer kommunikativer Lernprozeß ist, der auch immer wieder im Laufe einer Systementwicklung überprüft werden muß. In diesem Prozeß muß unter anderem eine gemeinsame Sprache entwickelt werden, die von allen Beteiligten in ungefähr gleicher Weise verstanden wird: „Gerade für Informatiker ist es wichtig, den Umgang mit den 'unterschiedlichen Sprachen' der Anwender ... zu üben."[5] Zugleich sollte dieser Verständigungsprozeß so früh wie möglich im Verlauf der Systementwicklung beginnen.

Aus dieser Motivation heraus versuchte ich direkt nach der Gruppeneinteilung, mit der Studentengruppe eine diskursive Verständigung über verschiedene Möglichkeiten zur Strukturierung einer *elektronischen Schülerarbeitsmappe* zu erreichen. Das Anliegen fand in der Studentengruppe spontane Zustimmung und es fanden mehrere gemeinsame Sitzungen hierzu statt.[6]

Leider konnten wegen den benannten Rahmenbedingungen weder Schüler noch Lehrer an den Sitzungen beteiligt werden. Auch die in den Praktikumsbedingungen des Lehrstuhls hierzu eingesetzte Fiktion „Der Auftraggeber ... ist auch der Repräsentant für die späteren Benutzer des Systems" war im konkreten Fall wegen der aufgezeigten praxisfernen Haltung des Auftraggebers wenig hilfreich.

---

[5]So z. B. die Begleitunterlagen des Lehrstuhls zum hier diskutierten Software-Engineering-Praktikum.

[6]Als Hilfsmittel wurden unter anderem Methoden der Formalen Begriffsanalyse verwendet. Im Abschnitt *Diskursive Anforderungsanalyse* stelle ich Auszüge daraus vor.

Sehr schnell wurde nämlich das folgende gemeinsame Defizit deutlich, daß nämlich die Fragestellung, welche Einteilung dieser Schülerarbeitsmappe zu bevorzugen sei, eigentlich nur dann angemessen beantwortet werden kann, wenn sie mit Vorstellungen und realem Hintergrundwissen über die Benutzungsweise von Arbeitsmappen im echten Unterricht verglichen wird.

Dies war wiederum aufgrund der verschiedenen oben beschriebenen Rahmenbedingungen zum einen nicht möglich und angesichts der für die Studentengruppe faktisch relevanten Erfolgskriterien auch nicht von großer Priorität. Von daher wurde die vorgeschlagene begriffliche Klärung zwar formal-methodisch vorgenommen. Über die auf der Grundlage erster Vorstellungen der Projektgruppe vorgestellten Liniendiagramme wurde auch Konsens erzielt, doch inwieweit diese für den praktischen Einsatz valide sind, kann nicht beurteilt werden.

Insofern kann sich ein diskursiver Verständigungsprozeß ohne Anwender, auch wenn er formal-methodisch angemessen durchgeführt wird, unter pragmatischen Aspekten nicht dem Vorwurf entziehen, daß hier lediglich der Schein gewahrt wird. Mit anderen Worten:

Verständigungsprozesse *ohne* die reale Beteiligung der Betroffenen und Endbenutzer stehen immer in Gefahr, daß ihr Charakter hypothetisch bleibt: „Es muß ein wirklicher und lebendiger Zweifel da sein, ohne ihn ist jede Diskussion wertlos," d. h. ohne praktische Folgen [Pei91, S. 158]. Genau dies war schließlich die letztliche Konsequenz des formal-methodisch durchaus erfolgversprechend begonnenen Verständigungsversuches: die zunächst bekundete kognitive Einsicht in die Notwendigkeit einer solchen Verständigung hatte faktisch für die weitere Projektarbeit keinerlei Relevanz mehr. Dies zeigen Aussagen von Projektmitgliedern, wonach mit zunehmender Projektdauer die Idee, Software für die Schule zu schreiben, zugunsten der Lösung technischer Fragestellungen weitgehend verdrängt wurde.

Diskursive Verständigung darf also nicht als situationsinvariant einsetzbare Methode angesehen werden, sondern muß sich jeweils aus der Situation heraus begründen lassen.[7] Dazu gehört, daß unter den

---

[7]Vgl. dazu ähnlich z. B. die Grundhaltung der Qualitativen Sozialforschung, wonach sich die Methode aus dem Gegenstand entwickeln lassen muß [Lam88].

Teilnehmern an der Verständigung *authentisch* Betroffene bezüglich der behandelten Fragestellungen sein sollten.

7.2.2.2 Methodenorientierung - Hilfestellung oder Hemmschuh?

Die vor allem für Benotungszwecke dominierende Methodenorientierung bei der Projektdurchführung erforderte u. a. die Vorlage eines Pflichtenheftes. In der zu verwendenden Standardgliederung sind dabei zu Recht auch Abschnitte zur Beschreibung der derzeitigen Situation im Anwendungsgebiet und zur Begründung der vorgesehenen Programmeinführung enthalten. Das Projektteam war aber aufgrund der geschilderten Rahmenbedingungen unverschuldet nicht in der Lage, diese Informationen *angemessen* zu erheben. Die Verpflichtung, dennoch irgendetwas zu diesem Punkt zu sagen, führte dann u. a. zu folgendem, meiner Ansicht nach problematischen Argumentationsgang der Studenten im Pflichtenheft:

- „Bisher verläuft der Informatikunterricht in der zehnten Klasse ... weitgehend gemäß den traditionellen Konzepten des Frontalunterrichtes, d. h. der Lehrer stellt meist mündliche oder schriftliche Arbeitsaufträge an die ganze Klasse, die im Unterricht oder zu Hause von den einzelnen Schülern bearbeitet werden. ... schriftliche Aufträge können z. B. auf Fotokopien oder Matrizenblättern ausgeteilt werden, welche in Heftern abgelegt werden können. ...

- Werden Aufträge (z. B. im Bereich der Programmierung) in der Schule bearbeitet, so kann auch heute dort schon ein Lernen in der Gruppe stattfinden, zumal i. A. nicht für jeden Schüler ein Rechner zur Verfügung steht. ...

- Durch den Einsatz des (zu entwickelnden) Programms ... besteht nun die Möglichkeit, in Kleingruppen von zwei bis vier Schülern zu arbeiten."

Mir erscheint die hier verkürzt wiedergegebene Argumentation als pragmatisch fragwürdig. Zunächst möchte ich die vorgenommene Kontrastierung von *konventionellem Schulunterricht = Frontal-unterricht* versus *computergestützter Unterricht = Möglichkeit zum Gruppenunterricht* in Frage stellen:

Formen des Gruppenunterrichts gibt es schon sehr lange, und zwar ohne jeglichen Einsatz elektronischer Medien. Die beschriebene Unterrichtssituation: „der Lehrer stellt Arbeitsaufträge an die ganze Klasse" zur Einzelbearbeitung ist nämlich keine sachliche Notwendigkeit, sondern es lassen sich ohne Probleme auch Arbeitsaufträge erteilen, die in Gruppenarbeit zu erledigen sind. Auch die Studenten selbst begründen die Gruppenbildung bei der Benutzung von Computern interessanterweise übrigens nicht mit didaktischen Überlegungen, sondern als eine Art (historischen) 'Sachzwang', weil es eben noch nicht für jeden Schüler einen PC-Arbeitsplatz gibt. Die Motivation der Systementwicklung aus dem vermeintlichen Defizit, konventionelle Unterrichtsgestaltung sei gleichbedeutend mit Frontalunterricht ist daher mit den vorgebrachten Argumenten kaum zu rechtfertigen.

Zugleich wurde die Arbeit der Soziologiestudenten zu diesem Punkt nicht fruchtbar gemacht für die weitere Systementwicklung.[8] In ihrer Lehrerbefragung stellten sie nämlich fest, daß das Programm „in seiner jetzigen Form besonders für Informatikklausuren geeignet zu sein (scheint). ... Inwieweit sich aber Klausurkriterien auf die angestrebte Gruppenarbeit übertragen lassen, bleibt offen. Hier scheinen auch die eigentlichen Probleme ... zu liegen, denn die Eignung als Lernmittel für Gruppenarbeit wird stark angezweifelt. ... Aus diesen Gründen erscheint es zweifelhaft ob (das Programm) in seiner jetzigen Konfiguration die sozialen Anforderungen erfüllen kann, insbesondere was die Vermittlung neuer Lerninhalte betrifft." Die hier zwischen der Darstellung im Pflichtenheft und dem Bericht der Soziologiestudenten offen ersichtlichen Diskrepanzen wurden schließlich in folgender Weise instrumentell bewältigt:

Die oben zitierte Argumentation zur Motivation der Systementwicklung steht zu Recht an entscheidender Stelle des Pflichtenhef-

---

[8]Allerdings waren die Aktivitäten der Informatiker- und der Soziologengruppe untereinander so stark zeitlich verschoben, daß die Befragungsergebnisse erst nach der Fertigstellung des Pflichtenheftes vorlagen.

tes, mit ihr steht und fällt nämlich die Legitimation der Systementwicklung. Eine angemessene Exploration des Anwendungszusammenhangs der Systementwicklung war den Studenten aufgrund der
Rahmenbedingungen nicht möglich. Aufgrund der verbindlichen methodischen Anforderung des Lehrstuhls der Informatik, im Pflichtenheft zur Motivation der Systementwicklung Aussagen zu treffen, mußte jedoch 'irgendetwas' dazu geschrieben werden. Von seiten
des Lehrstuhls für Soziologie war eine ähnliche Haltung vorhanden
mit der Betonung einer sozialwissenschaftlich-reflektierenden Darstellung, die ebenfalls primär disziplinären Standards entsprechen sollte.
Gegenüber diesen methodischen Vorgaben jeder einzelnen Disziplin
trat dagegen insbesondere die *inter*-disziplinäre Integration der Ein-
zelergebnisse in den Hintergrund. In diesem Sinne hat sich der hier
durchscheinende 'Primat der Methode' eher als Hemmschuh denn als
Hilfestellung für eine kreative und interdisziplinäre Bewältigung der
pragmatischen Lücke ausgewirkt, selbst wenn die Studentengruppe
unter formalen Gesichtspunkten interdisziplinär besetzt war.

7.2.2.3 Verhältnis von Zweck und Mittel - (k)ein Thema?

Die bereits diskutierte Motivation und Legitimation der Systementwicklung, Gruppenunterricht zu fördern, wird von den Studenten zu
Recht „im Zusammenhang mit Groupware im Schulunterricht" gesehen. Wie wenig allerdings die inhaltlichen Implikationen und Probleme dieser Motivation, die Systementwicklung würde eine bessere Unterstützung kooperativer Lernzusammenhänge erlauben, wohl
von allen Beteiligten alleine schon aus informatikwissenschaftlicher
Perspektive durchdacht wurden, möchte ich an folgender Überlegung
verdeutlichen:

In der aktuellen Diskussion in der Informatik um Groupware
und um CASE zeigt sich zunehmend eine auffällige Diskrepanz zwischen im akademischen Bereich verfügbaren Tools und ihrem gerin-
gen praktischen Einsatz (vgl. auch Kapitel 4.2.). In vielen empirischen Untersuchungen, die von den praktischen Erfordernissen bei
Systementwicklungen ausgingen, wurde als eine der wahrscheinlichen
Ursachen hierfür aufgezeigt, daß ein wesentliches Hindernis in der nur
mangelhaften Unterstützung von kooperativen und kommunikativen

Arbeitsphasen bei der Systementwicklung durch CASE-Tools zu sehen ist (s. z. B. [CKI88], [Gru89], [JGL92], [SB92], [Win94], [HC94], [LMK94]).

Solange Aufgaben von Einzelnen zu erledigen sind, kann CASE also hilfreich sein. Sobald Kooperation gefordert ist, müssen jedoch viele weitere Probleme gelöst werden: angefangen von der Frage, wie mehrere Leute einen Bildschirm benutzen sollen, über die Frage, ob nicht andere Benutzerschnittstellen wie z. B. electronic black board geeigneter sind bis hin zu programmiertechnischen Fragen der Konsistenzwahrung bei parallelem Benutzerzugriff usw.. Angesichts dieser Vielfalt von bislang ungelösten Problemen gibt deshalb Kelter beispielsweise eher resignierend in einem aktuellen Überblick zu bedenken: Die Arbeitsweise mit solchen Instrumenten muß sich „ggf. im Detail an die Funktionalität (des technisch Machbaren) anpassen." [Kel93, S. 285]

Übertragen auf die propagierte Motivation des Studenten-Projektes, gerade die Entwicklung von elektronischen Arbeitsblättern würde die Einführung von kooperativen Arbeitssituationen begünstigen, heißt dies, daß dabei unweigerlich ähnliche komplexe Problembereiche wie bei CASE zu lösen wären.

Die von den Soziologiestudenten erhobenen Lehrerantworten hatten überdies auch in diesem Punkt keinen erkennbaren Einfluß auf den weiteren Fortgang der Programmierarbeiten: "Bei der Vorstellung (des Programms) für die Befragtengruppe wurde (von uns) darauf hingewiesen, daß in Gruppen gearbeitet werden solle. ... (Daraufhin) fiel nicht vielen Lehrern etwas auf die Frage nach potentiellen Einsatzgebieten für (das Programm) ein. Vielmehr wurde die Gegenfrage aufgeworfen, ob ein Einsatz generell sinnvoll wäre (außer für das Erlernen der reinen Bedienung)." Vor diesem Hintergrund wäre meines Erachtens beispielsweise zu fragen gewesen, ob nicht aufgrund der Verhältnismäßigkeit der Mittel andere (nicht-)elektronische Lösungen sinnvoller sind für die angestrebte Zielsetzung. Dies hätte jedoch die ursprüngliche inhaltliche Zielsetzung unter Umständen wesentlich verändert.

7.2.2.4   Erreichung der inhaltlichen Zielsetzung versus Einhaltung der Rahmenvorgaben - Was zählt mehr?

Im vorliegenden Projekt zeigte sich im Verlauf der praktischen Arbeit das aus der Diskussion im Software-Engineering inzwischen gut bekannte Problem, daß sich die Projektwirklichkeit aufgrund des inkrementellen Wissenszuwachses zunehmend von den am Phasenschema orientierten Rahmenvorgaben entfernte. Zunächst könnte dem dadurch entgegengewirkt werden, daß die Rahmenvorgaben selbst 'weicher' formuliert werden, z. B. als Arbeitshypothese: „Es ist zu prüfen, ob mit der elektronischen Arbeitsmappe Gruppenunterricht in ähnlicher oder besserer Weise ermöglicht werden kann als mit nicht-elektronischen Medien".

Eine solche Auffassung, die der Projektgruppe erlauben würde, den Projektverlauf immer wieder den neu gewonnenen inhaltlichen Einsichten anzupassen, würde jedoch Konflikte mit den oben genannten, weitgehend feststehenden Evaluationskriterien erzeugen. Dieses Dilemma läßt sich in der Praxis von Systementwicklungen sehr häufig beobachten, wie Weltz und Ortmann aufgrund der Ergebnisse des IPAS-Projektes berichten:

„Dort, wo starr an dem Vorgehen nach dem Phasenmodell festgehalten wurde, war es praktisch unmöglich, die im Projektverlauf gewonnenen Erkenntnisse in den technischen Gestaltungsprozeß einzubringen, sie blieben für die Lösung nutzlos. Dort, wo der Entwicklungsprozeß hingegen offengehalten wurde für die Prozesse der Wissensaneignung und der Konsensbildung, kam es durch die laufende Korrektur der Vorgaben zu Brüchen, der Ablauf war nur noch sehr schwer steuerbar und erhebliche Zeitverzögerungen mußten in Kauf genommen werden." [WO92, S. 142]

Als einen Ansatz zur Überwindung des skizzierten Dilemmas zwischen Prozeßkontrolle und inhaltlichem Erfolg schlagen Weltz und Ortmann die Einführung von 'Spielregeln' vor, „durch die sichergestellt wird, daß ein kontinuierlicher Bezug zwischen Wissensakquisition, Konsensbildung und technischer Entwicklung stattfindet." [WO92, S. 144] In der konkreten Situation hieße dies beispielsweise, daß u. a. die zugrundeliegenden Evaluationskriterien klarer ausgedrückt werden müßten. Es müßte z. B. für die Studenten ersichtlich sein, ob es primär um die Vermittlung und Bewertung der technisch-methodischen Seite gehen soll *oder* ob die inhaltlich kompetente Lösung (selbstverständlich auf der Grundlage einer *auch* technisch kompetenten Lösung) im Vordergrund stehen soll. Die bisher in ihren Wechselwirkungen weitgehend unreflektierte Anforderung an die Studenten eines *sowohl - als auch* führt hingegen unweigerlich zu den aufgezeigten erkenntnistheoretischen Widersprüchen und handlungsrelevanten Konfliktsituationen für die Studenten.

7.2.3 Diskursive Anforderungsanalyse

In diesem Abschnitt stelle ich exemplarisch am Beispiel der vorgeschlagenen Zugriffsoperationen für die verschiedenen Klassen des Programms zur elektronischen Arbeitsmappe dar, in welcher Weise die diskursive Anforderungsanalyse in der Fallstudie Alpha durch Methoden der Formalen Begriffsanalyse unterstützt wurde. Die Darstellung ist äußerst knapp gehalten, es soll lediglich ein erster Eindruck zu den Einsatzmöglichkeiten begriffsorientierter Verständigung vermittelt werden.[9]

Ausgehend von einem ersten objektorientierten Entwurf wurde für die verschiedenen an der Benutzeroberfläche angebotenen Objekte eine Formale Begriffsanalyse der zugehörigen Zugriffsoperationen durchgeführt. In Abbildung 7.1 ist das zugehörige Liniendiagramm dargestellt.

Eine Diskussion des ersten Liniendiagramms ergab unter anderem, daß die Operation *Eintrag öffnen* nicht nur für die Klassen *Hefter* und *Pinnwand*, sondern auch für die Klasse *Postfach* angeboten werden muß. Daraufhin wurde die Klassendefinition im Pflichtenheft entsprechend geändert. Das modifizierte Liniendiagramm in Abbildung 7.2 zeigt anschaulich, wie die Änderung zu einer konsistenteren Modellierung geführt hat.

---

[9]In der Darstellung der Fallstudie Gamma werde ich ausführlicher auf diese Möglichkeiten eingehen.

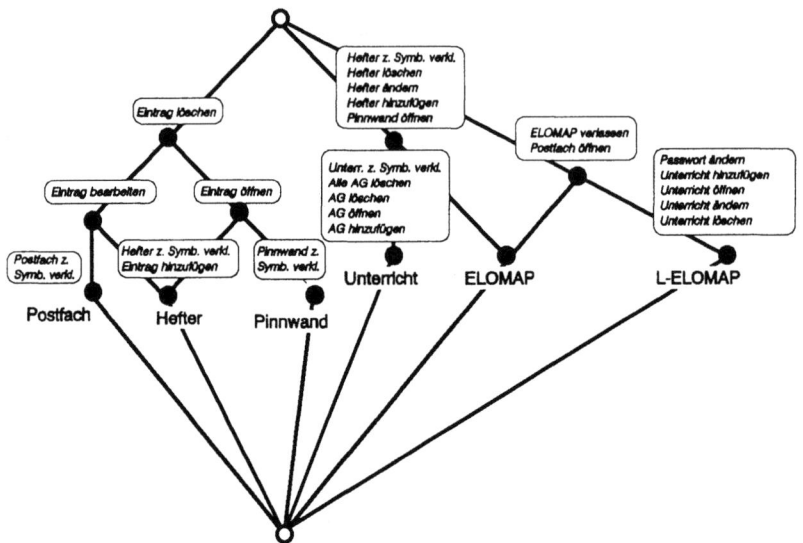

Abbildung 7.1: Die Objekte der Benutzeroberfläche von ELOMAP
(1. Vorschlag)

7.2.4 Zusammenfassende Bewertung

Die ursprünglich in dieser Fallstudie angestrebte diskursive Verständigung über eine pragmatisch angemessene Systementwicklung
muß als weitgehend folgenlos für den tatsächlichen Verlauf des Programmierpraktikums angesehen werden. Dies läßt sich auf verschiedene situative Rahmenbedingungen zurückführen, z. B. auf die Nicht-
Beteiligung von Anwendern und darauf, daß die Erfolgskriterien für
die Projektgruppe weitgehend technik- bzw. methodenimmanent waren sowie während der Projektlaufzeit nur sehr begrenzt veränderbar waren. Damit ergibt sich zunächst eine empirische Bestätigung
des gewählten theoretischen Bezugsrahmens, nämlich der *zweistufigen* Diskursethik, wonach ein verständigungsorientierter Diskurs
stets die konkreten situativen Rahmenbedingungen zu reflektieren hat
und nicht situationsinvariant, d. h. instrumentell durchgeführt werden
kann.

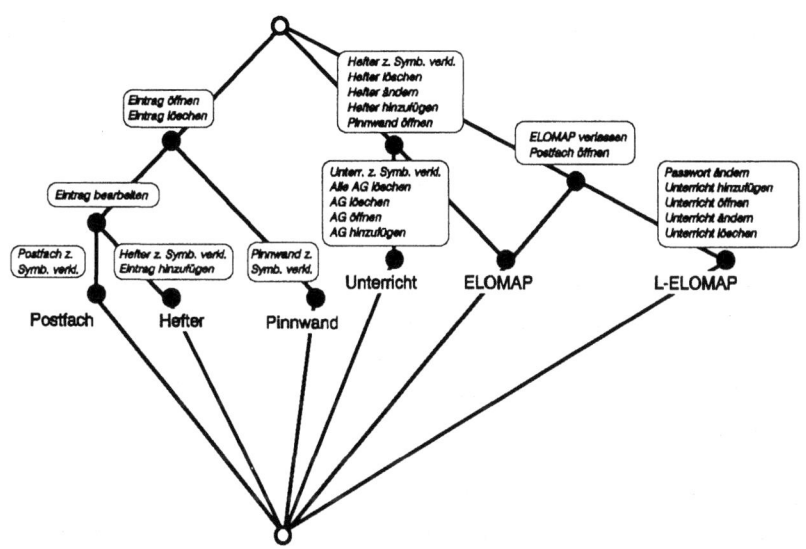

Abbildung 7.2: Die modifizierten Objekte der Benutzeroberfläche von
ELOMAP

Die im Rahmen der zweistufigen Konzeption vorgenommene *diskursive Öffnung* hat dann zu folgenden hauptsächlichen Erkenntnis-
sen geführt, die durchaus als eine Öffnung in Richtung höherer kommunikativer Rationalität gesehen werden können:

Die im Sinne einer stärker anwendungsgerechten Systementwicklung zu begrüßende zusätzliche Teilnahme von Soziologiestudenten
an dem Praktikum verändert den gesamten Rahmen der Projektdurchführung. Gleiches gilt für die verstärkt geforderte Reflektion
der Sozialverträglichkeit der Systementwicklung. Alleine diese formalen Entscheidungen sind jedoch nicht hinreichend, um der selbstge-
steckten Zielsetzung nach sozialverträglicher Systementwicklung zu
entsprechen. Solange die weiteren Rahmenbedingungen nämlich un-
verändert bleiben, ist die studentische Projektgruppe gefangen zwischen

- einer unter den gegebenen situativen Rahmenbedingungen un-
realistischen *inhaltlichen* Zielsetzung,

- dem Zwang zur *formalen* und weitgehend situationsinvarianten Methodenbefolgung,

- dem Anspruch, die pragmatische Lücke gerade durch die Hinzuziehung von Soziologiestudenten besser zu bewältigen.

Diese Widersprüche zwischen dem kognitiv-ideellen Anspruch und den faktischen Handlungszwängen wurden von der Projektgruppe in der Fallstudie verständlicherweise gelöst zugunsten einer technisch-instrumentellen Haltung. Brauchbare Software im Sinne einer begründeten Bewältigung der pragmatischen Lücke konnte unter diesen Rahmenbedingungen jedoch nicht entstehen. Als *konkrete Konsequenzen* wurden deshalb von den beteiligten Lehrstühlen inzwischen einige der oben kritisch diskutierten Rahmenbedingungen überdacht und verändert:

- Es wird bei zukünftigen Programmierprojekten nach Möglichkeit auf eine stärkere Zugänglichkeit des Anwendungsfeldes Wert gelegt.

- Es wird stärker klargestellt, inwieweit die Bemühungen der Projektgruppe um eine stärker anwendungsorientierte Systementwicklung auch in die Bewertung einbezogen werden.

- Es wird für alle Beteiligten klargestellt, daß bei konkreten Systementwicklungen in der Regeln nicht alle aufgezeigten Konfliktbereiche gleichzeitig gelöst werden können. Beispielsweise wird stets ein Dilemma zwischen Zeitrahmen (fest oder variabel) versus Wissensfortschritt (berücksichtigen oder ignorieren) bestehen bleiben. Diese inhärenten Zielkonflikte in interdisziplinärer Arbeit sollten deshalb im Sinne einer größeren Praxisnähe der Praktikumssituation nicht verschwiegen werden, sondern ihre explizite Thematisierung sollte gefordert und entsprechend honoriert werden (s. auch [Pfl94, S. 251], [PB95]).

7.3 Fallstudie *Beta*

7.3.1 Situationsprofil

7.3.1.1 Ausgangssituation und Zielsetzungen

Handlungsmotivation und Sachziele

Das Projekt *Beta* versteht sich als anwendungsorientiertes Forschungsprojekt zu folgenden Fragestellungen: In einer Institutsbibliothek der TH Darmstadt steht derzeit ein herkömmliches Bibliotheksverwaltungssystem zur Verfügung. Es bietet für die Recherche in der Bibliothek die hauptsächlichen Retrievalmöglichkeiten solcher Informationssysteme an. Die Benutzer werden dabei im wesentlichen entlang der vorgegebenen *linearen Hierarchie* der Bibliothekssystematik bzw. linear entlang von Schlagworten bei der Erschließung des Bibliotheksbestandes unterstützt. Dies hat verschiedene Nachteile, so setzt eine solche Recherche in der Regel bereits eine weitgehende Vertrautheit mit den Wissensinhalten voraus. Außerdem wird dem Charakteristikum menschlichen Wissens, vielfältig vernetzt und assoziativ zu sein, nur unzureichend Rechnung getragen. Schließlich lassen sich bei den meisten Wissensgebieten linear-hierarchische Zuordnungen, wie sie aufgrund der gewöhnlich gebräuchlichen Thesauri aus formaltechnischen Gründen erforderlich sind, inhaltlich nur begrenzt rechtfertigen.

Eine effiziente und dem Menschen angemessene Literaturrecherche muß folglich auch eine unscharfe bzw. vernetzte Suche ermöglichen. Dem Benutzer muß insbesondere die Möglichkeit gegeben werden, durch ausgewählte Bereiche des Literaturbestandes frei navigieren zu können, um auf diese Weise zu begrifflichen Eingrenzungen zu gelangen und begrifflich-inhaltliche Zusammenhänge erkennen zu können. Um ein solches Navigieren für den gegebenen Literaturbestand zu ermöglichen, soll das an der Technischen Hochschule Darmstadt auf der Grundlage der Formalen Begriffsanalyse entwickelte Begriffliche Datenverwaltungs- und Erkundungssystem *TOSCANA* für die Anwendung in der Institutsbibliothek aufbereitet und dort eingerichtet werden. Dabei ist unter anderem auch das Problem einer geeigneten Verschlagwortung und Skalenbildung für das begriffliche Informationssystem zu lösen. Die Zielsetzung des Vorhabens ist ein *lauffähiges System.*

Allgemeiner Situationscharakter

Der Situationscharakter umfaßt Aspekte einer Problem*bestimmungs*situation und einer Problem*lösungssituation.* Es muß insofern der Problembereich *bestimmt* werden, als für die vorgesehene Entwicklung ein praktisch sinnvoller Detaillierungsgrad der Verschlagwortung überhaupt erst ermittelt werden muß. Hierüber liegen keine genauen quantitativen und inhaltlichen Erfahrungen vor. Es kann auf der anderen Seite von einer Problem*lösungs*situation gesprochen werden, als der Gegenstandsbereich und die zu unterstützenden Tätigkeiten weitgehend bekannt sind und einige informationstechnische Hilfsprogramme zur Recherche bereits vorhanden sind.

Praktische Handlungsmotivation

Die Handlungsmotivation ergibt sich vor allem aus dem Forschungsinteresse, ein vermutlich geeignetes Anwendungsgebiet des propagierten methodischen Ansatzes tatsächlich durch eine Systementwicklung zu unterstützen und den verfolgten Ansatz dabei praktisch zu evaluieren. Als Erfolgskriterium steht deshalb die praktische Bewährung der Entwicklung im Vordergrund.

Berücksichtigung von Handlungsalternativen

Der gewählte methodische Ansatz und die informationstechnischen Hilfsprogramme wurden in einem kleinen Prototyp für das Anwendungsgebiet bereits erfolgreich erprobt. Diese Grundentscheidungen sind als Rahmenbedingungen nicht in Frage zu stellen. Die Handlungsalternativen bestehen hauptsächlich in der inhaltlichen Ausgestaltung der vorgegebenen methodischen Instrumente. Dabei besteht vor allem ein Spielraum hinsichtlich der Feinheit der Erfassung der inhaltlichen Daten, d. h. der Schlagworte der Bibliothek.

Epistemologische bzw. ontologische Grundannahmen

Eine Grundannahme im vorliegenden Projekt ist, daß die gedankliche Orientierung des Menschen in für ihn neuen Sachgebieten durch eine vielfältige begriffliche Vernetzung der einzelnen Inhalte erleichtert wird. Auch wenn ein Sachgebiet schon bekannt ist, können durch das Aufzeigen von inhaltlich motivierten Vernetzungen neue Einsichten gewonnen werden.

Handlungslogik(en) des Gegenstandsbereichs

Der Anteil sozialer Interaktionen bei den Nutzungsweisen des zu entwickelnden Programms ist nicht sehr groß. Im wesentlichen ist das Bibliotheksinformationssystem dazu gedacht, dem einzelnen Bibliotheksbenutzer eine möglichst selbständige inhaltliche Erschließung des Bücherbestandes zu ermöglichen. Erst durch die Systementwicklung wird überhaupt ein solcher inhaltlicher Zugang zum Bücherbestand einer Bibliothek für die Allgemeinheit ermöglicht. Vergleichbare nicht-technische Lösungen können höchstens ansatzweise in Schlagwortkatalogen oder systematisch geordneten Katalogen gesehen werden. Solche Kataloge sind jedoch notwendigerweise linear und hierarchisch oder alphabetisch sortiert, eine vernetzte Suche ist damit äußerst aufwendig.

Sonstige situative Vorgaben

Zu Beginn des Projektes wurde vereinbart, daß zur Beschleunigung der Arbeiten auf dem bereits vorhandenen Schlagwortbestand der Institutsbibliothek aufgebaut wird. Diese Bedingung wurde sogar als Grundvoraussetzung formuliert, weil eine Neuvergabe der Verschlagwortung das Projektbudget überstiegen hätte.

7.3.1.2   Akteure und Rollen

Auftraggeber und Ressourcenquellen

Auftraggeber und Ressourcenquelle ist das Hochschulinstitut, für dessen Bibliothek bereits ein erster Prototyp entwickelt wurde.

Ausführende

Die Ausführenden setzen sich zusammen aus wissenschaftlichen Mitarbeitern, die Experten sind im Bereich des gewählten methodischen Ansatzes, sowie aus der derzeitigen Bibliothekarin des Hochschulinstitutes.

Benutzer und Betroffene, Bereichsexperten

Die Benutzer und Betroffenen sind direkt über die Bibliothekarin in die laufende Projektarbeit einbezogen. Außerdem wurde nach einer ersten eigenen Orientierungsphase eine intensive Konsultation mit der in Deutschland für die inhaltliche Fragestellung einschlägigen Institution, der Deutschen Bibliothek in Frankfurt, begonnen.

7.3.1.3   Interessen, Werte und Erfolgskriterien

Als erstes Erfolgskriterium wird von allen Beteiligten die praktische Brauchbarkeit der Systementwicklung angesehen. Außerdem soll sie mit ähnlichen Entwicklungen im Bibliotheksbereich kompatibel sein.

7.3.1.4   Interaktions- und Kommunikationskultur

Die Interaktionskultur kann als weitgehend verständigungsorientiert beschrieben werden. Interessen- und Sachkonflikte können als solche von jedem thematisiert werden und es wird von jedem in der Grundhaltung akzeptiert, daß noch nicht alle Vorgaben direkt am Anfang für das ganze Projekt festgelegt werden können. Damit erlaubt die Interaktionskultur eine Systementwicklung im Sinne eines gemeinsamen Verständigungs-, Deutungs- und Lernprozesses.

7.3.1.5 Repräsentations- und Methodenaspekte

Als Repräsentations*formalismen* wurden zu Projektbeginn wesentliche Vorgaben gemacht, die den Einsatz von Methoden der Formalen Begriffsanalyse verbindlich vorsehen. Diese Vorgaben ergaben sich aus positiven Erfahrungen in einem zuvor erstellten Prototyp. Als Vorgehensweise zur Bestimmung der jeweils als nächstes konkret durchzuführenden Arbeitsschritte wurde in Anlehnung an Reisin und Andersen et al. ein dynamisches *Referenzlinien*konzept gewählt (s. [Rei92, S. 69-71], [A⁺90, p. 153-155]). Dieses zeichnet sich gegenüber eher statisch-linearen Phasen- bzw. Meilensteinmodellen aus durch eine kontinuierliche und situativ immer wieder angepaßte Exploration des Einsatzbereiches und eine entsprechende inhaltliche Rückkopplung in die laufende technische Entwicklungsarbeit. Es ging also „nicht allein darum, die nutzungsgerechte Umsetzung von fest definierten Vorgaben in Teilen von Software-Systemen zu beurteilen, sondern auch diese Vorgaben selbst ... dem neuen Wissens- und Erfahrungsstand anzupassen." [WO92, S. 145]

7.3.2 Diskursive Öffnung und ihre Folgen

Aufgrund der bereits von Anfang an in der Fallstudie gegebenen starken situativen Verständigungsorientierung war kein expliziter diskursiver Druck erforderlich. Nachfolgend benenne ich deshalb direkt exemplarisch wichtige Folgen dieser verständigungsorientierten Grundhaltung.

7.3.2.1 Verlängerung der Projektlaufzeit und Veränderung der inhaltlichen Zielsetzung

Zunächst wurde das Projekt mit dem Produktziel *Lauffähiges System* gestartet. Dazu wurden zuerst die Arbeitsvorgänge, die zur Vergabe von Schlagworten führen, beobachtet sowie die derzeitige Repräsentation im eingesetzten Bibliotheksverwaltungssystem analysiert. Der Wissensstand wurde dann durch Konsultation mit der Deutschen Bibliothek vertieft. Dabei stellte sich heraus, daß die bisherige Vergabepraxis in der konkreten Bibliothek vor allem bei der Auswahl der vergebenen Schlagworte nicht den inzwischen üblichen Standards entspricht. Es handelte sich vielmehr um eine Vergabe nach den individuellen Assoziationen der jeweiligen Bibliotheksbetreuer mit vielfältigen Redundanzen, persönlichen Vorlieben usw. Damit ergab sich schließlich als Konsequenz, daß die ursprüngliche Vorgabe, die Systementwicklung auf dem bestehenden Schlagwortvorrat aufzubauen, unter praktisch-professioneller Sicht für eine öffentlich zugängliche Bibliothek nicht sinnvoll ist. Es war daher zu entscheiden, ein praktisch sinnvolles Produkt zu machen und dabei eine Projektverlängerung in Kauf zu nehmen oder die ursprüngliche Aufgabenstellung technisch-instrumentell durchzuführen.

Aufgrund der verständigungsorientierten Kommunikationskultur im Projekt war es möglich, die ursprüngliche Projektplanung und die Projektvorgaben an den erreichten Erkenntnisstand anzupassen. Für die laufende Projektphase wurden also die gemachten Vorgaben revidiert und das Projektziel war nicht mehr nur ein lauffähiges System, sondern zuvor die Erarbeitung eines auf der Schlagwort-Normdatei basierenden neuen Thesaurus für die Institutsbibliothek. Das in das Projekt durch die Bibliothekarin eingebrachte Anwendungswissen war dabei eine wichtige Unterstützung. Diese Schlagwortliste wurde dann schließlich auch in einer erneuten Konsultation der Deutschen Bibliothek als eine wünschenswerte Zwischenstufe zwischen dem Detaillierungsgrad der Systematik der Deutschen Bibliothek von ca. 20 Kategorien und dem vollständigen Thesaurus von ca. 300.000 Schlagworten angesehen.

7.3.2.2 Unvorhergesehene Aufgaben als Folge der Anwenderberücksichtigung

Aufgrund der geschilderten Erweiterung der inhaltlichen Zielsetzung des Projektes wurde nicht nur die Projektlaufzeit verlängert, sondern es wurde als zusätzlicher Arbeitsschritt eine neue Verschlagwortung der gesamten Institutsbibliothek erforderlich. Die praktische Brauchbarkeit der getroffenen Auswahl der Schlagworte wurde zunächst stichprobenweise durch eine Neu-Verschlagwortung zufällig ausgewählter Bücher aus der Institutsbibliothek überprüft und als brauchbar beurteilt. Es ist vorgesehen, auf dieser nunmehr praktisch validierten Basis die ursprüngliche Projektzielsetzung *lauffähiges System* wiederaufzunehmen. Hieraus resultiert aber, daß entgegen der ersten Projektplanung auch die vorhandene Verschlagwortung für den gesamten Bibliotheksbestand überarbeitet werden muß. Auf der anderen Seite kann nur so ein praktisch brauchbares System entstehen.

7.3.3 Zusammenfassende Bewertung

Zusammenfassend wird in der hier auszugsweise dargestellten Fallstudie deutlich, daß das vorrangige Erfolgskriterium der praktischen Brauchbarkeit es erforderlich gemacht hat, die ursprüngliche Projektplanung stark zu modifizieren. Aufgrund der geschilderten situativen Rahmenbedingungen war es jedoch möglich, diesen erst während der laufenden Projektarbeit eingetretenen Wissenszuwachs wiederum in produktiver Weise in das Projekt selbst einfließen zu lassen. Insofern stellt die Fallstudie Beta exemplarisch dar, auf welche Weise und mit welchen Zusatzkosten die von Weltz et al. geforderte *Synchronisierung des Entwicklungsgeschehens* erreicht werden kann, d. h. „die Prozesse der Wissensakquisition, der Konsensbildung und der Vorgabendefinition mit dem technischen Gestaltungsprozeß miteinander zu verzahnen, d. h. zu synchronisieren und kontinuierlich aufeinander zu beziehen." [WO92, S. 144]

In dem anhand der Fallstudie Beta exemplarisch diskutierten Spannungsfeld muß allerdings letztlich immer von einem nur näherungsweise lösbaren Dilemma zwischen *Verbindlichkeit* und *Offenheit* ausgegangen werden, für das es „keine Patentrezepte (gibt). Es geht letztlich ja immer darum, widersprüchliche Anforderungen möglichst weitgehend zu berücksichtigen - also um Optimierungen. Diese werden von Projekt zu Projekt anders aussehen, je nach den gegebenen Bedingungen. Solche Optimierung ... ist weniger auf die Beherrschung einzelner Regeln, als auf ein Grundverständnis des Entwicklungsprozesses ... angewiesen." [WO92, S. 168ff.] In der Fallstudie Beta waren meines Erachtens genau dieses Grundverständnis sowie unterstützend zusätzliche materielle Ressourcen vorhanden, um die skizzierte Dilemma-Situation im Sinne kommunikativer Rationalität auflösen zu können.

7.4 Fallstudie *Gamma*

7.4.1 Situationsprofil

7.4.1.1 Ausgangssituation und Zielsetzungen

Handlungsmotivation und Sachziele

Das Forschungsprojekt *Gamma* versteht sich als universitäres Grundlagenforschungsprojekt. Es wird von einer staatlichen Drittmittelinstitution mitfinanziert, die auch die organisatorischen Rahmenbedingungen wesentlich mitbestimmt. Inhaltlich werden folgende Fragestellungen behandelt:

Bei der Entwicklung neuer technischer Geräte und Anlagen werden zunehmend höhere Anforderungen an die Funktions- und Bedienungssicherheit sowie an die Umweltverträglichkeit und Sozialverträglichkeit gestellt. Im Rahmen des Projektes sollen informationstechnische Grundlagen erarbeitet werden, die es erlauben, bereits vor der Produktherstellung die entsprechenden und z.T. gesetzlich vorgeschriebenen Prüf- und Anhörungsverfahren anhand von Simulationen und virtuellen Realitäten zu unterstützen. Damit sollen auch die Herstellungskosten sozial- und umweltverträglicher Geräte und Anlagen verringert werden, weil durch die Prüfung der Geräte in Form von computersimulierten Prototypen Fehlentwicklungen wesentlich früher entdeckt und verhindert werden können. Außerdem können durch Simulationen auch Gefahrensituationen erprobt werden, die in der Wirklichkeit zu gefährlich sind.

Allgemeiner Situationscharakter

Die Situation im *Gamma*-Projekt kann im Sinne von Andersen als eine Problem*bestimmungs*situation [A+90, pp. 18, 20] beschrieben werden, da es bislang für die beschriebene Zielsetzung so gut wie keine Vorerfahrungen gibt. Die damit verbundene große Unbestimmtheit betrifft beispielsweise die grundsätzliche Bestimmung der zu betrachtenden technischen Geräte- und Anlagenklassen und die praktischen Erfolgschancen des Forschungsprojekts in der beabsichtigten Form.

Handlungslogik(en) des Gegenstandsbereichs

Bei der von *Gamma* angestrebten umfassenden informationstechnischen Unterstützung von Prüfverfahren technischer Produkte ist mit einem großen Anteil sozialer Interaktionen zu rechnen. Zunächst ergibt sich dies aus der Vielzahl der zu beteiligenden Interessengruppen und Öffentlichkeitsvertreter. Zum anderen ist die Prüfung von Umwelt- und Sozialverträglichkeit häufig ein Güterabwägeprozeß, der neben formalen Aspekten vor allem eine inhaltsbezogene Argumentation erfordert, inwieweit ein Produkt 'akzeptabel' erscheint oder noch verbessert werden muß. So kommt es beispielsweise nach Aussagen von Experten im Bereich der technischen Sicherheit durchaus vor, daß bei strittigen Zulassungsverfahren das Prüfverfahren am Produkt durch einen persönlichen Verständigungsprozeß zwischen betroffenem Unternehmen und Prüfinstitution ersetzt bzw. ergänzt wird.

Sonstige Situative Vorgaben

Im Rahmen des Forschungsprojektes soll ein technisches Gerät als Referenzanwendung herangezogen werden, das aus einer industriellen Entwicklungsabteilung kommt. Die technische Konstruktions- und Funktionserprobung wurde dort bereits informationstechnisch unterstützt. Die Anwendergruppe der informationstechnischen Entwicklungsunterstützung waren vor allem die Entwicklungsingenieure selbst.

7.4.1.2 Akteure und Rollen

Auftraggeber

Da das Projekt im Rahmen universitärer Forschung durchgeführt wird, kann es nur bedingt mit normalen Software-Entwicklungsprojekten verglichen werden. Dies zeigt sich z. B. an der Schwierigkeit,

einen 'eindeutigen' Auftraggeber zu benennen. Die Aufgaben eines
Auftraggebers sind noch am ehesten gemeinsam beim Gremium der
verantwortlichen Hochschullehrer und bei der Förderinstitution anzu-
siedeln, wobei die Hochschullehrer allerdings im Rahmen ihrer eigenen Forschungsarbeit selber ebenfalls wesentlich an der Projektarbeit
beteiligt sind. Außerdem steht im Unterschied zu Entwicklungspro-
jekten der Praxis nicht so sehr die unmittelbar praktische Anwendbarkeit im Mittelpunkt, sondern eher forschungsrelevante Ergebnisse,
die ihrer Natur nach stärker ergebnisoffen sind.

Ressourcenquellen

Die materiellen Ressourcen kommen zu einem großen Teil von
einer staatlichen Drittmittelinstitution. Ein weiterer wichtiger Teil
kommt in Eigenverantwortung von den beteiligten Hochschullehrern.

Ausführende

Ausführende sind im wesentlichen wissenschaftliche Mitarbeiter
und deren studentische Hilfskräfte unter Koordination der beteiligten
Hochschullehrer.

Benutzer und Betroffene, Bereichsexperten

Der Kreis der Benutzer und Betroffenen, die später mit den informationstechnischen Produkten des *Gamma*-Projektes arbeiten sollen, ist bislang nur vage bestimmt worden. Die Zusammenarbeit mit
den für die Referenzanwendung fachlich zuständigen traditionellen
Ingenieursfachbereichen an der TH Darmstadt ist etabliert. Weitere Kontakte zu TÜV-Prüfern und zu Konstruktions-Ingenieuren aus
der Praxis sind hergestellt worden. Kontakte zur Öffentlichkeit, die
an Prüfverfahren zu beteiligen ist, wurden bislang vor allem über
den Kontakt zu Wissenschaftsjournalisten geknüpft. Die Einbeziehung all dieser potentiellen Benutzer- oder Betroffenengruppen der
angestrebten informationstechnischen Simulationsumgebung in die
laufende Forschungsarbeit erfolgt bislang im wesentlichen weitgehend

konsultativ. Dabei beschränkt sich die Einbeziehung von der zeitlichen Dimension her auf einzelne (maximal) tageweise Kontakte.

7.4.1.3 Interessen, Werte und Erfolgskriterien

Die Gesamtzielsetzung von Gamma kann man als einen Beitrag zur Demokratisierung von Technikentwicklungen verstehen. Diese sollen frühzeitig, noch bevor sie vollendete Tatsachen sind, von allen davon Betroffenen unter den jeweils für sie interessanten Perspektiven in Form informationstechnisch unterstützter Simulationen geprüft werden können. Die Prüfergebnisse sollen dann zu einem rechtsverbindlichen Bestandteil bei der Zulassung und Realisierung der Technik werden. Die besonderen forschungsspezifischen Rahmenbedingungen und Erfolgskriterien für die Projektdurchführung schränken die *faktische* Zielsetzung von *Gamma* zur Zeit tendenziell auf aktuell forschungsrelevante Ergebnisse ein. Das Erreichen des anwendungsbezogenen Gesamtziels tritt deshalb derzeit verständlicherweise gegenüber der prototypischen Entwicklung neuer technischer Lösungen oder auch gegenüber der Erarbeitung von Dissertationen eher zurück.

7.4.1.4 Interaktions- und Kommunikationskultur

Die Vorgeschichte des Projektes und der allgemeinen Organisationskultur ist nur zum Teil rekonstruierbar. Dies scheint für solche Projekte durchaus normal zu sein: „Ihre Entstehungsgeschichte zu rekonstruieren, (stellt sich) bei den meisten Projekten als recht mühselig und langwierig dar. Bisweilen zog sie sich über Jahre hinweg." [WO92, S. 19] *Eine* Wurzel hat das Projekt sicherlich in der mehrjährigen Beschäftigung eines der beteiligten Informatik-Lehrstühle mit Fragen nach der Prüfbarkeit und Korrektheit von Software. Zum Teil rekrutiert sich der Kreis der Hochschullehrer auch aus der Überlegung, durch die Zusammenarbeit in diesem Forschungsprojekt auch die sonstige gegenseitige Kooperation anregen zu können. Schließlich sollen durch das Forschungsprojekt auch neue Lehr- und Studieninhalte angeregt werden.

7.4.1.5 Repräsentations- und Methodenaspekte

Von Projektbeginn an wurden programmiersprachliche Paradigmen der Informatik bzw. verschiedene weitere schon vorliegende informationstechnische Werkzeuge im Datenbank- und Visualisierungsbereich von der Leitungsebene vorgegeben. Diese wurden anschließend von der Förderinstitution als verbindlich einzuhaltend akzeptiert.

7.4.2 Diskursive Öffnung

In der vorliegenden Fallstudie war es aufgrund der geschilderten situativen Rahmenbedingungen nicht möglich, die diskursive Anforderungsanalyse zur anwendungsbezogenen Gesamtzielsetzung *direkt* mit Vertretern aus den propagierten Anwendungsgebieten durchzuführen. Deshalb konnte die für meinen Ansatz konstitutive dialogische Grundhaltung nicht direkt umgesetzt werden, wonach „mittels *wechselseitigen Widersprechens und Erwägens bzw. von Zustimmung und modifizierter Zustimmung* ein gemeinsames Ziel verfolgt und erreicht werden" [Pas94, S. 102] soll.

Aus diesem Grund wurde eine diskursive Öffnung erforderlich, die die Beteiligungsproblematik im Rahmen der situativen Randbedingungen zu entschärfen in der Lage war. Hierbei kam mir zu Hilfe, daß in einem der beteiligten Teilprojekte von Anfang an die Verständigungsproblematik bei Systementwicklungen als eines der Hauptprobleme valider Systementwicklung angesehen worden war. Mit meinem Ansatz konnte ich an diese positive Grundhaltung anschließen. Als methodische Leitidee der diskursiven Öffnung wurde zunächst auf einen dialektischen Ansatz im Sinne der *Soft Dialectics* von Bratteteig et al. zurückgegriffen:

„Members of an organisation often disagree on what are the problems, and what is a desirable future. Conflicts between perspectives and interest groups will affect the development and use of computer systems. ... The method supports mutual learning between developers and users by supporting a constructive dialogue between them. ... The analysis group should try to identify and describe several relevant perspectives on the same situation, in order to encourage the use of multiple perspectives." [BØ94] Konkret wurden im zitierten Teilprojekt deshalb zwei Teilgruppen im Sinne der *Soft Dialectics* gebildet:

- Eine Teilgruppe vertrat 'die Systementwickler' und hatte die Aufgabe, die Vorgaben der Aufgabenstellung möglichst zu verteidigen.

- Die andere Teilgruppe vertrat 'die Anwender' und hatte die Aufgabe, möglichst viele der Vorgaben auf Angemessenheit für die eigenen Zwecke zu überprüfen.

Im Nachhinein zeigte sich sogar, daß die anfangs eher als Ersatzlösung gewählte Vorgehensweise besonders günstig für die diskursive Anforderungsanalyse war. Die Diskussionen waren nämlich stark von den normalen Handlungszwängen entlastet, so daß alle Beteiligten *in hypothetischer Einstellung* sich wirklich auf die Argumente der jeweils anderen Seite einlassen konnten. Auf der anderen Seite waren die Beteiligten trotzdem so in das Gesamtprojekt eingebunden, daß ihre Teilnahme *authentisch* und nicht nur hypothetisch bzw. theoretisch war. Insgesamt war es dadurch möglich, ein besonders verständigungsorientiertes *metakommunikatives Klima* zu erreichen, in dem es ausdrücklich erwünscht war, die gemachten Vorgaben hinsichtlich ihrer Geltungsansprüche diskursiv auf die Probe zu stellen. Im nächsten Abschnitt beschreibe ich die wichtigsten Schritte und Ergebnisse der durchgeführten Anforderungsanalyse.

7.4.3 Diskursive Anforderungsanalyse

7.4.3.1 Bestimmung des begrifflichen Universums und Erstellung eines Benutzerszenarios

Ausgangspunkt einer diskursiven Anforderungsanalyse muß zunächst die Bestimmung des Bezugsrahmens, d. h. des *Begrifflichen Universums* (s. Abschnitt 6.3.3.3) sein. Das Begriffliche Universum (oder auch: Diskursuniversum) umfaßt den Bereich der *grundsätzlich thematisierungsfähigen* Aspekte aus dem Anwendungszusammenhang der Systementwicklung und ist deshalb wesentlicher Bezugspunkt für

die Beurteilung der *Reduktions- und Modellierungstransparenz* überhaupt: Nur wenn über diesen für die Systementwicklung relevanten
Ausschnitt aus der zugrundeliegenden Situation für alle Beteiligten
Klarheit besteht, kann eine pragmatisch angemessene Anforderungsanalyse überhaupt stattfinden (s. auch [Zei84, p. 30], [Pag91, S. 16]).

Zur näheren Bestimmung des Diskursuniversums wurde zunächst
ein heuristisch zu verstehendes *Benutzerszenario* erstellt. Ausgehend
von einer informalen Beschreibung der im obigen Situationsprofil wie-
dergegebenen Gesamtzielsetzung des Projektes, unter Einbeziehung
der konkreten Demonstrationsanwendung und einer zusätzlich *vorgegebenen* Aufgabenstellung zur prototypischen programmtechnischen
Umsetzung dieser Anwendung wurden folgende hauptsächliche Benutzergruppen als potentielle Anwendergruppen für die vorgesehene
Systementwicklung vorgeschlagen:

- Fahrschule

- Käufer eines Autos

- TÜV

- Hersteller des Autos

Leitfrage für die Erstellung des Benutzerszenarions war dabei die
anwendungsorientierte Fragestellung, für welche Benutzergruppen die
postulierte Leitidee interessant sein könnte. Das Benutzerszenario
wurde danach unter anderem im formalen Kontext *Bestimmung der
Benutzerszenarien* beschrieben, von dem hier eine vereinfachte Fassung dargestellt wird. Dabei war besonders von Interesse, welche Benutzergruppe wohl welche Funktionalität bzw. Information von einer
für ihre Zwecke angemessene Systementwicklung erwarten würde. Dabei wurden einige vereinfachende Annahmen gemacht. So wird davon
ausgegangen, daß der Hersteller des Autos an allen Funktionalitäten
interessiert ist, da er ja mit allen beteiligten Interessengruppen in
Beziehung steht. Die auf diese Weise erhaltenen Anforderungsprofile
wurden zum Vergleich außerdem den in der Aufgabenstellung formulierten Anforderungen gegenübergestellt.[10]

	Allgemeines Fahrverhalten	Fahrgefühl	Bedienung	Sicherheit in Grenzsituationen	Abgase	Verbrauch	Reifenabnutzung	Geräuschentwicklung
Fahrschule	X	X	X		X			
Käufer	X	X	X	X		X	X	X
TÜV	X			X	X	X		
Hersteller	X	X	X	X	X	X	X	X
Vorgaben der Aufgabenstellung	X	X	X	X				

Formaler Kontext *Bestimmung der Benutzerszenarien* (Auszug)

Das zu diesem formalen Kontext gehörende Liniendiagramm ist in Abbildung 7.3 dargestellt. Es ist daran z. B. unmittelbar zu erkennen, daß die vier aus der propagierten Leitidee der Systementwicklung abgeleiteten Benutzergruppen sich hinsichtlich der benötigten Funktionalitäten deutlich unterscheiden. Zugleich wird ersichtlich, daß die bisherigen *Vorgaben der Aufgabenstellung* für keine der propagierten Benutzergruppen ausreichend bzw. angemessen sind. Jede Benutzergruppe hat weitere eigene Anforderungen, z. B. muß für alle Benutzergruppen noch eine Funktion zum *Verbrauch* hinzukommen. Für den TÜV müssen außerdem Funktionen zu den *Abgasen* und zur *Stabilität der Achsen* hinzukommen. Die weiteren Ergänzungswünsche können ebenfalls leicht am Liniendiagramm in Abbildung 7.3 abgelesen werden. In der von uns auf diese Weise vorgenommenen Bestimmung

---

[10]Selbstverständlich ist die nachfolgende Darstellung weit davon entfernt, für realistische Zwecke ausreichend detailliert zu sein. Es kommt mir hier vor allem darauf an, die Bestimmung des Diskursuniversums *im Prinzip* zu veranschaulichen.

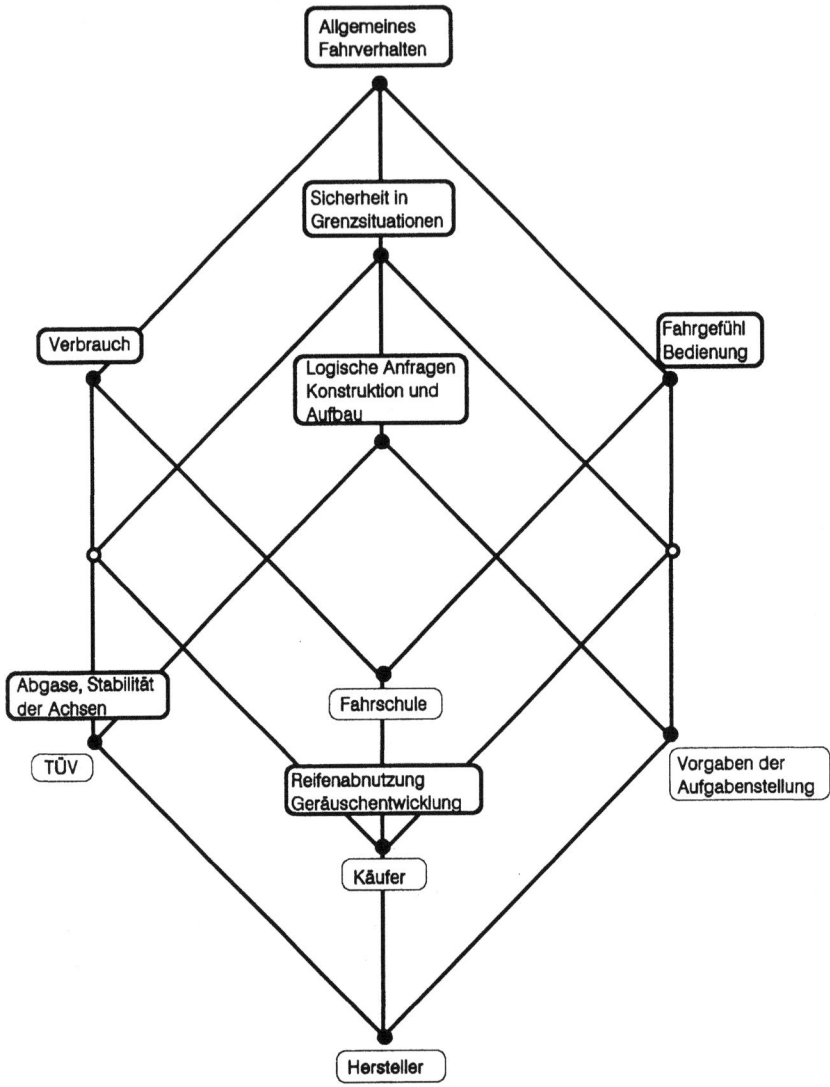

Abbildung 7.3: Liniendiagramm zur Bestimmung der Benutzerszenarien

des Diskursuniversums konnten also der Anspruch und die Begrenzungen der bislang in der Aufgabenstellung vorgeschlagenen Funktionalitäten sehr gut diskursiv zugänglich gemacht werden.

7.4.3.2 Erstellung eines (semi-formalen) konzeptuellen Modells

Im Anschluß an die erste, eher informale Bestimmung des generellen
Diskursuniversums wurde eine semi-formale Präzisierung der für die
jeweils gewünschten Funktionalitäten erforderlichen Modellierungsaspekte vorgenommen, d. h. es wurde ein *konzeptuelles Modell* entwickelt. Als Auszug daraus sind im Liniendiagramm in Abbildung
7.4 für die Funktionalitäten

- Bedienung/Ergonomie

- Fahrverhalten (rein physikalische Ebene)

- Fahrgefühl (wirklich vom Bediener erfahrbar)

- Logische Anfragen

- Stabilität der Achsen

jeweils als wichtig erachtete Attribute, Eigenschaften und anzubie-
tende Einzelfunktionen dargestellt.[11]
Außerdem wurden in das Liniendiagramm zum Vergleich z. B.
die bisher vorgesehene Modellierung eines *einrädrigen Achsmodells*
und die *zweidimensionale Darstellung (Position 2dim.)* aufgenommen. Beide bislang von der allgemeinen Aufgabenstellung vorgesehenen Modellierungsaspekte sind dagegen für keine der oben genannten
Funktionalitäten hinreichend, deshalb stehen sie als Merkmale im Liniendiagramm in Abbildung 7.4 ganz unten, d. h. es gibt keine Funktionalität im Diskursuniversum, auf die sie zutreffen, bzw. für die sie
benötigt werden. Dies könnte auf eine *Fehlspezifikation* oder zumindest auf eine *redundante Spezifikation* hinweisen. Umgekehrt wird am

---

[11]Auf die Darstellung der zum Liniendiagramm gehörenden *Formalen Kontexte* verzichte ich im weiteren Verlauf der Arbeit, da diese unmittelbar aus dem
Liniendiagramm rekonstruiert werden können.

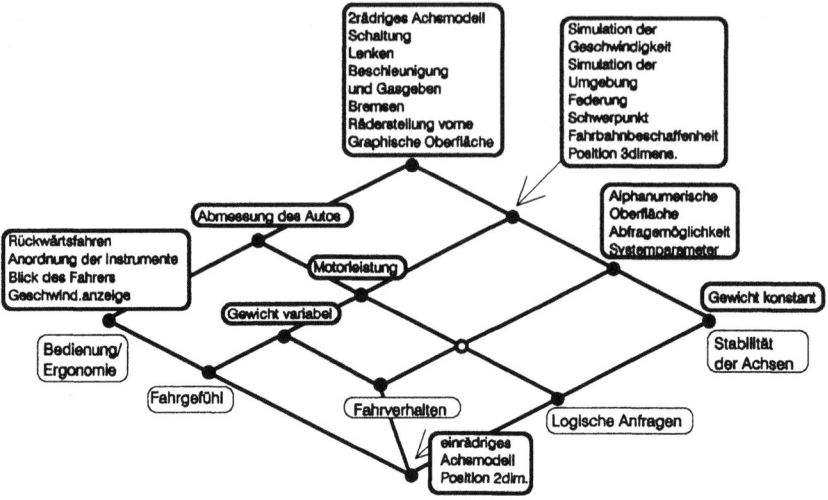

Abbildung 7.4: Liniendiagramm zur Bestimmung des konzeptuellen
Modells

Liniendiagramm in Abbildung 7.4 z. B. sehr schnell ersichtlich, daß *alle* Funktionalitäten eine Darstellung eines *zweirädrigen Achsmodells* erfordern.

7.4.3.3 Diskursive Validierung der vorgegebenen Aufgabenstellung gegen das konzeptuelle Modell

Nach den Schritten *Erarbeitung von Benutzerszenarien* und *Erstellung eines konzeptuellen Modells* erfolgte nun die diskursive Validierung der bislang laut Aufgabenstellung vorgesehenen Modellierung gegen das aus inhaltlichen Überlegungen heraus entwickelte *konzeptuelle Modell*. Aufgrund der gewählten dialektischen Vorgehensweise hatte dabei eine Gruppe die Analyseergebnisse zum Anlaß genommen, die Modellierungsvorgaben aus der Aufgabenstellung kritisch zu hinterfragen und möglichst die Modellierungswünsche einzubringen, wie sie sich aus den zuvor erstellten Benutzerszenarien ergeben hatten. Die andere Gruppe hatte umgekehrt die in der groben Aufgabenstellung vorgeschlagene Modellierung zu verteidigen. Dadurch entwickelte sich ein äußerst spannender Diskussionsprozess, der alle Beteiligten im Sinne einer gemeinsamen Theoriebildung zu einem wesentlich verbesserten konzeptuellen Verständnis der vorgesehenen Modellierung, ihrer Stärken und ihrer Schwächen führte. Inhaltlich wurde dazu in zwei Schritten vorgegangen:

- Die für die Vermittlung der Handhabungseigenschaften wichtigen Funktionalitäten *Fahrgefühl*, *Bedienung* und *Ergonomie* wurden in einer gemeinsamen Begriffsanalyse hinsichtlich der Unterscheidung *im Modell enthalten* versus *nicht im Modell enthalten* klassifiziert (Liniendiagramm in Abbildung 7.5).

- Anschließend wurde eine analoge Untersuchung gemacht für die eher technisch orientierten Funktionalitäten *Stabilität der Achsen*, *Fahrverhalten (physikalische Werte)*, *Logische Anfragen* (Liniendiagramm in Abbildung 7.6).

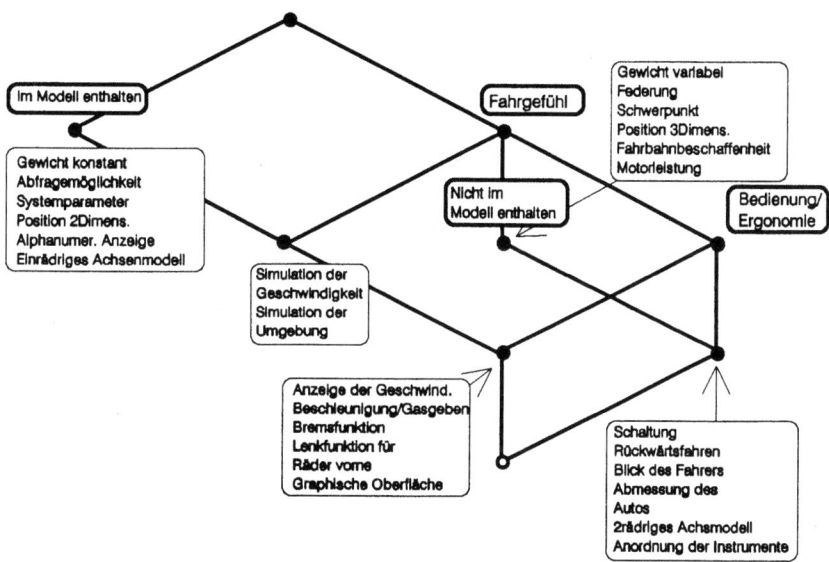

Abbildung 7.5: Liniendiagramm zu den Handhabungseigenschaften

Für jedes einzelne nicht-modellierte Attribut war unter anderem die Frage zu beantworten, warum es evtl. tatsächlich vernachlässigt

werden kann, bzw. ob es nicht gegenüber den Vorgaben der Aufgabenstellungen zusätzlich aufzunehmen ist. Insgesamt haben die Darstellungen der Liniendiagramme in dieser Diskussion helfen können,
Fehlspezifikationen zu entdecken bzw. dahinterliegende Mißverständnisse und Fehlinterpretationen über die Bedeutung einzelner Attribute aufzudecken.[12]

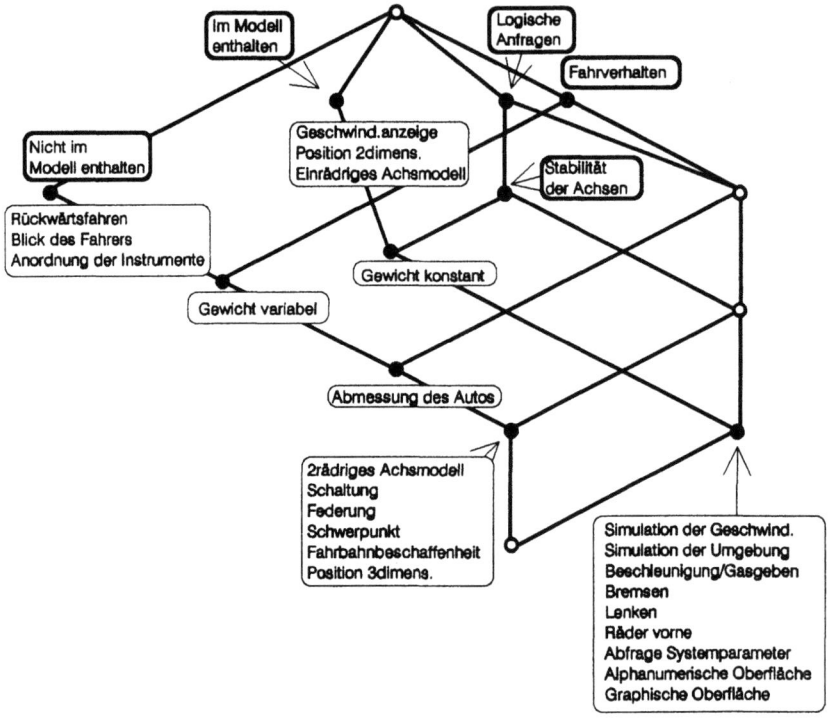

Abbildung 7.6: Liniendiagramm zu den technischen Eigenschaften

Am Liniendiagramm in Abbildung 7.5 ist unmittelbar abzulesen,
welche Attribute z. B. für die Funktionalität *Fahrgefühl* aufgrund des
konzeptuellen Modells erforderlich sind. Außerdem ist unmittelbar
zu ersehen, welche Attribute davon bereits in der vorgegebenen Mo-

---

[12]Diesen Diskursprozeß kann ich hier aus Platzgründen nicht im Einzelnen doku-
mentieren. Innerhalb des Forschungsprojektes werden derzeit zur Dokumentation
geeignete Darstellungsformen in einem Hypertext-System evaluiert.

dellierung laut Aufgabenstellung erfaßt sind und welche davon nicht enthalten sind. Im Liniendiagramm in Abbildung 7.6 erfolgt eine analoge Darstellung für die technikorientierten Funktionalitäten, wie sie sich aus dem konzeptuellen Modell ergeben haben. Dabei wird ebenfalls der Vergleich zu den Vorgaben der Aufgabenstellung gemacht. Über beide Liniendiagramme kam nun ein lebhafter Verständigungsprozeß in Gang, bei dem als wichtige Entscheidungshilfe immer wieder auf die oben skizzierten Benutzerszenarien und das zugrundeliegende begriffliche Universum zurückgegriffen wurde. Nur durch diese Bezugsbasis konnte dann entschieden werden, inwieweit die vorgenommene Modellierung für den angestrebten Zweck angemessen ist.

Die hier für das *konzeptuelle Modell* exemplarisch und verkürzt dargestellt diskursive Validierung der zu berücksichtigenden Anforderungen kann im weiteren Verlauf der Systementwicklung in analoger Weise wiederholt werden. So können in einem nächsten Schritt die konkret zur programmtechnischen Modellierung des konzeptuellen Modells vorgesehenen Variablen wiederum begriffsanalytisch untersucht, klassifiziert und argumentativ überprüft werden. Mögliche Leitfragen wären dann beispielsweise:

- Welche Variablen sind berücksichtigt, d. h. welche Aspekte des realen physikalischen Systems bzw. des konzeptuellen Modells?

- Wie sind sie definiert?

  - Arten der Datentypen

  - Zulässige Wertebereiche

- Welches sind im Wert beschränkte Variablen, welche sind unbeschränkt? Diese Frage kann wichtig sein für die Unterscheidung sicherheitsrelevante vs. unbedenkliche Parameter.

- dito für die gegenüber dem physikalischen System bzw. gegenüber dem konzeptuellen Modell *vernachlässigten* Variablen oder Aspekte.

7.4.4 Zusammenfassende Bewertung

Die in der Fallstudie Gamma durchgeführte diskursive Anforderungsanalyse hatte zum Ziel, die Erarbeitung einer gemeinsamen Situationsdefinition für die vorgesehene Systementwicklung zu unterstützen.
Aufgrund der geschilderten situativen Rahmenbedingungen, daß keine direkte Benutzerbeteiligung möglich war, war ich ersatzweise auf
die Einbettung in die skizzierte dialektische Vorgehensweise zur Simulation einer partizipativen Entwicklungssituation angewiesen. Diese anfänglich als Ausweichlösung gedachte Vorgehensweise stellte sich
jedoch im Verlauf der einzelnen Arbeitsschritte zunehmend sogar als
besonders günstig für die diskursive Anforderungsanalyse heraus:

- Die Ergebnisse der Fallstudie zeigen, daß der vorgeschlagene
  Methodenrahmen und hier insbesondere die gewählte dialektische Vorgehensweise durchaus als ein Ansatz zu einer *intersubjektiven Theoriebildung* im Naur'schen Sinne verstanden werden kann. Danach steht vor jeder programmiersprachlichen Formalisierung zunächst im Vordergrund, ein vertieftes gegenseitiges Verständnis für die jeweiligen Sichtweisen zu erreichen. Die
  gewählte Vorgehensweise in der Fallstudie hat damit für alle
  daran Beteiligten zur angestrebten Reduktions- und Modellierungstransparenz und besonders zur diskursiven Bewältigung
  der pragmatischen Lücke beigetragen.

- Die eingesetzte Methode der Formalen Begriffsanalyse hat sich
  als ein kommunikationsförderliches Instrument bestätigt. So
  wurde für alle Beteiligten ein wesentlich besseres Verständnis
  der Möglichkeiten und Grenzen der gemachten Vorgaben in der
  technischen Aufgabenstellung im Verhältnis zur programmatisch beschriebenen Gesamtzielsetzung erreicht. Besonders hilfreich war dabei die Veranschaulichung in den Liniendiagrammen. Die Entscheidung, an gewissen Vorgaben festzuhalten,
  erfolgte nun *im Wissen* um die möglicherweise 'unzulässigen'
  Vereinfachungen, die damit verbunden sind. So wurden z. B.
  nicht alle aus den Begriffsanalysen resultierenden Einwände gegen die vorgesehene Modellierung akzeptiert. Diese Entscheidung ist nun aber nicht mehr einfach aufgrund der 'faktischen

Geltung' der Vorgaben erfolgt, sondern die Beteiligten haben sich *mit Gründen* dafür entschieden. Dies erlaubt zugleich einen pragmatisch valideren Umgang mit dem *bewußt* vereinfachten Modell: die Beteiligten wissen in ihrer Theorie, die sie dem Umgang mit dem Programm zugrundelegen, daß es nur unter ganz bestimmten Einsatzbedingungen oder nur in ganz bestimmten Verwendungsweisen *gültig* ist.

• Als weiterer wichtiger positiver Faktor bei der Erarbeitung der gemeinsamen Theorie hat sich schließlich die gewählte Einbettung des diskursiven Ansatzes in einen dialektischen Argumentationsprozeß erwiesen. Die in der dialektischen Grundkonzeption verankerte Tendenz, Widersprüche zu thematisieren, statt sie einfach hinzunehmen, unterstützte nämlich in besonderer Weise die z. B. von Weltz und Ortmann als einen entscheidenden Erfolgsfaktor von Systementwicklungen identifizierte *Verarbeitung statt Verdrängung* von Konflikten [WO92, S. 8].

Unterstützt wurde dieser Prozeß der gemeinsamen Theoriebildung dabei vor allem durch den Umstand, daß das ursprünglich als Ersatzlösung für eine 'echte' diskursive Öffnung gewählte dialektische Rollenspiel einerseits ausreichend stark von den normalen Handlungszwängen entlastet war, so daß alle Beteiligten *in hypothetischer Einstellung* sich wirklich auf die Argumente der jeweils anderen Seite einlassen konnten. Auf der anderen Seite waren die Beteiligten trotzdem noch hinreichend in das Gesamtprojekt eingebunden, daß ihre Teilnahme *authentisch* und nicht nur hypothetisch bzw. theoretisch war. Insgesamt war es dadurch möglich, eine besonders verständigungsorientierte *Interaktionskultur* zu erreichen.

Kapitel 8

Zusammenfassung und Ausblick

Ausgangspunkt und Motivation der vorliegenden Arbeit war, im Sinne der Ethischen Leitlinien der Gesellschaft für Informatik eine Vorgehensweise zur gemeinsamen Reflexion von Gestaltungsalternativen und ihren absehbaren Wirkungen bei Systementwicklungen in der Informatik zu entwickeln. Zugleich sollte die zu entwickelnde Vorgehensweise Anschlußmöglichkeiten an die weitere programmtechnische Umsetzung umfassen, um so auch einen konstruktiven Beitrag zur Bewältigung eines Teils der Software-Krise zu leisten.

Die besondere ethische Herausforderung bestand darin, daß der Auftrag der GI angesichts der inhärenten Wechselwirkungen jeder Systementwicklung mit unterschiedlichen Lebensformen und -normen in einer vernetzten Welt zwar eine notwendige Aufgabe jedes einzelnen Informatikers ist, dieser damit jedoch zugleich alleine in der Regel überfordert ist. Insofern bewegt sich das berufliche Handeln von Informatikern immer in einem Spannungsfeld von *individueller* versus *kollektiver* Verantwortung, das durch geeignete Vorgehensweisen zu bewältigen ist.

Der als Ausgangspunkt gewählte berufsethische Auftrag der GI implizierte zunächst die Frage, inwieweit es bei Systementwicklungen in der Informatik verantwortungsrelevante Aspekte gibt. Hierauf wurde eine grundsätzlich positive Antwort gegeben, wie sie sich in meiner Sichtweise von Systementwicklungen als einen sozial-argumentativen Design-Prozess widerspiegelt.[1] Wesentliche Charakteristika der von mir zugrundegelegten Design-Sicht von Systementwicklungen in der Informatik sind:

• Bei Systementwicklungen besteht die wesentliche Aufgabe darin, aus einer Menge von Gestaltungs*möglichkeiten* nach der Maßgabe menschlicher Zwecksetzungen und Zielvorgaben zu bestimmen, wie die konkrete Gestaltung erfolgen *soll*: „Grundsätzlich geht es nicht um *die* menschenunabhängig korrekte Lösung, sondern um *eine* von den Beteiligten gewählte und verantwortete passende Lösung." [Flo94, S. 34]

• Von zentraler Bedeutung für Systementwicklungen gemäß der Design-Sicht sind neben den dafür benötigten technischen Kompetenzen und Ressourcen die sozialen Interaktionen, in denen die jeweiligen Zielsetzungen und Gestaltungsentscheidungen gemeinsam vereinbart oder zumindest faktisch getroffen werden. Die zentrale Frage dabei ist, wie die technischen und sozialen Faktoren miteinander verwoben sind.

• Die in jeder Systementwicklung als *Produkt* enthaltenen Eigenschaften, Grenzen, Fehler und Reduktionen werden als Ergebnis *menschlicher* Entscheidungen, Handlungen und Reduktionsschritte während der Systementwicklung als *Prozeß* verstanden. Hieraus ergibt sich, daß Systementwicklungen immanent einen ethischen Gehalt besitzen und deshalb prinzipiell der Verantwortungsfrage zugänglich sind.[2]

---

[1]Lorenzen spricht in diesem Zusammenhang aus Sicht der konstruktiven Wissenschaftstheorie gar davon, daß bei Technikentwicklungen die Politik als der Ort, an dem die Design-Entscheidungen entlang menschlicher Zwecksetzungen und Interessenlagen getroffen werden, sogar den *Primat vor der Technik* hat [Lor87, S. 249]. Ähnlich auch z. B. Daecke [Dae93], der daraus deshalb den Schluß zieht, daß Technik-Ethik notwendig als *dialogische* Ethik gedacht und konzipiert werden muß.

[2]Eine heuristische Formulierung der Verantwortungsfrage könnte bspw. ungefähr lauten: Wer hat warum und wofür Rechenschaft abzulegen?

Das spezifische Verantwortungsproblem im beruflichen Handeln von Informatikern steckt vor dem Hintergrund der Design-Sicht im konkreten Umgang mit dem jeder Systementwicklung inhärenten *Reduktionsproblem*:

Bei jeder Systementwicklung werden soziale Realität und inhaltlich-lebensweltliche Zusammenhänge in (formale bzw. symbolische) Modelle transformiert und damit notwendigerweise *reduziert*, z.B. durch Selektion und Perspektivität. Die gegenüber der zugrundeliegenden Situation reduzierten Modelle konstituieren jedoch später selbst wieder bei ihrer Einführung als realisiertes Computerprogramm neue soziale Realität und neue lebensweltliche Zusammenhänge. Insofern stehen Systementwicklungen notwendig in einem Spannungsfeld zwischen der reduzierenden und in der Regel *mathematisch-formalen* Natur ihrer Modelle und Vorgehensweisen und der *außermathematisch-inhaltlichen* Bedeutung und Wirkung dieser Modelle und Vorgehensweisen. Genau hierin dürfte deshalb auch der Kern der vieldiskutierten *Software-Krise* liegen, die daher durch Fortschritte auf technologischem Gebiet alleine wohl nicht bewältigt werden kann.

Gemäß der von mir zugrundegelegten Design-Sicht von Systementwicklungen besteht also zusammenfassend die zentrale berufs*ethische* Herausforderung für Informatiker darin, nach Wegen zu einem verantwortungs*bewußten* Umgang mit der inhärenten Reduktionsproblematik bei Systementwicklungen zu suchen. Dabei ist meines Erachtens generell davon auszugehen, daß das jeder Systementwicklung inhärente Reduktionproblem sicherlich in geeigneter Weise verringert, nicht jedoch gänzlich aufgehoben werden kann. Aufgrund des oben benannten weiteren Spannungsfeldes zwischen *individueller* und *kollektiver* Verantwortung ist dabei außerdem auf die *intersubjektiv* nachvollziehbare Bewältigung (nicht: Beseitigung) der Reduktionsproblematik zu achten, damit alle Anliegen, unterschiedlichen Sichtweisen und Interessen der verschiedenen Beteiligten und Betroffenen im Sinne der Ethischen Leitlinien der GI angemessen verstanden und bei der Systementwicklung entsprechend berücksichtigt werden können.[3]

---

[3] Trotz vielfältiger programmatischer Vorarbeiten zu einer Computer-Ethik gibt

Zum besseren Verständnis des inhärenten Reduktionsproblems bei Systementwicklungen in der Informatik wurde ergänzend die folgende begriffliche Unterscheidung eingeführt: Das Reduktionsproblem äußert sich konkret in drei charakteristischen *Lücken*, die bei jeder Systementwicklung auftreten und jeweils durch entsprechend geeignete Vorgehensweisen zu bewältigen sind (vgl. Abbildung 1.1 in Kapitel 1), nämlich

- die *pragmatische* Lücke

- die *Kohärenz- und Korrektheits*lücke und

- die *Anwendungs*lücke.

Im Rahmen der vorliegenden Arbeit beschränkte ich mich auf die Behandlung dieser Fragestellung für die *pragmatische* Lücke. Neben einer genaueren inhaltlich-theoretischen Klärung der pragmatischen Lücke wurde ein methodischer Ansatz zu ihrer Bewältigung entwickelt und praktisch erprobt. Meinen Ansatz bezeichne ich dabei aufgrund der expliziten Berücksichtigung der intersubjektiven Verständigungsprozesse und der intersubjektiven Nachvollziehbarkeit als *diskursive Anforderungsanalyse.*

Da nun allerdings die Informatik hierfür bislang weder über einen spezifischen theoretischen Bezugsrahmen noch über entsprechende methodische Ansätze verfügt, war es erforderlich, die nachstehenden hauptsächlichen Konzeptionen und Konkretisierungen zu entwickeln:

Als erkenntnistheoretischer Ausgangspunkt zur Analyse und Bewältigung der pragmatischen Lücke wurde eine intersubjektiv-diskursive Konzeption menschlicher Erkenntnis zugrundegelegt, wie sie als argumentative Kohärenz- und Konsenstheorie menschlichen

---

es für diese Zielsetzung allerdings bislang so gut wie keine umfassend ausgearbeitete Gesamtkonzeption, die praktisch einsetzbar oder gar umfassend erprobt wäre (s. auch Kapitel 5). „Kaum mehr als Appelle" resümieren denn auch Lutterbeck und Stransfeld provozierend den seit Weizenbaums Plädoyer für eine Neu-Orientierung der Technikentwicklung offenbar auf der Stelle tretenden Stand der Diskussion: „Bei Lichte betrachtet ist ... seit Weizenbaums Appell zur Frage, wie wir es mit dem Computer halten wollen, unter ethischen Aspekten wenig Substantielles hinzugekommen." [LS92, S. 367]

Wissens gemeinsam u. a. von der Habermas-Apelschen Diskursphilosophie und der konstruktiven Wissenschaftstheorie der Erlanger Schule vertreten wird. Ihre verbindenden philosophiegeschichtlichen Wurzeln haben diese Traditionen in der pragmatisch-semiotischen Erkenntnistheorie von Charles Sanders Peirce (s. [Pei83], [Pei91]).[4]

Im Sinne der skizzierten erkenntnistheoretischen Position tritt die pragmatische Lücke beim Übergang vom lebensweltlichen Zusammenhang zur zeichenhaft-symbolischen Ebene auf. Dieser Schritt wird in der Informatik auch häufig als *Anforderungsanalyse* bezeichnet. Aufgrund der kohärenz- bzw. konsenstheoretischen Sichtweise menschlicher Erkenntnis hängt die Entstehung und das Ausmaß der pragmatischen Lücke außerdem konstitutiv mit der Qualität und dem Umfang der sozialen Verständigungsprozesse im Verlauf der Anforderungsanalyse zusammen.

Diese Einsicht wurde im Fortgang der Arbeit dann als Schlüssel zur Bewältigung (nicht: Beseitigung) der pragmatischen Lücke genutzt. Dabei war insbesondere näher zu klären, wie Technik und Soziales bei Systementwicklungen miteinander verwoben sind. Allerdings zeigte eine zu diesem Zweck durchgeführte ausführliche Bestandsaufnahme des state-of-the-art der Software-Technik, daß diese sich bislang weitgehend auf die selektive Behandlung der technischen Aspekte bei Systementwicklungen konzentrierte (vgl. Kapitel 2 - 4).

Deshalb war es erforderlich, zunächst ein eigenes Verständnis des mehrschichtigen Gesamtzusammenhangs von technischen, sozialen und epistemologischen Aspekten bei Systementwicklungen zu erarbeiten (vgl. Abschnitt 6.2.2). Außerdem war es im Sinne des Auftrags der Ethischen Leitlinien der GI erforderlich, einen eigenen diskursethischen *Bezugsrahmen* zur diskursiven Anforderungsanalyse zu entwickeln (vgl. Kapitel 5). Als theoretischer Ausgangspunkt hierfür diente Habermas' *Theorie des kommunikativen Handelns* mit der Leitvorstellung kommunikativer Rationalität, durch die Habermas den legitimierungspflichtigen Bereich menschlichen Han-

---

[4]Im Hintergrund verweist die hier vertretene Erkenntnistheorie, für die das in der jeweiligen Lebenswelt verankerte intersubjektiv-argumentative *Begründen* konstitutives Element ist, sogar zurück bis zur Aristotelischen *Topik*, vgl. zur Topik näher [Ari52] und [Bub90].

delns ausdrücklich über den Bereich des technisch-instrumentellen Erfolgs hinaus auf soziale Bereiche erweitert, und zwar sowohl auf den gesellschaftlich-normativen wie auf den subjektiv-ästhetischen Bereich.[5]

Anschließend wurde aus diesen Vorstellungen eine kritische Verantwortungsethik im Sinne von Apel entwickelt. Mit dieser Konzeption wurden insbesondere die spezifischen Bedingungen *realer* Sprechsituationen gegenüber der von Habermas in der Theorie des kommunikativen Handelns postulierten *idealen Sprechsituation* berücksichtigt, denn „Vernunft und Aufklärung (haben) nur dann eine Chance, wenn die Widerstände und Gegenkräfte, die ihnen entgegenwirken, klar und realistisch eingeschätzt werden." [Rap89, S. 142] Im einzelnen wurde zu diesem Zweck ein *legitimer Selbstschutzauftrag* und ein *kommunikationsethischer Auftrag* unterschieden, wobei der Selbstschutzauftrag unter der regulativen Idee steht, die Umsetzungsbedingungen für den kommunikationsethischen Auftrag günstig zu beeinflussen.

Zur Umsetzung des diskursethischen Bezugsrahmens wurde dann ein mehrstufiger *Methodenrahmen* zur diskursiven Anforderungsanalyse entwickelt (Kapitel 6 und Abbildung 6.1). Die darin enthaltenen Grundelemente *Situationsprofil* und *diskursive Öffnung* können als (indirekt) diskursive Vorgehensweisen zur Umsetzung des Selbstschutzauftrages angesehen werden. Die *diskursive Anforderungsanalyse* (im engeren Sinne) kann analog dazu als Umsetzung des kommunikationsethischen Auftrages betrachtet werden, in deren Mittelpunkt die gemeinsame Begriffsrekonstruktion und gemeinsame Theoriebildung für die vorgesehene Systementwicklung stehen.

Der Methodenrahmen zur diskursiven Anforderungsanalyse wurde dann in exemplarisch zu verstehenden Fallstudien evaluiert (Kapitel 7). Dabei konnten mithilfe des *Situationsprofils* situative Rahmenbedingungen identifiziert werden, die eine pragmatisch valide Systementwicklung im Sinne einer kommunikativ einlösbaren Bewältigung der *pragmatischen Lücke* erschwert bzw. begünstigt haben.

---

[5]Eine Anforderungsanalyse *im Sinne kommunikativer Rationalität* bezeichne ich im folgenden auch kurz als *pragmatisch valide* Anforderungsanalyse.

Weiterhin konnte aufgrund der *diskursiven Öffnung* die Verständigungsorientierung der konkreten Situation in Teilbereichen günstig
beeinflußt und so die Rahmenbedingungen für die anschließende
Bewältigung der pragmatischen Lücke im Sinne kommunikativer Rationalität verbessert werden.

Die Pointe der eingesetzten diskursiven Vorgehensweise und damit der spezifische Gewinn gegenüber dem generellen state-of-the-art
der Software-Technik lag dabei darin, daß die den etablierten fach-
wissenschaftlichen Standards durchaus entsprechende formal-methodische Durchführung und Bewertung der Systementwicklungen die
in den Fallstudien aufgezeigten situativ bedingten Wirkungszusammenhänge und wechselseitigen Abhängigkeiten zwischen technischen,
sozialen und epistemologischen Faktoren weitestgehend unberücksichtigt liessen, obwohl diese - wie beschrieben - wesentlichen Einfluß auf
den pragmatischen Erfolg der Systementwicklung hatten.

Schließlich hat die in der *diskursiven Anforderungsanalyse* durchgeführte gemeinsame Sprach- und Begriffsrekonstruktion erfolgreich
dazu beigetragen, die für die Systementwicklung notwendigerweise
vorzunehmenden Reduktionen und Formalisierungen *intersubjektiv
nachvollziehbar* zu machen, wodurch die Verkleinerung der pragmatischen Lücke und die weitere Systementwicklung konstruktiv unterstützt wurden.

Insgesamt konnte in den Fallstudien mithilfe des Methodenrahmens auf geeignete Weise analysiert werden, in welchen Wirkungszu-
sammenhängen und wechselseitigen Abhängigkeiten technische, soziale und epistemologische Aspekte in der jeweiligen Systementwicklung verwoben waren. Insofern konnte auch empirisch bestätigt werden, daß die Phänomenologie der pragmatischen Lücke als wesentlicher Bestandteil der Software-Krise nicht alleine technologischer Natur ist, sondern als ein mehrschichtiger Gesamtzusammenhang von
technischen, sozialen und epistemologischen Faktoren zu verstehen
ist. Zugleich konnte das dadurch gewonnene vertiefte Verständnis dieser wechselseitigen und mehrschichtigen Abhängigkeiten konstruktiv
für eine Verkleinerung der pragmatischen Lücke genutzt werden.

Weitere wichtige Eigenschaften meines Methodenrahmens sehe ich in den folgenden Punkten:

Mit meinem Methodenrahmen verzichte ich auf eine Erfolgs*garantie*, wie sie alleine in einem Rahmen *instrumenteller* Vernunft möglich wäre. Diskursive Anforderungsanalyse im Sinne *kommunikativer* Vernunft setzt dagegen die grundsätzlich *nicht* erzwingbare Bereitschaft der Beteiligten zur argumentativen Auseinandersetzung mit dem eigenen Tun voraus. Diese Bereitschaft kann in einem (diskurs-)ethisch vertretbaren Sinne zwar beispielsweise durch die von mir im Methodenrahmen vorgeschlagene *diskursive Öffnung* angeregt, jedoch nicht angeordnet werden, denn „der Versuch, ethische Prinzipien ... zwangsweise anderen aufzuerlegen, widerspricht dem Wesen der Ethik selbst." ([Cap93, S. 128], s. auch [Mar93, S. 152f.])

Der Ansatz diskursiver Anforderungsanalyse bietet außerdem konkret auf Systementwicklungen in der Informatik bezogene diskursethische Entscheidungs*hilfen*, ohne den jeweils Handelnden die individuelle Entscheidung im Einzelfall bereits vorgeben zu wollen, was durch die Bezeichnung als Methoden*rahmen* auch begrifflich zum Ausdruck gebracht wird. Auch kann die Anwendung meines Methodenrahmens niemandem letztlich die individuelle (Mit-)Verantwort*ung* für das konkrete Handeln bei Systementwicklungen abnehmen. In diesem Zusammenhang halte ich deshalb auch den von der GI in ihren Ethischen Leitlinien gewählten Ausdruck *kollektiver* Verantwortung für mißverständlich:

Selbstverständlich ist es sinnvoll und diskursethisch notwendig, *vor* einer beabsichtigten Systementwicklung diese in einem *kollektiven* Verständigungsprozeß überprüfen zu lassen, um ihre Angemessenheit und Verantwort*barkeit* aus möglichst vielen Perspektiven zu validieren. Die aus der konkreten Systementwicklung entstehende faktische Verantwort*ung* jedoch kann nicht vollständig im kollektiven Raum verortet werden, sondern muß letztlich stets, zumindest in relevanten Anteilen, *individualisiert* werden. Jede Systementwicklung enthält damit stets Anteile *individueller* (Mit-)Verantwortung [Mar89].[6]

---

[6]Parnas hat deshalb in seinem Vorschlag zu *The Professional Responsibili-*

Zukünftigen Forschungsbedarf sehe ich vor allem darin, die hier exemplarisch für die *pragmatische Lücke* vorgestellte Untersuchung des inhärenten Reduktionsproblems bei Systementwicklungen in der Informatik in analoger Weise für die *Kohärenz-* und *Korrektheitslücke* und für die *Anwendungslücke* fortzusetzen. Die zu verfolgende Zielsetzung wäre dabei einerseits ein umfassendes Verständnis des Phänomens der *Software-Krise* sowie andererseits ein hierfür angemessener integrierter Ansatz (pragmatisch) *valider Systementwicklung*, in dem innerhalb des zyklisch-prozeßhaften Gesamtzusammenhangs von Systementwicklungen reflektionsorientierte und handlungsorientierte Anteile im Sinne kommunikativen Handelns wechselseitig aufeinander bezogen sind und sich gegenseitig bedingen.

Geeignete und primär *handlungs*orientierte Anknüpfungspunkte für eine derartige Erweiterung meines Ansatzes können z. B. in den Vorschlägen von Rombach et al. zum *Experimental Software-Engineering* [RBS93b], von Jarke et al. zu einem in diesem Sinne prozeßhaft verstandenen Requirements-Engineering ([JP93c], [JP⁺93b], [JP93a]) und in dem semiotisch begründeten Ansatz zur Qualitätssicherung bei Systementwicklungen von Lindland et al. [LSS94] gesehen werden.

Umgekehrt können die genannten Vorschläge ihrerseits sinnvoll durch die in meinem Methodenrahmen vorgestellten *reflektions-* und *verständigungs*orientierten Komponenten und die darin explizit vorgesehene besondere Berücksichtigung der Mehrschichtigkeit von Systementwicklungen im Sinne einer wechselseitigen Verschränkung von technischen, sozialen und epistemologischen Faktoren ergänzt werden, um sich auf diese Weise insgesamt einem integrierten Ansatz *valider* Systementwicklung zu nähern. Ein solcher Ansatz wäre zugleich ein wesentlicher konstruktiver Fort-Schritt, um das von den

---

ties of Software Engineers durchaus zu Recht so sehr die Unausweichlichkeit der mit jeder Beteiligung an einer konkreten Systementwicklung verbundenen *eigenen* (Mit-)Verantwortung betont, selbst wenn die Systementwicklung (z. B. im Rahmen des Arbeitsvertrages) von *anderen angeordnet* wurde: „A Professional Engineer accepts responsibility for design decisions ... even if ordered to do so." [Par94, p. 335]

Ethischen Leitlinien der GI als zentrale berufs*ethische* Herausforderung formulierte Spannungsfeld von *individueller* versus *kollektiver*
Verantwortung im Sinne kommunikativer Rationalität zu entschärfen.

Anhang A

Formale Begriffsanalyse - Mathematische Grundlagen

Zielsetzung der Formalen Begriffsanalyse ist es, den Zusammenhang zwischen formalem und inhaltlichem Denken zu stärken, worauf ich in Abschnitt 6.3.3. bereits ausführlich eingegangen bin. Dort habe ich auch die philosophische und erkenntnistheoretische Einordnung der Formalen Begriffsanalyse und ihre konzeptionelle Bedeutung innerhalb meines Methodenrahmens zur diskursiven Anforderungsanalyse beschrieben.

In diesem Kapitel gebe ich eine Einführung in wichtige mathematische Grundbegriffe der *Formalen Begriffsanalyse*, wie sie ausgehend von R. Willes Arbeiten zur Restrukturierung der mathematischen Verbandstheorie [Wil82] seit über 10 Jahren entwickelt, angewendet und z. B. durch die Konzeption *Begrifflicher Wissenssysteme* inzwischen deutlich erweitert wurde ([GWW87], [Wil87], [Wil89], [Wil92b], [Wil92a], [WZ94], [Wil94], [GW96]).

Ich konzentriere mich anhand eines elementaren Fallbeispiels auf wichtige *mathematische* Grundelemente der Formalen Begriffsanalyse und möchte damit zugleich aufzeigen, wie mit ihrer Hilfe der zwischenmenschliche Verständigungsprozeß sinnvoll unterstützt werden kann.[1] Im einzelnen erläutere ich die Grundelemente *Formaler Kontext* (A.1) und *Formale Begriffe* (A.2) und gehe auf die Darstellung des *Begriffsverbandes* als *Liniendiagramm* ein (A.3). Außerdem erläutere ich *Implikationen zwischen Merkmalen* (A.4) und illustriere abschließend an einem Elementarbeispiel die grundsätzliche Eignung dieser Grundelemente der Formalen Begriffsanalyse zur Verbesserung des gemeinsamen Begriffsverständnisses (A.5).

A.1   Formale Kontexte

Die Formale Begriffsanalyse gründet sich auf die Definition eines *formalen Kontextes*, danach ist ein formaler Kontext ein Tripel (G, M, I), wobei G und M Mengen sind und I eine binäre Relation zwischen G und M. Die Elemente von G nennen wir *Gegenstände*, die von M *Merkmale* des Kontextes. Die Beziehung gIm wird gelesen als „der Gegenstand g hat das Merkmal M".

Ein formaler Kontext kann anschaulich durch eine Kreuztabelle dargestellt werden, deren Zeilen mit den *Gegenständen* und deren Spalten mit den *Merkmalen* benannt sind. Ein Kreuz in der Zeile g und der Spalte m gibt an, daß auf den Gegenstand g das Merkmal m zutrifft. Ein Beispiel für einen formalen Kontext gibt die nachfolgend dargestellte Tabelle *Fortbewegungsmittel 1*. Sie stellt eine Klassifikation verschiedener Fortbewegungsmittel unter den Aspekten *Transportaufgaben* und *Antriebsart* dar.

An dieser Stelle sei nochmals kurz auf die bereits bei der Erstellung des formalen Kontextes wirksamen Interpretationen, Selektionen und Reduktionen bezüglich der zugrundeliegenden Situation hingewiesen. So kann die Interpretation des Fahrrades als Lastentransportmittel aus Sicht eines Radrennfahrers durchaus abgelehnt werden. Wenn bei der Erstellung formaler Kontexte solche begleitenden Diskussionen geführt werden, dann kann bereits dieser erste Schritt bei der Anwendung der Begriffsanalyse dazu beitragen, das *begriffliche Universum* näher zu bestimmen und gegenseitige Mißverständnisse

---

[1]Die folgende Darstellung der mathematischen Grundbegriffe der Formalen Begriffsanalyse ist an [GW96] angelehnt.

	Fort-bewe-gungs-mittel	Personen-trans-port	Lasten-trans-port	Motor-antrieb	Muskel-antrieb
LKW	x		x	x	
PKW	x	x	x	x	
Fahrrad	x	x	x		x
Skateboard	x	x			x

Formaler Kontext *Fortbewegungsmittel 1*

können schon sehr früh im Prozeß der gemeinsamen Begriffsrekonstruktion erkannt werden. Dies unterstützt damit zugleich konstruktiv das Ziel einer gemeinsamen Theoriebildung, wie sie in Kapitel 6.2. als wichtiges Ziel diskursiver Anforderungsanalyse formuliert wurde.

A.2 Formale Begriffe

Zwischen den Mengen G und M eines formalen Kontextes können mit Hilfe der darin gegebenen Inzidenzrelation I folgende *Ableitungsoperatoren* definiert werden:

- Für eine Menge $A \subseteq G$ von Gegenständen kann die Menge A' der gemeinsamen Merkmale der Gegenstände in A bestimmt werden durch $A' := \{m \in M \mid gIm \text{ für alle } g \in A\}$.

  Wählt man im obigen Kontext z.B. $A := \{$Fahrrad, Skateboard$\}$, so ergibt sich: $A' = \{$Fortbewegungsmittel, Personentransport, Muskelantrieb$\}$.

- Für eine Menge $B \subseteq M$ von Merkmalen kann die Menge B' der Gegenstände, die alle Merkmale aus B haben, bestimmt werden durch $B' := \{g \in G \mid gIm \text{ für alle } m \in B\}$.

  Wählt man im obigen Kontext z.B. $B := \{$Fortbewegungsmittel, Personentransport, Muskelantrieb$\}$, so ergibt sich: $B' = \{$Fahrrad, Skateboard$\}$.

Ausgehend von dem in Kapitel 6.3. ausführlicher dargestellten Begriffsverständnis kann nun mithilfe der beiden Ableitungsoperatoren ein *Formaler Begriff* des Kontextes *(G, M, I)* mengensprachlich definiert werden als ein Paar *(A,B)* mit $A \subseteq G, B \subseteq M, A' = B$ und $B' = A$. Wir nennen *A* den *Umfang* und *B* den *Inhalt* des Begriffes *(A,B)*. Im obigen Kontext bildet beispielsweise das Paar *(A,B)* mit $A = \{Fahrrad, Skateboard\}$, $B = \{Fortbewegungsmittel, Personentransport, Muskelantrieb\}$ einen formalen Begriff, der damit vollständig beschrieben ist. Er kann inhaltlich interpretiert werden als die Klasse der Fortbewegungsmittel, die dem Personentransport dienen und Muskelantrieb aufweisen.

Weiterhin sind Umfang *A* und Inhalt *B* eines formalen Begriffes *(A,B)* über die Relation *I* dual verbunden. Jeder der beiden Teile bestimmt den anderen und damit den formalen Begriff, denn es ist $B' = A$ und $A' = B$. $\mathcal{B}(G,M,I)$ bezeichnet schließlich das *System* aller formalen Begriffe des Kontextes *(G,M,I)*.

A.3 Ordnung der formalen Begriffe im Begriffsverband und Darstellung als Liniendiagramm

Das gemäß den obigen Operatoren bestimmte System $\mathcal{B}(G,M,I)$ der formalen Begriffe, die zu einem formalen Kontext gehören, kann anschließend hierarchisch geordnet werden. Dabei werden in Analogie zur Abstraktionsbeziehung zwischen Ober- und Unterbegriff in unserem im Hintergrund stehenden Begriffsverständnisses folgende mengensprachliche Beziehungen definiert:

Sind (A_1, B_1) und (A_2, B_2) formale Begriffe eines Kontextes, so heißt (A_1, B_1) *Unterbegriff* von (A_2, B_2), falls $A_1 \subseteq A_2$ ist (gleichbedeutend dazu ist $B_2 \subseteq B_1$). (A_2, B_2) ist dann ein *Oberbegriff* von (A_1, B_1), und wir schreiben $(A_1, B_1) \leq (A_2, B_2)$.

Die gemäß der beschriebenen Relation $\leq$ aus dem System $\mathcal{B}(G,M,I)$ gebildete hierarchisch geordnete Menge der formalen Begriffe $\underline{\mathcal{B}}(G, M, I)$ ist nach dem *Hauptsatz über Begriffsverbände*

[GW96, S. 20ff.] ein vollständiger Verband und wird deshalb der zum formalen Kontext *(G, M, I)* gehörende *Begriffsverband* genannt. Hierdurch ist insbesondere sichergestellt, daß es zu je zwei formalen Begriffen immer den größten gemeinsamen Unterbegriff (Infimum) und den kleinsten gemeinsamen Oberbegriff (Supremum) gibt. Der zu einem gegebenen formalen Kontext gehörende Begriffsverband $\underline{B}(G, M, I)$ kann dann unmittelbar in einem Liniendiagramm dargestellt werden.

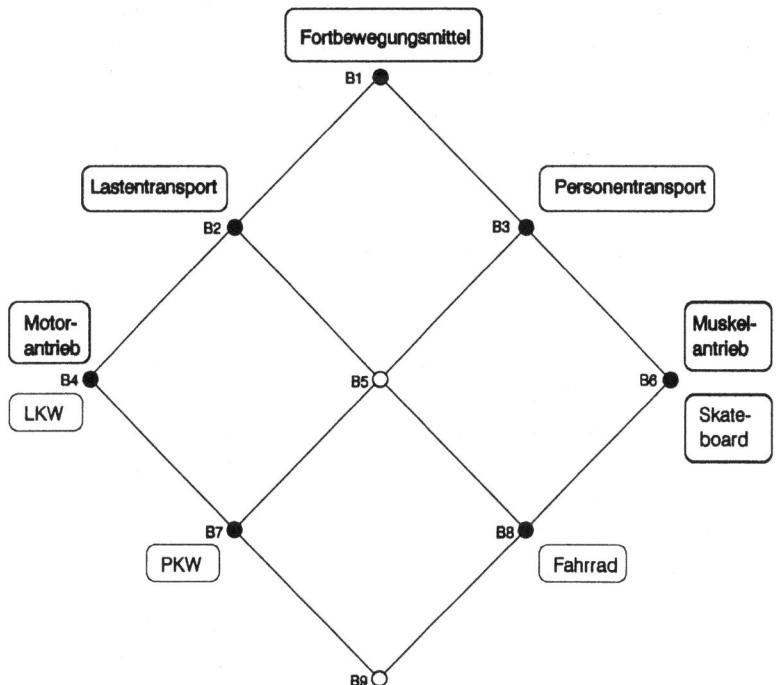

Abbildung A.1: Liniendiagramm *Fortbewegungsmittel 1*

In der Abbildung A.1 ist als Beispiel der zum obigen formalen Kontext *Fortbewegungsmittel 1* gehörende Begriffsverband in einem solchen Liniendiagramm dargestellt. Für die Beschriftung und die Interpretation von Liniendiagrammen gelten dabei folgende grundsätzliche Konventionen:

- Im Liniendiagramm werden die formalen Begriffe des Kontextes durch kleine Kreise, die Abstraktions- bzw. Hierarchiebeziehung zwischen den formalen Begriffen durch Streckenzüge dargestellt. Damit ist ein formale Begriff genau dann Unterbegriff (Oberbegriff) eines anderen formalen Begriffes, wenn man von dem ihn darstellenden Kreis entlang von Strecken zu dem Kreis des zweiten formalen Begriffes aufsteigen (absteigen) kann.

  Im Liniendiagramm in Abbildung A.1 ist beispielsweise der formale Begriff B_5 mit $(A,B) = (\{PKW, Fahrrad\}, \{Fortbewegungsmittel, Lastentransport, Personentransport\})$ ein Unterbegriff zu B_2 mit $(A,B) = (\{LKW, PKW, Fahrrad\}, \{Fortbewegungsmittel, Lastentransport\})$ und zu B_3 mit $(A,B) = (\{PKW, Fahrrad, Skateboard\}, \{Fortbewegungsmittel, Personentransport\})$.

- Für die Beschriftung des Liniendiagramms gelten folgende Konventionen:

  - Der Name des Merkmals m wird leicht oberhalb an den Kreis des Begriffes $\mu m := (\{m\}', \{m\}'')$ geschrieben. Die Konvention kann folgendermaßen interpretiert werden: μm ist der Begriff mit kleinstem Inhalt, der m in seinem Inhalt hat. Heuristisch formuliert bedeutet dies, daß die Beschriftung mit den Merkmalsnamen im Liniendiagramm so weit oben wie möglich erfolgt.

  - Der Name des Gegenstandes g wird leicht unterhalb an den Kreis des Begriffes $\gamma g := (\{g\}'', \{g\}')$ geschrieben. Die Konvention kann folgendermaßen interpretiert werden: γg ist der Begriff mit kleinstem Umfang, der g in seinem Umfang hat. Heuristisch formuliert bedeutet dies, daß die Beschriftung mit den Gegenstandsnamen im Liniendiagramm so weit unten wie möglich erfolgt.

- Die Beschriftungskonventionen vereinfachen die Darstellungsform des Liniendiagramms, da jeder Gegenstand und jedes Merkmal nur einmal eingetragen werden. Um dennoch alle Be-

griffsumfänge und Begriffsinhalte vom Liniendiagramm ablesen
zu können, sind folgende Leseregeln zu beachten:

- Die *Ermittlung des Begriffsumfangs*, das heißt die Ermitt-
  lung aller Gegenstände, die von einem Begriff umfaßt werden, kann allgemein so beschrieben werden:
  Zur Ermittlung des Begriffsumfanges sind alle von einem
  Begriff nach unten ausgehenden Streckenzüge zu verfolgen.
  Die dabei berührten Knoten stellen jeweils Unterbegriffe des Ausgangsknotens dar. Die Vereinigung sämtlicher
  Gegenstände (einschließlich derjenigen des Ausgangsknotens), die dabei auftauchen, ergibt seinen Begriffsumfang.
  Im Liniendiagramm des Beispiels hat der formale Begriff
  B_4 den Begriffsumfang {LKW, PKW}.

- Die *Ermittlung des Begriffsinhalts*, das heißt die Ermittlung aller Attribute, die die Gegenstände eines Begriffs
  aufweisen, kann allgemein so beschrieben werden:
  Ausgehend von einem Begriff werden alle von ihm nach
  oben ausgehenden Linienzüge verfolgt. Die Vereinigung
  sämtlicher Attribute, die dabei auftauchen, ergibt seinen
  Begriffsinhalt. Anschaulich gesprochen werden *Attribute
  von Oberbegriffen auf alle ihre Unterbegriffe vererbt*, ohne daß sie bei den Unterbegriffen explizit benannt werden.
  Im Liniendiagramm des Beispiels hat der formale Begriff
  B_4 den Begriffsinhalt {Fortbewegungsmittel, Lastentransport, Motorantrieb}.

- Durch die Bestimmung seines Begriffs*umfanges* und seines Begriffs*inhaltes* ist der formale Begriff B_4 *vollständig
  definiert*. Er läßt sich beschreiben als die Menge von Fort-
  bewegungsmitteln mit Motorantrieb, die sich zum Lastentransport eignen.

- *Unvergleichbare Begriffe* sind Begriffe, zwischen denen keine Unter- bzw. Oberbegriffbeziehung besteht. Dies kann
  im Liniendiagramm daran erkannt werden, daß es zwischen
  ihnen keine zusammenhängende aufsteigende oder abstei-

gende Verbindungslinie gibt. Im vorliegenden Beispiel bilden B_4 und B_8 unvergleichbare Begriffe.

- Da die hierarchische Ordnung der Begriffe einen vollständigen Verband darstellt, ist die Begriffsordnung bezüglich der Ober- und der Unterbegriffsbildung abgeschlossen. Insbesondere existiert in jedem Begriffsverband ein kleinster und ein größter Begriff. Diese beiden ausgezeichneten Begriffe werden als oberstes bzw. unterstes Element im Liniendiagramm dargestellt.

A.4 Implikationen zwischen Merkmalen

Häufig treten bei formalen Kontexten und Begriffsverbänden logische Zusammenhänge bzw. Abhängigkeiten zwischen den Merkmalen verschiedener Gegenstände auf. *Implikationen* sind Aussagen genau dieser logischen Art: „Jeder Gegenstand mit den Merkmalen $a, b, c, \ldots$ hat auch die Merkmale $x, y, z, \ldots$."

Implikationen können bei der Klassifikation und Strukturierung von Gegenstandsmengen hilfreich sein und damit auch die Erstellung und Validierung von formalen Kontexten bezüglich des angenommenen begrifflichen Universums unterstützen. Mit den Implikationen zwischen den Merkmalen, die in einem formalen Kontext gelten, kann sogar der zugehörige Begriffsverband konstruiert werden. Formal ist eine Implikation zwischen Merkmalen folgendermaßen definiert:

Eine *Implikation* ist ein Paar von Teilmengen *(A,B)* der Merkmalsmenge M eines formalen Kontextes *(G,M,I)*, es wird mit $A \to B$ bezeichnet und als „A impliziert B" gelesen. Die Implikation $A \to B$ *gilt* im Kontext *(G,M,I)*, falls $A' \subseteq B'$ gilt, was gleichbedeutend ist mit $B \subseteq A''$. Die Implikation $A \to B$ gilt also genau dann in *(G,M,I)*, wenn jeder Gegenstand aus G, der alle Merkmale aus A hat, auch alle Merkmale aus B hat. Die Gültigkeit einer Implikation $A \to B$ kann nach folgender Vorgehensweise überprüft werden:

Das Infimum aller Begriffe μm mit m $\in A$ muß Unterbegriff aller Begriffe μn mit n $\in B$ sein. Im zum formalen Kontext gehörenden Liniendiagramm hat man also zu prüfen, ob die mit einem n aus B bezeichneten Begriffe über dem Infimum aller mit m aus A

bezeichneten Begriffe liegen. Im Liniendiagramm sucht man demnach den höchsten Kreis, an dem ein absteigender Streckenzug von jedem Kreis mit dem Namen eines Merkmals aus A ankommt, und stellt fest, daß von diesem Kreis ein aufsteigender Streckenzug zu jedem Kreis mit dem Namen eines Merkmals aus B führt. Am einfachsten ist der Fall, wenn A und B jeweils nur aus einem Merkmal bestehen; dann ist $A \rightarrow B$ gleichbedeutend damit, daß von dem Kreis mit dem Merkmal m aus A ein Streckenzug zu dem Kreis mit dem Merkmal n aus B aufsteigt.

Im obigen formalen Kontext *Fortbewegungsmittel 1* gelten z. B. folgende Implikationen, die auch leicht aus der Darstellung des zugehörigen Begriffsverbandes als Liniendiagramm in Abbildung A.1 entnommen werden können:

- $\{Motorantrieb\}$
  $\rightarrow \{Lastentransport, Fortbewegungsmittel\}$

- $\{Lastentransport, Muskelantrieb\}$
  $\rightarrow \{Personentransport, Fortbewegungsmittel\}$

- $\{Lastentransport, Personentransport\}$
  $\rightarrow \{Fortbewegungsmittel\}$

- $\{Motorantrieb, Muskelantrieb\}$
  $\rightarrow \quad \{Lastentransport, Personentransport, Fortbewegungs-mittel\}$

A.5 Verbesserung des gemeinsamen Begriffsverständnisses

Gemäß den oben genannten Leseregeln ist im Liniendiagramm in Abbildung A.1 ein Ober- Unterbegriffverhältnis zwischen LKW und PKW veranschaulicht. Diese Vorstellung, wonach PKW ein Unterbegriff zu LKW sei, stimmt jedoch nicht mit dem intuitiven Verständnis des Verhältnisses von LKW und PKW überein. Im folgenden soll daher zunächst der zugrundeliegende formale Kontext modifiziert werden. Es wird vorgeschlagen, bei der Eigenschaft *Lastentransport*

zu differenzieren nach *Schwerlasttransporte* und *Kleinlasttransporte*.
Außerdem ergibt sich bei dieser Differenzierung, daß nun auch bei
den Gegenständen des Kontextes zwischen *PKW* und *KOMBI* unterschieden werden kann. Der gesamte modifzierte formale Kontext
ist im folgenden in Tabellenform dargestellt:

	Fort- bewe- gungs- mittel	Personen- trans- port	Klein- lasten- trans- port	Schwer- lasten- trans- port	Motor- antrieb	Muskel- antrieb
LKW	x		x	x	x	
PKW	x	x	x		x	
KOMBI	x	x	x	x	x	
Fahrrad	x	x	x			x
Skateboard	x	x				x

Modifizierter Formaler Kontext *Fortbewegungsmittel 2*

Das Liniendiagramm des zum modifizierten formalen Kontext
Fortbewegungsmittel 2 gehörenden Begriffsverbandes ist in Abbildung
A.2 dargestellt. Es zeigt sich, daß das im modifizierten formalen Kontext enthaltene Begriffsverständnis nun besser mit dem intuitiven
Verständnis der Beziehungen zwischen den betrachteten Fortbewe-
gungsmitteln übereinstimmt. Die iterierte Anwendung der Formalen
Begriffsanalyse hat so unmittelbar dazu beigetragen, unser begriffliches Verständnis vom zugrundeliegenden Weltausschnit angemessener zu formulieren.

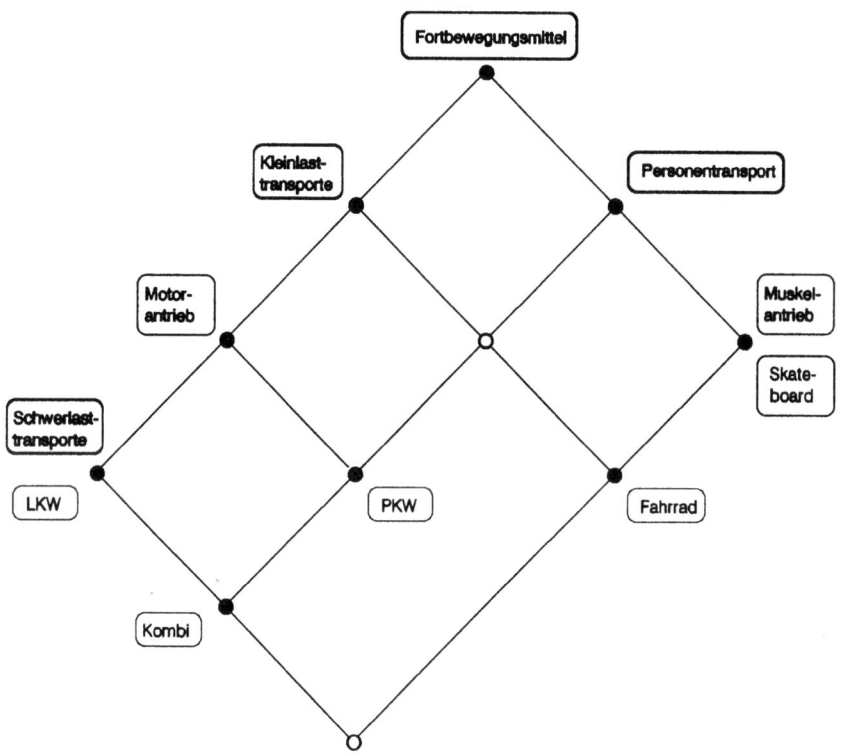

Abbildung A.2: Liniendiagramm *Fortbewegungsmittel 2*

Anhang B

Praktische Hilfestellungen zum Methodenrahmen

In meinem *Methodenrahmen zur diskursiven Anforderungsanalyse* stellte ich in Kapitel 6 die folgenden methodischen Elemente vor: das *Situationsprofil*, die *diskursive Öffnung* und die *diskursive Anforderungsanalyse*. In diesem Kapitel ergänze ich die oben eher konzeptionell gehaltene Darstellung um konkrete Umsetzungsvorschläge, die vor allem die praktische Entwicklung eigener *situationsangepaßter* Vorgehensweisen im Sinne einer diskursiven Bewältigung der pragmatischen Lücke unterstützen und anregen sollen.

Allerdings dürfen die im folgenden in *linearisierter* Form vorgeschlagenen methodischen Hilfestellungen keinesfalls in der Weise *mißverstanden* werden, daß sie im Sinne des klassischen Wasserfallmodells situationsinvariant 'abgearbeitet' werden könnten, indem z. B. zu einem festen Zeitpunkt genau mithilfe der hier formulierten Leitfragen ein für die ganze restliche Projektdauer gültiges *Situationsprofil* erstellt werden könnte.

Vielmehr sind die vorgeschlagenen Umsetzungshilfen ausdrücklich als modifizierbare Arbeitsmaterialien gedacht, deren wiederholter und situationsangepaßter Einsatz sich im praktischen Vollzug von Systementwicklungsprozessen als sinnvoll erweisen kann a.) für eine iterative Annäherung an Bedingungen einer idealen Sprechsituation und b.) für eine gemeinsame diskursive Anforderungsanalyse für die vorgesehene Systementwicklung im Sinne kommunikativer Rationalität. Im einzelnen stelle ich zunächst Leitfragen zum Situationsprofil vor (B.1), gebe danach Hinweise zur diskursiven Öffnung (B.2) und zur praktischen Durchführung von Diskursen (B.3) und benenne zum Abschluß exemplarisch zu verstehende 'Fallstricke' bei der Umsetzung des Methodenrahmens (B.4).

B.1 Heuristische Leitfragen zum Situationsprofil

Die nachfolgend benannten *Leitfragen* haben sich im Rahmen meiner Fallstudien bei der Erstellung der Situationsprofile bewährt. Dabei ist jedoch ausdrücklich zu beachten, daß die lineare Zuordnung der einzelnen Leitfragen zu jeweils einem Aspekt innerhalb meines Gesamtverständnisses von Systementwicklungen *lediglich analytisch* zu verstehen ist. Dies wird u. a. schon daran deutlich, daß manche Fragen gar nicht eindeutig einem Aspekt zugeordnet werden können. Der besondere Erkenntnisgewinn beim Einsatz der nachfolgend formulierten Fragen ist vielmehr gerade in der wechselseitigen argumentativen Vernetzung der erhobenen Aspekte zu sehen. Außerdem sind die für die einzelnen Aspekte formulierten Leitfragen weder vollständig noch erhebe ich diesen Anspruch. Vielmehr erscheint mir gerade eine jeweils situationsspezifische Auswahl, Anpassung und Umgruppierung wichtig, was durch die Bezeichnung *heuristische* Leitfragen unterstrichen werden soll.

B.1.1 Leitfragen zum Problemcharakter und zur Situationsdefinition

- Ist die zu bewältigende Situation eher *Routine*, eher *Problemlösung* (d. h. die zu treffenden Handlungen sind im Prinzip geklärt) oder eher *Problembestimmung*?

- Wie groß ist der aktuelle Handlungsdruck, ggf. auch der ökonomische Druck?

- Gilt die Situationsdefinition und Zielsetzung *faktisch* (z. B. verordnet oder natürlich gegeben) oder kann sie ausgehandelt werden?

- Wer hat ein Interesse an der Situationsdefinition und Handlungskoordination?

- Gibt es (evtl. nicht-technische) Alternativen bzw. eine gezielte Aufgabenteilung Mensch - Maschine?

- Was sind epistemologische bzw. ontologische Grundannahmen und Rahmenbedingungen, z. B.

  - Reifegrad des Wissensbereichs
  - Standardisierungsgrad im Umgang mit der Situation bzw. dem Wissen
  - Anteil der sozialen Interaktionen und Rolle der menschlichen Urteilskraft in der gegebenen Situation
  - Was ist der Grad der bisherigen Situationsbeherrschung?
  - Wie steht es mit dem Risikopotential, Sicherheitsbedürfnis und Verantwortungsaspekten?
  - Welche Bedeutung haben implizites Wissen und Erfahrungswissen?

B.1.2 Leitfragen zur Interaktionskultur

- Was ist die Vorgeschichte des Themas in der Organisation bzw. im betroffenen sozialen Kontext?

- Welche Organisationskultur ist vorherrschend?

- Sind Interessenkonflikte thematisierbar oder eher tabu? Gibt es Zwang zu 'falschem' Konsens?

- Welche Aspekte sind von wem thematisierbar?

- Wie ist der Umgang mit Konflikt und Dissens? Eher im Sinne demokratischer Streitkultur oder gibt es Interpretations- bzw. Weisungsmonopole?

- Wie stellen sich die vorherrschende Kommunikationsintensität und -kultur dar? Eher intensiv und informal, oder eher zweckbezogen bzw. formal?

- Wie ist die Verteilung der Entscheidungsbefugnisse? Wie groß ist der Einfluß von Hierarchie im Vergleich zur Sachkompetenz?

- Welche Aspekte, welche Werte, Interessen, Methoden, welche Akteure bzw. Rollen stellen Tabu-Positionen dar?

B.1.3 Leitfragen zu Interessen, Werten und Erfolgskriterien

- Beurteilung des Projekterfolgs eher aufgrund technischer Machbarkeit bzw. formaler Methodenbefolgung oder eher aufgrund der Praxisrelevanz bzw. der praktischen Brauchbarkeit der Systementwicklung?

- Was sind dominierende Interessen: Technische Machbarkeit zeigen oder eher praktisches (emanzipatorisches) Interesse der eigenverantwortlichen Situationsbewältigung?

- Wie erfolgt der Umgang mit den Interessen, Werten, Kriterien? Eher implizit oder eher explizit?

- Wer bewertet und wer weist Ressourcen zu?

- Welche Bedeutung hat die Methodenbefolgung?

- Eher (positivistische bzw. rationalistische) Abbildhaltung oder eher (konstruktivistische) Design-Sicht?

B.1.4 Leitfragen zu Akteuren und Rollen

- Welche der folgenden Gruppen sind beteiligt? Wann, wie, mit welchen Kompetenzen? Welche nicht, warum?

  - Benutzer
  - Weitere Betroffene

- Ausführende

- Verantwortliche Auftragnehmer

- Weitere Beteiligte, z. B. Drittmittelgeber

• Welche Gruppen dürfen welche Ausdrucksmittel einbringen? Welche Ausdrucksmittel dürfen nicht eingebracht werden? Warum nicht?

• Wie sind die einzelnen Gruppen an den Aushandlungsprozessen und Entscheidungen beteiligt?

B.1.5 Leitfragen zu Methoden, Repräsentationsformen und materiellen Ressourcen

• Welche formalen, semi-formalen und informalen Repräsentationen und Methoden sind vorgesehen, welche nicht, warum?

• Wie ist das Verhältnis quantitativer bzw. formaler und qualitativer bzw. argumentativer Vorgehensweisen, Prozesselemente usw.? Ist es für das zugrundeliegende Problem angemessen?

• Einsatz ethnographischer Methoden, Formen teilnehmender Beobachtung usw.?

• Art der Projektorganisation und -management?

• Welche(s) Beteiligungskonzept(e) wird (werden) verfolgt?

• Art, Umfang und Ernsthaftigkeit der Berücksichtigung von Technikfolgenabschätzung bzw. -wirkungsanalyse?

• Arten der 'operativen' Validierung? Qualitätssicherung, Prototyping usw.?

• Notwendigkeit, Angemessenheit und Umfang von Verifikation?

• Sind die genannten Elemente faktisch vorgegeben oder sind sie argumentativ aus der Situation heraus entwickelt und begründet?

B.1.6   Leitfragen zum Geltungsanspruch und zur weiteren Systementwicklung

- Was ist der erhobene Geltungsanspruch mit dem beabsichtigten Produkt?

- Was ist von den in der diskursiven Anforderungsanalyse formulierten Anforderungen und erhobenen Aspekten usw. tatsächlich auch in der Systementwicklung erfaßt, was (noch) nicht, warum? Sind die erfaßten bzw. umgesetzten Anforderungen für die erhobenen Geltungsansprüche angemessen?

- In welchen Bereichen stellt die weitere Systementwicklung eine black-box wegen z. B. 'technischem Sachzwang' oder wegen 'Tabu-Positionen' dar? Wird dadurch die Validität im Sinne kommunikativer Rationalität gefährdet? Welchen bzw. wessen Interessen wird damit gedient?

- Wurden Alternativen der Situationsbewältigung geprüft? Welche? Warum verworfen?

B.2   Hinweise zur Diskursiven Öffnung

Die im Anschluß an die Erstellung des Situationsprofils vorzunehmende *diskursive Öffnung* hat zum Ziel, die konkrete Situation hinsichtlich ihrer Verständigungsorientierung einzuschätzen. Diese Aufgabe kann meiner Ansicht nach durch die nachfolgend dargestellten Kriterienvorschläge von Ueberhorst und von Forester gut unterstützt werden. Insbesondere erlauben die beiden Vorschläge eine heuristische Bewertung von Situationen hinsichtlich ihrer grundsätzlichen Potentiale und Begrenzungen für die diskursethisch verantwortbare Durchführung faktischer Diskurse: Ueberhorst schlägt eine Bewertung von Situationen im Sinne einer *positionellen* versus einer *diskursiven* Haltung vor [Ueb91b, S. 177f.]. Forester nimmt eine Unterscheidung vor zwischen primär *von den beteiligten Akteuren zu verantwortende* Verzerrungen versus *vorläufig hinzunehmender* Verzerrungen (z. B. aufgrund struktureller Vorgaben) [For83].

B.2.1 Positionelle versus diskursive Grundhaltung als Indikator zur Diskurseignung

Ueberhorst hat seiner Unterscheidung von positioneller versus diskursiver Grundhaltung seine eigenen Erfahrungen mit der parlamentarischen Behandlung von Technikbewertungs- und -gestaltungsfragen zugrundelegt. Darin schlägt er die folgenden Kriterien zur Gegenüberstellungen einer *positionellen* versus einer *diskursiven* Politik vor [Ueb91b, S. 177f.]. Für Zwecke der diskursiven Anforderungsanalyse in der Informatik müssen zwar manche Formulierungen sicherlich im übertragenen Sinne verstanden werden, dennoch sind sie meines Erachtens als heuristisch zu verstehende Indikatoren zur Einschätzung der grundsätzlichen *Diskurseignung* der konkreten Situation gut geeignet.

Die positionell angelegte Politik	*Die diskursiv angelegte Politik*
... weiß, was sie will und beansprucht eine konsistente Position.	... erkennt und anerkennt offene Fragen und alternative Handlungsmöglichkeiten.
... subordiniert Einwände und beantwortet sie bestenfalls aus der Sicht der Position.	... thematisiert alle Einwände gegen alle Positionen und sucht gemeinsame Maßstäbe zwischen kontroversen Positionen, sucht zuerst ein besseres Verständnis zwischen kontroversen Positionen und vermutet bisher nicht erkannte Konsenschancen.
... grenzt Einwände als gegnerische Position aus.	... hat zu ihrem Thema nur potentielle Kooperationspartner und gleichberechtigte Teilnehmer, grenzt als 'gegnerische Position' nur die definitiv festgelegten Diskursgegner aus.

... hat kein Auszugssystem ihrer selbst, will sich allenfalls immanent in ihrem Kontext weiterentwickeln.

... sucht und beansprucht Wissenschaftler für ihre Position, ignoriert Kontroversen in der themenrelevanten Wissenschaft und disqualifiziert wissenschaftlich begründete Einwände gegen ihre Position.

... weiß genau, worauf es (ihr) normativ ankommt.

... versucht ihre Position durchzuhalten, auch wenn sich die ursprünglichen Umstände ändern.

... versichert sowohl ihre Anhänger als auch die potentiellen Gegner in ihrer jeweiligen Position.

... ist offen und einladend für verschiedene Kontexte, auch für die Überwindung bisher mitgetragener Positionen.

... sucht und fördert die Kommunikation mit kontroversen wissenschaftlichen Positionen in der Absicht, die Qualität wissenschaftlicher Dissense und den Bereich politischer Bewertungsaufgaben und weiterer Forschungsaufgaben klarer zu erkennen.

... sieht einen Bedarf, das Werteberücksichtigungspotential genauer zu untersuchen und für die zukünftige Praxis eventuell auch neue Wert- und Zielvorstellungen zu erarbeiten.

... ist sensibel und lernfähig angesichts einer dynamischen Umwelt, sucht gegebenenfalls Übergangsstrategien (diskursive Prozesse und transitorische Praxis).

...

versucht die Bereitschaft aller Kontrahenten zu fördern, ihre Position in einen kooperativen Prüf-, Bewertungs- und Konsensfindungsprozeß einzubringen.

... fordert als Mehrheit die Minderheit zur Akzeptanz demokratischer Mehrheiten auf.

... erwartet von der Mehrheit wie von der Minderheit die Bereitschaft zum kooperativen Diskurs, behält auch der Mehrheit das Recht auf Irrtum und Lernprozesse vor, ohne das Gesicht zu verlieren.

... sucht im Konfliktfall bei vermuteten Erfolgschancen in der Abstimmung eine Mehrheit, tendiert zur Abstimmung.

... fordert für die Minderheit den Verzicht auf Abstimmungen während der diskursiven Arbeitsprozesse und eine Bemühung aller, Minderheiten eigene Entfaltungsmöglichkeiten zu lassen bzw. zu schaffen oder ihre Anliegen möglichst weitgehend aufzunehmen.

...
ist gegen den Diskurs, in dem die Position nicht als Vorgabe eingeht, ist aber 'dialogbereit' im Sinne positionsorientierter Überzeugungsstrategien.

... ist gegen die Position, die sich dem Diskurs nicht stellen will, ist aber ansonsten offen für alle kontroversen Positionen, ist also pluralistisch positionsfähig und erstrebt durch den Diskurs neue konsensfähige Positionen.

... bleibt bei sich und ergänzt sich allenfalls innerhalb ihres Kontextes.

... bleibt immer ein Prozeß mit unterschiedlich geprägten Arbeitsphasen und erneuten Rückkoppelungsmöglichkeiten.

... versucht sich gegen Alternativen zu immunisieren, anerkennt keine ernsthaften Alternativen.

... versucht alle Alternativen zu erfassen und im normativen Diskurs zu bewerten, kennt keine ernsthafte Politik ohne Alternativen.

... definiert mit der Position politische Identität, verteidigt die Position in Mitgliederorganisationen auch unter dem Aspekt der Identitätserhaltung nach außen und innen.

... definiert die Diskursbereitschaft als Teil der politischen Identität, sucht eine Vermittlung zwischen Positions- und Diskursfähigkeit, insbsondere auch zur Identitätserhaltung pluralistischer Mitgliederorganisationen.

B.2.2 Soziale versus Strukturelle Verzerrungen

Forester macht in seinen Überlegungen zur praktischen Anwendung der Theorie kommunikativen Handelns zu Recht darauf aufmerksam, daß aufgrund der vielfältigen idealtypischen Annahmen mit verschiedenen *Verzerrungen* gerechnet werden muß [For83, pp. 242]. Dazu schlägt er für die heuristische Bewertung der Diskurseignung gegebener Situationen eine meines Erachtens hilfreiche Unterscheidung vor, in der er differenziert zwischen

- *strukturellen Verzerrungen*, die in faktischen Diskursen nicht vollständig vermieden werden können (z. B. unterschiedliche kognitive Fähigkeiten bei einzelnen Beteiligten), und

- *sozial bedingten Verzerrungen*, die von einzelnen Beteiligten (willentlich) aufrecht erhalten werden (z. B. Ausspielen hierarchischer Macht gegenüber sachlichen Einsichten).

Die von Forester unterschiedenen hauptsächlichen Verzerrungseinflüsse sind im einzelnen in der nachstehenden Tabelle 'Strukturell unvermeidliche versus Soziale Verzerrungseinflüsse' dargestellt.

In der Praxis diskursiver Anforderungsanalyse kann die Klassifikation von Forester beispielsweise in folgender Weise bei der diskursiven Öffnung helfen:

Wenn die gegebene Problemsituation als offen und noch weitgehend unbestimmt charakterisiert wird, dürfen aufgrund der Neuartigkeit der Problemstellung die Endbenutzer gerade *nicht* aus dem Prozeß der Systementwicklung ausgeschlossen werden.

Contingency of Distortion	Autonomy of the Source of Distortion	
	Socially Ad-Hoc	Socially Systematic - Structural
Inevitable Distortions	idiosyncratic personal traits affecting communication	information inequalities due to legitimated division of labor
	random noise	transmission/content losses across organizational boundaries
	(cognitive limits)	(division of labor)
Socially Unnecessary Distortions	willful unresponsiveness	monopolistic distortions of exchange
	interpersonal deception	monopolistic creation of needs
	interpersonal bargaining behavior (e.g. bluffing)	ideological rationalization of class or power structure
	(interpersonal manipulation)	(structural manipulation)

Strukturell unvermeidliche versus *Soziale* Verzerrungseinflüsse bei
faktischen Diskursen
(Quelle: [For83, p. 243])

Nur sie können nämlich kompetent darüber Auskunft geben, wie angesichts der großen Unbestimmtheit des Lösungsraums eine für sie unter pragmatischen Gesichtspunkten brauchbare Lösung aussehen sollte.

Selbstverständlich ist es nun in der Planungsphase solcher Projekte legitim, aus praktischen Erwägungen heraus zunächst ohne intensive Anwenderbeteiligung überhaupt ein erstes *Szenario* zu entwickeln, wie die propagierte Leitidee informationstechnisch unterstützt werden kann, um einen pragmatischen Startpunkt für die Projektarbeit zu haben. In Morgans Klassifikation wären die Vorgaben in diesem Stadium dem Bereich *inevitable distortions ... due to legitimated division of labor* zuzurechnen. Hiergegen sollte also keine unnötige diskursive Öffnung initiiert werden, jedoch sollten die Diskursteilnehmer um die Abweichung von den idealtypischen Annahmen wissen, damit sie darauf vorbereitet sind, in ihrer ersten Konzeption eventuell mit einer ziemlich großen pragmatischen Lücke konfrontiert zu werden.

In dem Moment jedoch, wo an dieser 'Arbeitsteilung' *trotz* der aufgezeigten grundsätzlichen Neuartigkeit der Problemsituation auch für den weiteren Projektverlauf festgehalten wird, werden diese Vorgaben meines Erachtens zu strategischen Positionen oder zu Interpretationsmonopolen.[1] In diesem Fall könnte also mithilfe des Klassifikationsschemas von Forester erkannt werden, daß gegen diese Beschränkung als *sozial verursachtes* Hindernis eine diskursive Öffnung geboten ist, indem z. B. ein geeigneter diskursiver Druck aufgebaut wird. Erst wenn diesem diskursiven Druck durch die tatsächliche Einbeziehung von Anwendern entsprochen wird, könnte meines Erachtens eine *diskursive* Anforderungsanalyse im Sinne kommunikativer Rationalität, d. h. diskursethisch verantwortbar durchgeführt werden.

---

[1]In der Terminologie Foresters wäre dies ein Wechsel dieser Vorgaben ungefähr hin zu *Socially unnecessary distortions*, denen als Ursachen z. B. *willful unresponsiveness* und *monopolistic creation of needs* zugrundeliegen könnten.

B.3 Hinweise zur praktischen Durchführung von Diskursen

Wie in den Kapiteln 5 und 6 ausführlich dargelegt wurde, müssen für die praktische Durchführung von Diskursen umfangreiche Vorbedingungen und 'Regeln' beachtet werden. In diesem Abschnitt stelle ich deshalb einen Überblick vor über einige mir wesentlich erscheinende umsetzungsbezogene Vorbedingungen und Diskursregeln, wie sie sich auch in meinen Fallstudien als hilfreich erwiesen haben (s. auch [Ren91] und [Ren94]).[2]

B.3.1 Vorbedingungen für praktische Diskurse

Vor der konkreten Durchführung einer diskursiven Anforderungs-analyse sollte beispielsweise auf die möglichst weitgehende Erfüllung mindestens der folgenden Vorbedingungen beachtet werden (s. auch [Ren91]):

- **Grundsätzliches Problembewußtsein bei allen Beteiligten:** Im Sinne der oben diskutierten Forderung für faktische Diskurse, daß sich das Problem *authentisch ereignen* muß, sollten alle Diskursteilnehmer in der Themenstellung wirklich einen Verständigungsbedarf sehen. Indikatoren dafür sind, daß die Beteiligten mit dem Thema beispielsweise Interessenkonflikte oder einen Handlungszwang verbinden.

- **Offenheit des Verhandlungsergebnisses:** Ein Diskurs kann sein Ziel nicht erreichen, wenn eine beteiligte Partei ihre vorab bestehende Position lediglich an die anderen Parteien 'verkaufen' will. Es muß zumindest die Bereitschaft bestehen, die eigene Position im Laufe des Diskurses dann zu modifizieren, wenn „diese Option besser als alle anderen Optionen die Interessen und Werte aller beteiligten Parteien widerspiegelt. Die eigene

---

[2]Die hier genannten Inhalte können dabei sinnvoll durchaus mit den oben beschriebenen Instrumenten des Situationsprofils und der diskursiven Öffnung kombiniert werden.

Präferenz für eine Handlungsoption steht also immer zur Disposition. Wenn dies aus rechtlichen oder anderen Gründen für eine der Parteien ausgeschlossen ist, dann sollte man auf den Diskurs lieber verzichten." [Ren91, S. 195]

- **Transparenz:** Bereitschaft aller Beteiligten, die eigenen Werte und Interessen so weit möglich offenzulegen.

- **Fairneß:** Bereitschaft aller Beteiligten, eine Lösung anzustreben, bei der alle Interessen und Werte grundsätzlich als legitim und verhandlungswürdig anerkannt werden. Zugleich Anerkenntnis der Notwendigkeit einer argumentativen bzw. rationalen Begründung aller Interessen und Werte im Sinne kommunikativer Rationalität (sachlich, sozial, individuell).

- **Gemeinsamer Konsens über die Entscheidungsregeln:** Es ist ein von allen getragener Konsens über die Verfahrensweise, nach der kollektiv bindende Entscheidungen herbeizuführen sind, zu treffen. Diese Vorbedingung muß wirklich *von allen* getragen werden.

B.3.2 Regeln für die Durchführung praktischer Diskurse

Wenn nach der Überprüfung der genannten Vorbedingungen eine diskursive Anforderungsbestimmung erfolgt, so können die folgenden *'Spielregeln'* und Umsetzungshinweise einen verständigungsorientiertes Kommunikationsprozeß zweckmäßig unterstützen (s. auch [Ren91]):

1. **Konsens über die Gleichberechtigung verschiedener Rationalitäten und Interpretationsmuster sowie gleiche Rechte und Pflichten für alle am Diskurs beteiligten Parteien**

   Dieses Postulat fordert die gleichberechtigte Anerkennung verschiedener Rationalitäten und Erkenntnisinteressen, „sofern sie nicht den Regeln der Logik und anderer formaler Argumentationsregeln widersprechen." [Ren91, S. 194] Zugleich soll dieses Postulat eine Annäherung an die (ideale) Forderung von Habermas nach einem herrschaftsfreien Diskurs bewirken. Es soll lediglich das bessere Argument zählen, aber keine Privilegien, Hierarchiebeziehungen usw.. Einzelne Parteien können den Diskurs verlassen, sie dürfen aber nicht die Spielregeln durch außer-diskursive Faktoren modifizieren oder beeinflussen.

Umsetzung z. B. durch

- Anerkennung mehrerer legitimer Wissensarten (wissenschaftlich, Erfahrungswissen ...)
- Anerkennung, daß aus gegebenem Faktenwissen unterschiedliche Handlungsoptionen ausgewählt werden können.

2. **Konsens über die prinzipielle Zulässigkeit aller Aussagen unter der Bedingung der Überprüfung ihrer Geltungsansprüche**

Es ist die Pflicht der Diskursteilnehmer, alle Aussagen in einem Diskurs zuzulassen und zunächst anzuhören. Gleichzeitig müssen sie damit einverstanden sein, daß alle Aussagen prinzipiell der gegenseitigen Kritik zugänglich zu machen sind. Alle Tatsachenbehauptungen müssen - je nach Wissensart - auf jeweils geeignete Weise bestätigt oder widerlegt werden dürfen. In der Kritik werden die Aussagen nach nachvollziehbaren Regeln, z. B. nach dem Toulminschen Ansatz zur Struktur von Argumenten, auf ihre Geltungsansprüche hin untersucht. Ist für den Moment keine Entscheidung über den Geltungsanspruch möglich, so dürfen für jeweils gleiche Wissensarten alle darin zulässigen Aussagen vorerst gleichberechtigt in den Diskurs eingebracht werden.

Umsetzung z. B. durch

- Anerkennung von allgemein-gültigen Regeln des Argumentierens und Schließens, z. B. Konsistenz in der eigenen Position.

- Anerkennung der Pflicht zur Argumentation / Einlösung der erhobenen Geltungsansprüche.

3. **Bereitschaft, die eigenen Werte und Interessen offenzulegen und Übersetzung affektiver Argumentationsformen in kognitive oder normative Aussagen**

Es soll ein Vertrauensklima geschaffen werden, wonach die Diskursteilnehmer so weit wie möglich ihre Werte und Interessen offenlegen sollen. Insbesondere sollte eine Verpflichtung auf die Ernsthaftigkeit und Vertrauenswürdigkeit aller gemachten Äußerungen angestrebt werden.

Gefühlsäußerungen wie Angst oder Verdrängung bzw. Nicht-Sehen-Wollen von bestimmten Aspekten sollten nicht ignoriert, abgewertet oder übergangen werden. Sie stellen nach Renn „verdichtete Formen von Argumentationszusammenhängen" dar, die in dieser Form aber dem Diskurs verschlossen bleiben. Deshalb sollte versucht werden, sie in argumentative Formen zu überführen, damit sie besser kommuniziert und überprüft werden können. Dabei ist jedoch besondere Vorsicht geboten: „Wie bei jeder Übersetzung gehen dabei Bedeutungskomponenten verloren ... Zweckmäßig ist dabei, diese Übersetzungsarbeit durch psychologische Fachkräfte in Klausursitzungen mit den jeweils betroffenen Parteien, also nicht im Plenum, durchführen zu lassen ... die psychologische Beratung bietet dazu nur eine Hilfestellung an und darf in keinem Fall zum Eindruck einer Entmündigung durch professionalisierte Experten führen." [Ren94, S. 189]

Umsetzung z. B. durch

- Differenzierung der Ursachen für Gefühle
- Identifizierung der Elemente einer Risikoquelle
- Entschlüsselung von Assoziationen
- Aufdeckung von Zusammenhängen zwischen Objekten bzw. Sachebene und symbolischen Bedeutungen

4. Bereitschaft zu einer fairen Lösung und Bereitschaft zum gemeinsamen Lernen

Es muß die grundsätzliche Bereitschaft aller Diskursteilnehmer gegeben sein, eine faires Ergebnis des Diskurses anzustreben, d. h. alle Interessen und Werte grundsätzlich als legitim und als gleichberechtigt verhandlungswürdig anzusehen, ohne die Notwendigkeit ihrer diskursiven Begründung infrage zu stellen.

Außerdem muß bei allen Beteiligten die Bereitschaft vorhanden sein, die eigene Position im Verlauf des Diskurses weiterzuentwickeln. Dazu gehört insbesondere

- die Anerkennung, daß es mehrere legitime Typen von Wissen gibt, z. B. auch das Erfahrungswissen (der Bevölkerung)

- die Anerkennung, daß es mehr als eine rationale Art gibt, aus gegebenem (Fakten)wissen Handlungsoptionen auszuwählen

- die Anerkennung, daß es bei aller Pluralität von Wissen und Rationalitäten universell gültige (formale) Regeln des Argumentierens und Schließens gibt, die für alle Parteien verbindlich sind (z. B. interne Konsistenz innerhalb des eigenen Wissenstyps).

Umsetzung z. B. durch

- Keine Tabu-Positionen einer Partei (dann lieber ganz auf Diskurs verzichten!).

- Bereitschaft aller Beteiligten, die eigene Position im Verlauf des Diskurses aufgrund der Argumentationen weiterzuentwickeln.

- Möglichkeit, Dissenspositionen als solche zu kennzeichnen und vorläufig so stehen zu lassen.

5. **Verzicht auf moralische Abwertung von Positionen und Parteien**

   Moralisierung verhindert häufig Kompromisse, verhindert die Auflösung von affektiven Äußerungen, und kann mangelnde Rationalität der eigenen Position verdecken.

6. **Zeitbedarf ist von der Sache her zu bestimmen**

   Umsetzung in faktischen Diskursen häufig nicht möglich, Ausweg besteht z. B. in

   • beschränkte Zielsetzung des Diskurses.

   • Redezeitbeschränkung pro Beitrag.

   • Beachtung der Prinzipien der *Konvivialität* und der weitgehenden *Revidierbarkeit* bei Entscheidungen, die noch nicht ausdiskutiert sind.

B.4 Beispiele für Fallstricke bei der Umsetzung des Methodenrahmens

Eine der wesentlichen Erfahrungen im Rahmen meiner Fallstudien war, daß ich bei der Darstellung meines Anliegens zur diskursiven Anforderungsanalyse immer direkte Zustimmung erfuhr, wonach ein wesentlicher Problembereich jeder Systementwicklung gerade in der zu leistenden Verständigungsarbeit zwischen den Beteiligten liegt. Während auf dieser kognitiven Ebene die Rahmenbedingungen in allen Fällen also ungefähr gleich waren, war die Handlungsrelevanz der Verständigungsversuche in den einzelnen Fallstudien höchst unterschiedlich: blieben die Verständigungsversuche bzw. die erzielten Ergebnisse in einigen Fällen (zumindest in direkter Form) weitgehend folgenlos für den weiteren Projektverlauf, so führten sie im Fallbeispiel Beta bis hin zu einer grundsätzlichen Veränderung der Projektdefinition und des Projektverlaufes.

Vor dem Hintergrund dieser zwiespältigen Erfahrung hinsichtlich der Handlungsrelevanz *trotz* der übereinstimmenden Bekundung der

Diskursteilnehmer, daß sowohl die sachliche Notwendigkeit zu einer besseren Verständigung wie die vorgeschlagene diskursive Vorgehensweise durchaus akzeptiert waren, möchte ich im folgenden exemplarisch anhand von zwei sozialwissenschaftlichen Erklärungsansätzen verdeutlichen, welche *Fallstricke* sich für die Umsetzung des diskursiven Methodenrahmens aus diesem *Apriori der situativen Rahmenbedingungen* ergeben können. Die Erklärungsansätze verstehen sich selbstverständlich nicht als erschöpfende Beschreibung aller in der Praxis denkbaren situativen Einflüsse auf den tatsächlichen Verlauf von Diskursprozessen bei Systementwicklungen. Sie sollen vielmehr den Blick schärfen für die Notwendigkeit, bei diskursiven Vorgehensweisen weniger einem instrumentellen Methodeneinsatz zu vertrauen und dafür stärker situationsangepaßt vorzugehen, z. B. durch einen flexiblen und gegenseitig aufeinander abgestimmten Einsatz von Elementen der diskursiven Öffnung bzw. diskursiven Drucks und unmittelbar diskursiver Verständigung.

B.4.1 Diskrepanzen zwischen kognitiver Zustimmung und praktischer Handlungsrelevanz - Zur Bedeutung des symbolischen Interaktionismus

Die Grundauffassung des symbolischen Interaktionismus, der auf G. H. Mead zurückgeht und der auch als eine theoretische Grundvorstellung der *Theorie des kommunikativen Handelns* zugrundeliegt, ist nach Lamnek „ein wechselseitiges, aufeinanderbezogenes Verhalten von Personen und Gruppen unter Verwendung gemeinsamer Symbole, wobei eine Ausrichtung an den Erwartungen der Handlungspartner aneinander erfolgt." ([Lam88, S. 45], ähnlich [Joa78]). Dieses Prinzip wird deshalb auch als *ideal-role-taking* bezeichnet. Aufgrund der Grundauffassung des symbolischen Interaktionismus richten sich die Verhaltensweisen Einzelner oder Gruppen also nicht so sehr nach situations*invarianten* kognitiven Wissensbeständen, nach normativ-methodischen Regeln oder nach allgemeingültigen Theorien, sondern zu einem wesentlichen Teil nach den in einer konkreten Situation vorherrschenden sozialen Interaktionsregeln und Verhaltenserwartungen.

Handlungsleitend für Menschen ist im Sinne des symbolischen Interaktionismus demnach nicht irgendein 'objektiver' kognitiver Gehalt einer Sache oder eines Urteils, sondern primär die subjektive Einschätzung und Interpretation der Bedeutung dieser Sache oder des Urteils in einer konkreten Situation: „Menschen handeln 'Dingen' gegenüber auf der Grundlage der Bedeutung, die diese Dinge für sie besitzen. Es kommt also nicht darauf an, zu untersuchen, 'was ist', sondern 'was die Leute glauben, daß ist'. Beides kann mehr oder weniger auseinanderklaffen." [Lam88, S. 47] Aus der Sicht des symbolischen Interaktionismus wird daher erklärlich, warum ein von außen an eine Situation herangetragener Diskurswunsch zwar auf der theoretisch-kognitiven Ebene durchaus akzeptiert und durchgeführt werden kann, warum er aber zugleich handlungsmäßig irrelevant bleiben kann:

In der Fallstudie Alpha (*Elektronische Arbeitsmappe für den Schulunterricht*) wurde von mir in der Absicht einer diskursiven Anforderungsanalyse ein Verständigungsprozeß über eine für schulpraktische Zwecke angemessenen Datenstruktur initiiert, der weitgehend folgenlos blieb. Dabei war mein Diskurswunsch vorher mit der Gruppe auf einer kognitiv-argumentativen Ebene in weitgehend 'herrschaftsfreier' Aussprache ausdrücklich akzeptiert und als sinnvoll beurteilt worden. Erst nach und nach, vor allem durch eine längerfristige Begleitung der Arbeitsgruppe auch nach dem handlungsmäßig folgenlos gebliebenen Diskurs stellte sich heraus, daß durch meinen Diskurs wohl eine Bedeutung an die Datenstruktur herangetragen wurde, die die betreffende studentische Entwicklergruppe gar nicht vorrangig damit verband. Aus der Sicht der Studenten sollte nämlich primär *innerhalb des vorgegebenen Zeitrahmens* irgendeine *technisch machbare* Datenstruktur implementiert werden, die erst in zweiter Linie für Schulzwecke *äußerlich* plausibel erscheinen sollte.

Diese Bedeutungszuweisung war ihrerseits ersichtlich von den Erwartungen der hauptsächlichen Interaktionspartner der Gruppe geprägt worden, d. h. sowohl durch den Auftraggeber in der Schulverwaltung wie durch den Notengeber in der Hochschule. Beide hatten ihre Prioritäten zur Bewertung erklärtermaßen vor allem auf den Nachweis der technischen Machbarkeit und nicht auf den Nachweis der schulpraktischen Einsetzbarkeit gelegt. Diese Prioritätenfolge in den Erwartungen der sozialen Interaktionspartner wiederum war der Studentengruppe bekannt.

Die trotz des geführten Diskurses von den Studenten schließlich faktisch gewählte technikzentrierte Verhaltensweise entsprach damit den in der konkreten Situation vorherrschenden gegenseitigen Verhaltenserwartungen und war aufgrund der Grundannahmen des symbolischen Interaktionismus durch die situativen Rahmenbedingungen in der Tendenz schon präjudiziert. Eine von den Studenten gewählte 'eigenmächtige' Neudefinition des Programmierauftrages, die schulpraktische Eignung zu einem wesentlichen Kriterium zu machen, hätte dagegen nicht den Verhaltenserwartungen der konkreten Interaktionspartner der Studenten entsprochen. *Diese* situativen Rahmenbedingungen konnte auch mein Diskursversuch nicht einfach kognitiv 'überschreiben' und mußte von daher weitgehend folgenlos bleiben.

Meine Interpretation wurde schließlich folgendermaßen durch Aussagen von Gruppenmitgliedern bestätigt: Die ursprüngliche Vorstellung, ein Produkt für den Schulunterricht zu erstellen, sei vollkommen in den Hintergrund getreten, jetzt komme es darauf an, bis zum nächsten Semesterende 'fertig' zu werden, um diese Studienleistung abschließen zu können und das Studium fortsetzen zu können.

Als Konsequenz aus dem *Fallstrick* des symbolischen Interaktionismus sehe ich in meinem Methodenrahmen vor allem die Instrumente des *Situationsprofils* und der *diskursiven Öffnung* an. Eine dem Diskurs *vorgeordnete* Situationseinschätzung hinsichtlich der vorherrschenden wesentlichen Handlungsorientierungen und -erwartungen halte ich vor allem deshalb für erforderlich, um dem *legitimen Selbstschutzauftrag* meines diskursethischen Bezugsrahmens gerecht zu werden. Ansonsten droht wie im Fallbeispiel die Gefahr, daß unter dem Schein einer diskursiv legitimierten Handlungskoordination strategischen bzw. bereits schon vorher feststehenden Handlungsorientierungen Vorschub geleistet wird.[3] Dies jedoch kann nicht im Sinne des

---

[3] Zu ähnlichen Ergebnissen hinsichtlich den ethischen Gefahren einer naiven Verfolgung verständigungsorientierter Maximen gelangt auch Stein Bråten in seiner Synthese von systemtheoretischen Überlegungen und dem Grundgedanken der Perspektivübernahme, wie er von G. H. Mead entwickelt wurde: Wenn durch z. B.

Auftrags der GI-Leitlinien sein, geeignete Vorgehensweisen zur Vermittlung individueller und kollektiver Verantwortung zu entwickeln.

B.4.2 Single-Loop-Lernen, Double-Loop-Lernen und Defensives Verhalten

Der mit meinem diskursiven Methodenrahmen verfolgte Ansatz gemeinsamer Verständigung kann als *kooperativer Lernprozeß* im Sinne von Reisin verstanden werden [Rei92, S. 123ff.]. Die angestrebte intersubjektiv gültige Handlungskoordination beruht nämlich letztlich auf der Bereitschaft, seine eigene Handlungsorientierung an den Geltungsansprüchen und Wissensbeständen der Anderen zu relativieren, und somit zugleich seinen eigenen Wissensbestand um das Wissen und die Sichtweisen Anderer anzureichern. Genau dies stellt den Lernprozess in meinem Methodenrahmen dar: „Für den Einzelnen kann dabei die Gültigkeit seines bereits erworbenen Wissens relativiert oder erschüttert werden. Gleichzeitig kann er sich in den wechselseitigen kommunikativen Handlungen Wissen aneignen, das seinen aktuellen Wissenshorizont überschreitet." [Rei92, S. 135f.]

Eine solcherart als *gemeinsamer* Lernprozeß verstandene diskursive Anforderungsanalyse erfordert nun jedoch, daß nicht nur die

---

einseitige kognitive Vorteile oder andere situative Rahmenbedingungen (z. B. bereits feststehende Verhaltenserwartungen, keine ausreichende Ergebnisoffenheit) asymmetrische Kommunikationsverhältnisse gegeben sind, kann ein naiv durchgeführter Diskurs sogar zu einer Verfestigung der asymmetrischen Rahmenbedingungen führen. Ähnliche Effekte können auftreten, wenn in einer a priori asymmetrischen Kommunikationssituation eine undifferenzierte *formale Gleichbehandlung* z. B. hinsichtlich der äußerlichen Bereitstellung von Informationen erfolgt und dann bereits angenommen wird, jetzt sei dem Postulat einer idealen, symmetrischen Sprechsituation Genüge getan. Bråten fordert deshalb als Fazit seiner Überlegungen analog zu der hier vorgeschlagenen zweistufigen Konzeption der Diskursethik ein mehrstufiges Konzept, in dem zunächst die situativen Rahmenbedingungen selbst daraufhin thematisiert werden, inwieweit sie einigermaßen symmetrische Startbedingungen aufweisen. Erst dann soll, je nach Ergebnis, direkt ein gemeinsamer Diskurs stattfinden bzw. zunächst in Teilgruppen darauf hingearbeitet werden, sich gleiche Startchancen wie die bereits mit Vorteilen ausgestattete Gruppe anzueignen. Vgl. hierzu näher z. B. [Brå73], [Brå81] und [Brå83]. Für eine empirische Bestätigung dieser Überlegungen in partizipativen Systementwicklungsprojekten vgl. z. B. [Cle94].

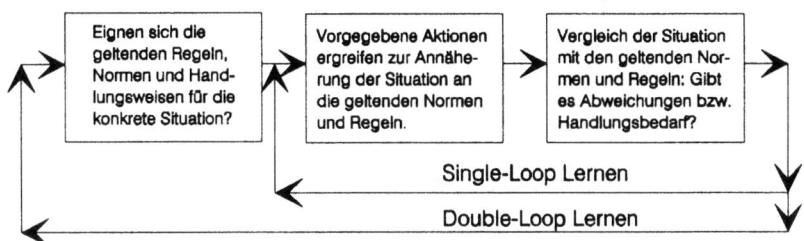

Abbildung B.1: *Single-loop* versus *double-loop* Lernen

jeweils aktuelle Handlungsweise hinsichtlich ihrer *instrumentellen* Wirksamkeit zur Debatte gestellt wird, sondern gegebenenfalls auch die dahinter stehenden Normen und Ziele problematisiert werden können.[4] Meine Erfahrungen in den Fallstudien zeigten allerdings, daß gerade die für meine Konzeption erforderliche Thematisierbarkeit des Verhältnisses von konkreter Handlungsweise und dahinterstehender Handlungsabsicht nicht einfach vorausgesetzt werden kann. Zum besseren Verständnis meiner weiteren Überlegungen möchte ich im folgenden zunächst eine von Argyris und Schön ([AS78, pp. 2, 18], [Arg90, pp. 93]) vorgeschlagene Unterscheidung von Lernen vorstellen, das *single-loop* Lernen und das *double-loop* Lernen (s. auch Abbildung B.1):

Single-loop Lernen bezeichnet eine Verhaltens- bzw. Lernweise nach dem Prinzip eines einfach rückgekoppelten Regelkreis, der *instrumentell* zu einer gegebenen problematischen Situation eine gewisse Handlungsweise veranlaßt: „In ... single-loop learning, the criterion for success is effectiveness." [AS78, p. 29] Die dahinterstehenden Werte, Grundorientierungen, Zwecke und Interessen spielen keine Rolle, genausowenig wird thematisiert, inwieweit die aktuelle Hand-

---

[4]Habermas fordert in seiner Theorie des kommunikativen Handelns ausdrücklich, daß im kommunikativen Handeln bei der Prüfung der *Richtigkeit* einer Sprechhandlung auch der normative Kontext selbst, den sie erfüllen soll, *legitim* sein muß [Hab81, Band I, S. 149], mithin einer diskursiven Überprüfung grundsätzlich zugänglich sein muß. Ist dies nicht gewährleistet, dann kann auch nichts über die Legitimität dieses Kontextes ausgesagt werden, an deren Stelle tritt dann seine *faktische Geltung*.

lungsweise gegenüber der zugrundeliegenden Situation angemessen ist. Als Beispiel nennt Argyris einen Thermostat: „The thermostat can perform this task because it can receive information (the temperature of the room) and take corrective action." [AS78, p. 3] Der Thermostat kann jedoch nicht die Ursache des Temperaturabfalls erkennen und so kann er die Heizung zu höherer Leistung veranlassen, obwohl es draußen nicht kälter geworden ist, sondern 'nur' jemand für einen Moment das Zimmer lüftet. Um in solchen Situationen nicht nur *instrumentell*, sondern *angemessen* reagieren zu können, bedarf es der erweiterten Fähigkeit (und Bereitschaft) zum *double-loop* Lernen: „Double-loop learning occurs when error is detected and corrected in ways that involve the modification of an organizations's underlying norms, policies, and objectives." [AS78, p. 3]

Die besondere Stärke des double-loop Lernen für eine pragmatisch angemessene Situationsbewältigung besteht also darin, daß zugleich mit der Lösung des konkreten Problems die dahinterstehenden Handlungsorientierungen und Situationsdefinition auf die Probe gestellt werden. Durch diesen doppelten Lernprozess wird vermieden, daß bislang geübte Handlungsweisen ungeprüft in neuen Situationen angewendet werden, für die sie eventuell nicht mehr angemessen sind: „In double-loop learning, response to detected error takes the form of joint inquiry into organizational norms themselves, so as to resolve their inconsistency and make the new norms more effectively realizable." [AS78, p. 29]

Mein Methodenrahmen setzt also die Fähigkeit und Bereitschaft zum *double-loop* Lernen voraus, ein auf *single-loop* Lernen beschränkter Diskurs hingegen steht in der Gefahr, alleine auf instrumentelle statt auf kommunikative Rationalität fixiert zu bleiben.[5] Diese Problematik zeigte sich z. B. in einer meiner Fallstudien in einer deutlichen Diskrepanz zwischen der *anwendungsorientierten Ziel*setzung und der im Vergleich dazu weitgehend *unabhängig davon* betriebenen praktischen Systementwicklungstätigkeit. Im Sinne des double-loop

---

[5] Nur in einer Haltung im Sinne des double-loop Lernens ist der Diskurs nämlich in der Lage, neben der instrumentellen Handlungsweise auch die Bezüge zu den dahinterstehenden Orientierungen und Theorien sowie deren eigene Legitimität im Sinne kommunikativer Rationalität einzubeziehen.

Lernens wäre diese Diskrepanz Anlaß gewesen, die technikorientierten faktischen *Handlungsweisen* und die damit verfolgten inhaltlichen *Ziele* besser aufeinander *abzustimmen*. Stattdessen wurde in der konkreten Situation versucht, die diskursiv benannten Diskrepanzen im Sinne des single-loop Lernens als irrelevant 'wegzudefinieren'. So wurde z. B. argumentiert, daß der derzeitige frühe Entwicklungsstand noch nicht erlaube, konkrete Anforderungen aus der angestrebten Einsatzumgebung der Systementwicklung zu berücksichtigen, folglich sei es auch noch nicht erforderlich, potentielle Anwender zu den Entwicklungsarbeiten hinzuzuziehen. Eine solche Immunisierungsstrategie bezeichnet Argyris als *defensives Verhalten* [Arg90]:

Defensives Verhalten verharrt trotz in Veränderung befindlicher oder unbekannter Umweltbedingungen im single-loop Lernen und wehrt alle Anfragen hinsichtlich der Angemessenheit der Handlungsweisen bezüglich der veränderten Umweltbedingungen und bezüglich den mit der Handlung verfolgten Interessen, Ziele und Werte mit dem Hinweis ab, daß ja bereits gehandelt werde. Im vorliegenden Fall beispielsweise war das angestrebte Anwendungsfeld für die beteiligten Informatiker weitgehend unbekannt. Für die konkrete Systementwicklung wurde trotzdem im Sinne des single-loop Lernens an bisher in anderen Zusammenhängen erprobten Vorgehensweisen und Methoden festgehalten. Eine diskursive Problematisierung, ob nicht durch die veränderten Umweltbedingungen auch die eigenen Vorgehensweisen angepaßt werden müssten und ob dies nicht eine inhaltliche Beschäftigung mit dem beabsichtigten Anwendungsgebiet einschließen müßte, wurde schließlich mit dem oben skizzierten Immunisierungsversuch abgewiesen.

Eine Öffnung des diskursiv zugänglichen Bereichs im Sinne des double-loop Lernens hätte dagegen möglicherweise bedeutet, daß bisherige Verhaltensweisen dahingehend überdacht werden müssen, ob sie zur zugrundeliegenden Situation und den damit verbundenen Werten in einem angemessenen Verhältnis stehen. Solche Prozesse sind jedoch mit der sozialpsychologischen Hürde verbunden, den gewohnten Sicherheitsgrad der eigenen Überzeugungen (zumindest vorübergehend) zu verlieren, z. B. durch das Eingeständnis, daß man bisher *doch* nicht alles wußte oder *doch* noch nicht *die* richtige Lösung

Literatur

[A+90] N. E. Andersen et al. *Professional Systems Development - Experience, Ideas and Action.* Prentice Hall UK, Hampstead, 1990.

[A+92] U. v. Alemann et al. (Hrsg.). *Leitbilder sozialverträglicher Technikgestaltung. Ergebnisbericht des Projektträgers zum NRW-Landesprogramm "Mensch und Technik - Sozialverträgliche Technikgestaltung".* Westdeutscher Verlag, Opladen, 1992.

[Ack74] R. L. Ackoff. *Redesigning the future: A system approach to societal programs.* John Wiley, New York, 1974.

[Ack79] R. L. Ackoff. *The Art of Problem Solving.* John Wiley, New York, 1979.

[Adr92] W. R. Adrion. Research Methodology in Software Engineering. In: N. Habermann und W. Tichy (Hrsg.), *Future Directions in Software Engineering.* Dagstuhl-Seminar-Report 32, Wadern, 1992, 8–9.

[Agr93] W. Agresti. The Experimental Paradigm in Software Engineering - Discussion Summary. In: H. D. Rombach, V. R. Basili und R. W. Selby (Hrsg.), *Experimental Software Engineering Issues: Critical Assessment and Future Directions.* Springer, Berlin, Heidelberg, New York, 1993, 33–40.

[Alb87] H. Albert. *Kritik der reinen Erkenntnislehre.* J. C. B. Mohr, Tübingen, 1987.

[And94] U. Andelfinger. Begriffliche Wissenssysteme aus pragmatisch-semiotischer Sicht. In: R. Wille und M. Zickwolff (Hrsg.), *Begriffliche Wissenssysteme - Grundlagen und Aufgaben.* B. I. Wissenschaftsverlag, Mannheim, Leipzig, Wien, Zürich, 1994, 153–172.

[Ape75] K.-O. Apel. *Der Denkweg von Charles Sanders Peirce. Eine Einführung in den amerikanischen Pragmatismus.* Suhrkamp, Frankfurt/Main, 1975.

[Ape76] K.-O. Apel. *Transformation der Philosophie, 2 Bde.* Suhrkamp, Frankfurt/Main, 1976.

[Ape89] K.-O. Apel. Begründung. In: H. Seiffert und G. Radnitzky (Hrsg.), *Handlexikon zur Wissenschaftstheorie.* Ehrenwirth, München, 1989, 14–20.

[Ape90a] K.-O. Apel. *Diskurs und Verantwortung. Das Problem des Übergangs zur postkonventionellen Moral.* Suhrkamp, Frankfurt/Main, 1990.

[Ape90b] K.-O. Apel. Kann der postkantische Standpunkt der Moralität noch einmal in substantielle Sittlichkeit aufgehoben werden? Das geschichtsbezogene Anwendungsproblem der Diskursethik zwischen Utopie und Regression. In: K.-O. Apel (Hrsg.),
*Diskurs und Verantwortung. Das Problem des Übergangs zur
postkonventionellen Moral.* Suhrkamp, Frankfurt/Main, 1990,
103–153.

[Ape92] K.-O. Apel. Diskursethik vor der Problematik von Recht und
Politik: Können die Rationalitätsdifferenzen zwischen Moralität, Recht und Politik selbst noch durch die Diskursethik
normativ-rational gerechtfertigt werden? In: K.-O. Apel und
M. Kettner (Hrsg.), *Zur Anwendung der Diskursethik in Politik, Recht und Wissenschaft.* Suhrkamp, Frankfurt/Main,
1992, 29–61.

[Arg90] C. Argyris. *Overcoming Organizational Defenses: Facilitating
Organizational Learning.* Allyn and Bacon, Needham Heights,
MA, 1990.

[AS78] C. Argyris und D. A. Schön. *Organizational Learning: A Theory of Action Perspective.* Addison-Wesley, Reading, Mass.,
1978.

[Ari52] Aristoteles. *Topik.* Schöningh, Paderborn, 1952.

[Bal82] H. Balzert. *Die Entwicklung von Software-Systemen.* B. I. Wissenschaftsverlag, Mannheim, Wien, Zürich, 1982.

[Bau93] F. L. Bauer. Software-Engineering - wie es begann. *Informatik
Spektrum* **16**(5) (1993), 259–260.

[BBP89] B. Booss-Bavnbek und G. Pate. Information Technology and
Mathematical Modelling: the Software Crisis, Risk and Educational Consequences. *Zeitschrift für Didaktik der Mathematik*
(5) (1989), 167 – 175.

[BC92] L. Bonsiepen und W. Coy. Eine Curriculardebatte. *Informatik-
Spektrum* **15** (1992), 323–325.

[BD94] J. S. Brown und P. Duguid. Borderline Issues: Social and Material Aspects of Design. *Human-Computer Interaction* **9**(1)
(1994), 3–36. Special Issue on Context in Design.

[Bec86] U. Beck. *Risikogesellschaft: Auf dem Weg in eine andere Moderne.* Suhrkamp, Frankfurt/Main, 1986.

[Bec88] U. Beck. *Gegengifte: Die organisierte Unverantwortlichkeit.*
Suhrkamp, Frankfurt/Main, 1988.

[BEK87] G. Bjerknes, P. Ehn und M. Kyng (Hrsg.). *Computers and
Democracy - A Scandinavian Challenge.* Avebury, Aldershot,
1987.

[Ben83] J. K. Benson. A Dialectical Method for the Study of Organizations. In: G. Morgan (Hrsg.), *Beyond Method - Strategies for Social Research*. Sage Publications, Beverly Hills, 1983, 331–346.

[Ber68] L. v. Bertalanffy. *General System Theory. Foundations, Development, Applications*. George Braziller, New York, 1968.

[BF94] F. C. Brodbeck und M. Frese (Hrsg.). *Produktivität und Qualität in Software-Projekten - Psychologische Analyse und Optimierung von Arbeitsprozessen in der Software-Entwicklung*. R. Oldenbourg, München, Wien, 1994.

[BHS93] W. Bibel, S. Hölldobler und T. Schaub. *Wissensrepräsentation und Inferenz - Eine grundlegende Einführung*. Vieweg, Braunschweig, Wiesbaden, 1993.

[BKKZ92] R. Budde, K. Kautz, K. Kuhlenkamp und H. Züllighoven. *Prototyping: An Approach to Evolutionary System Development*. Springer, Berlin, Heidelberg, New York, 1992.

[BL88] W. Bungard und H. Lenk (Hrsg.). *Technikbewertung. Philosophische und psychologische Perspektiven*. Suhrkamp, Frankfurt/Main, 1988.

[BL94] P. L. Berger und T. Luckmann. *Die gesellschaftliche Konstruktion der Wirklichkeit. Eine Theorie der Wissenssoziologie*. Fischer TB Verlag, Frankfurt/Main, 1994. Orig. u.d.T.: The Social Construction of Reality, Doubleday, New York 1966.

[Blo92] B. P. Bloomfield. Understanding the Social Practices of Systems Developers. *Journal of Information Systems* 2 (1992), 189–209.

[BØ94] T. Bratteteig und L. Øgrim. Dialectics-Structured Handling of Problem Situations in Systems Development. In: W. R. J. Baets (Hrsg.), *Second European Conference on Information Systems*. Nijenrode University Press, Breukelen, 1994.

[Boe84] B. Boehm. Verifying and Validating Software Requirements and Design Specifications. *IEEE Software* 1(1) (1984), 75–88.

[Bow92] J. Bowers. The politics of formalism. In: M. Lea (Hrsg.), *Contexts of Computer-Mediated Communication*. Harvester Wheatsheaf, Hemel Hempstead, 1992, 232–261.

[BR70] J. N. Buxton und B. Randell (Hrsg.). *Software-Engineering Techniques*. Scientific Affairs Division, NATO, Brüssel, 1970.

[BR92] P. Baumann und L. Richter. Wie groß ist die Aussagekraft heutiger Software-Metriken? *Wirtschafts-Informatik* 34(6) (1992), 624 – 631.

[Brå73] S. Bråten. Model Monopoly and Communication: Systems Theoretical Notes on Democratization. *Acta Sociologica* **16**(2) (1973), 98–107.

[Brå81] S. Bråten. Quality of Interaction and Participation: On Model Power in Industrial Democracy. In: G. E. Lasker (Hrsg.), *Applied Systems and Cybernetics, Vol. I.* Pergamon, New York, 1981, 191–200.

[Brå83] S. Bråten. Asymmetric Discourse and Cognitive Autonomy: Resolving Model Monopoly through Boundary Shifts. In: A. Pedretti (Hrsg.), *Problems of Levels and Boundaries.* Princelet Edition, London, Zürich, 1983, 7–28.

[Bri93] L. C. Briand. Quantitative Empirical Modelling for Managing Software Development: Constraints, Needs and Solutions. In: H. D. Rombach, V. R. Basili und R. W. Selby (Hrsg.), *Experimental Software Engineering Issues: Critical Assessment and Future Directions.* Springer, Berlin, Heidelberg, New York, 1993, 158–163.

[Bro87] F. P. Brooks. No Silver Bullet - Essence and Accidents of Software Engineering. *IEEE Computer* (April 1987), 10–19.

[Bro92] F. A. Brockhaus GmbH (Hrsg.). *Brockhaus Enzyklopädie in vierundzwanzig Bänden, 19. Auflage, Band 17, Pes - Rac.* F. A. Brockhaus, Mannheim, 1992.

[Bro93] M. Broy. Zur Aus- und Weiterbildung im Bereich der ingenieurmäßigen System- und Programmentwicklung - Grundsatzpapier, erarbeitet vom Fachbereich 2 der GI. *Informatik Spektrum* **16**(1) (1993), 31–33.

[Bro94] F. C. Brodbeck. Intensive Kommunikation lohnt sich für SE-Projekte. In: F. C. Brodbeck und M. Frese (Hrsg.), *Produktivität und Qualität in Software-Projekten.* R. Oldenbourg, München, Wien, 1994, 51–68.

[BS85] R. J. Brachman und I. A. Schmolze. An Overview of the KL-ONE Knowledge Representation System. *Cognitive Science* **9** (1985), 171–216.

[Bub90] R. Bubner. *Dialektik als Topik. Bausteine zu einer lebensweltlichen Theorie der Rationalität.* Suhrkamp, Frankfurt/Main, 1990.

[Bub95] M. Buber. *Ich und Du.* Philipp Reclam Verlag, Stuttgart, 1995.

[Bux93] J. N. Buxton. On the Decline of Classical Programming. In: I. Sommerville und M. Paul (Hrsg.), *Software Engineering - ESEC '93.* Springer, Berlin, Heidelberg, New York, 1993, 1–9.

[C+92] W. Coy et al. (Hrsg.). *Sichtweisen der Informatik.* Vieweg, Braunschweig, Wiesbaden, 1992.

[Cap87] R. Capurro. Die Informatik und das hermeneutische Forschungsprogramm - Anmerkungen zu einem neuen Ansatz. *Informatik-Spektrum* **10**(12) (1987), 329–333.

[Cap90] R. Capurro. Ethik und Informatik - Die Herausforderung der Informatik für die praktische Philosophie. *Informatik-Spektrum* **13** (1990), 311–320.

[Cap93] R. Capurro. Zur Frage der professionellen Ethik. In: P. Schefe et al. (Hrsg.), *Informatik und Philosophie.* B. I. Wissenschaftsverlag, Mannheim, Leipzig, Wien, Zürich, 1993, 121–140.

[CB89] W. Coy und L. Bonsiepen. *Erfahrung und Berechnung. Kritik der Expertensystemtechnik.* Springer, Berlin, Heidelberg, New York, 1989.

[CFR93] T. R. Colburn, J. H. Fetzer und T. L. Rankin. *Program Verification - Fundamental Issues in Computer Science.* Kluwer Academic Press, Dordrecht, Boston, London, 1993.

[Che95] P. Checkland. Model Validation in Soft Systems Practice. *Systems Research* **12**(1) (1995), 47–54.

[CKI88] B. Curtis, H. Krasner und N. Iscoe. A Field Study of the Software Design Process for Large Systems. *Communications of the ACM* **31**(11) (1988), 1268–1287.

[Cle94] A. Clement. Computer at Work: Empowering Action by 'Low-Level' Users. *Communications of the ACM* **37**(1) (1994), 52–63.

[CM91] J. M. Carroll und T. P. Moran. Introduction to the Special Issue on Design Rationale. *Human-Computer Interaction* **6**(3) (1991), 197–200.

[CS90] P. Checkland und J. Scholes. *Soft Systems Methodology in Action.* John Wiley, Chichester, New York, 1990.

[CS93] V. Claus und A. Schwill. *Duden Informatik - Ein Sachlexikon für Studium und Praxis.* Dudenverlag, Mannheim, Leipzig, Wien, Zürich, 2. Auflage, 1993.

[Cus93] M. A. Cusumano. Objectives and Context of Software Measurement, Analysis and Control. In: H. D. Rombach, V. R. Basili und R. W. Selby (Hrsg.), *Experimental Software Engineering Issues: Critical Assessment and Future Directions.* Springer, Berlin, Heidelberg, New York, 1993, 41–59.

[CW94] F. Claus und P. M. Wiedemann (Hrsg.). *Umweltkonflikte. Vermittlungsverfahren zu ihrer Lösung - Praxisberichte.* Eberhard Blottner Verlag, Taunusstein, 1994.

[D+89a] P. J. Denning et al. A Debate on Teaching Computing Science. *Communications of the ACM* **32**(12) (1989), 1397–1414.

[D+89b] P. J. Denning et al. Computing as a Discipline. *Communications of the ACM* **32**(1) (1989), 9–23.

[Dae93] S. M. Daecke. Technik-Ethik ist eine dialogische Ethik. In: S. M. Daecke und K. Henning (Hrsg.), *Verantwortung in der Technik*. B. I. Wissenschaftsverlag, Mannheim, Wien, Zürich, 1993, 9–12.

[Dav93] A. M. Davis. *Software Requirements - Objects, Functions and States*. Prentice Hall, Englewood Cliffs, 1993.

[Den93] E. Denert. Software-Engineering in Wissenschaft und Wirtschaft: Wie breit ist die Kluft? *Informatik Spektrum* **16**(5) (1993), 295–299.

[Dij89] E. W. Dijkstra. On the Cruelty of Really Teaching Computing Science. *Communications of the ACM* **32**(12) (1989), 1398–1404.

[DK91] C. Dunlop und R. Kling (Hrsg.). *Computerization and Controversy - Value Conflicts and Social Choices*. Academic Press, San Diego, 1991.

[DL91] T. DeMarco und T. Lister. *Wien wartet auf Dich! Der Faktor Mensch im DV-Management*. Carl Hanser, München, Wien, 1991.

[DW91] J. L. G. Dietz und G. H. M. Widdershoven. Speech Acts or Communicative Action? In: L. Bannon, M. Robinson und K. Schmidt (Hrsg.), *European Conference on Computer Supported Cooperative Work*, ECSCW '91. Kluwer Academic Press, Dordrecht, 1991, 235–248.

[Ehn88] P. Ehn. *Work-Oriented Design of Computer Artifacts*. Arbetslivcentrum, Stockholm, 1988.

[EK89] P. Ehn und M. Kyng. The Collective Resource Approach to Systems Design. In: G. Bjerknes, P. Ehn und M. Kyng (Hrsg.), *Computers and Democracy - a Scandinavian Challenge*. Avebury, Aldershot, 1989, 17–58.

[FB92] M. Frese und F. C. Brodbeck. Psychologische Aspekte der Software-Entwicklung. *IBM-Nachrichten* **42**(309) (1992), 15–19.

[Fie91] H.-J. Fietkau. *Psychologische Ansätze zu Mediationsverfahren im Umweltschutz*. Publikation FS II-91-302, Wissenschaftszentrum Berlin, Berlin, 1991.

[Fie94] H.-J. Fietkau. *Leitfaden Umweltmediation - Hinweise für Verfahrensbeteiligte und Mediatoren.* Publikation FS II-94-323, Wissenschaftszentrum Berlin, Berlin, 1994.

[Fis94] G. Fischer. In Defense of Demassification: Empowering Individuals. *Human-Computer Interaction* **9**(1) (1994), 66–70. Special Issue on Context in Design.

[FJ91] S. Femers und H. Jungermann. *Risikoindikatoren: Eine Systematisierung und Diskussion von Risikomaßen und Risikovergleichen.* Arbeiten zur Risiko-Kommunikation, Heft 21, Forschungszentrum Jülich GmbH, Jülich, 1991.

[FK92a] B. Friedman und P. H. Kahn. Human Agency and Responsible Computing: Implications for Computer System Design. *The Journal of Systems and Software* **17**(1) (1992), 7–14.

[FK92b] K. Fuchs–Kittowski. Theorie der Informatik im Spannungsfeld zwischen formalem Modell und informaler Welt. In: W. Coy et al. (Hrsg.), *Sichtweisen der Informatik.* Vieweg, Braunschweig, Wiesbaden, 1992, 71–82.

[FK94] B. Friedman und P. H. Kahn. Educating Computer Scientists: Linking the Social and the Technical. *Communications of the ACM* **37**(1) (1994), 64–71.

[FLMM91] G. Fischer, A. Lemke, R. McCall und A. I. Morch. Making Argumentation serve Design. *Human-Computer Interaction* **6**(3) (1991), 393–419.

[Flo85] C. Floyd. Wo sind die Grenzen des verantwortbaren Computer-Einsatzes? *Informatik Spektrum* **8**(1) (1985), 3–6.

[Flo89a] C. Floyd. Outline of a Paradigm Change in Software-Engineering. In: G. Bjerknes, P. Ehn und M. Kyng (Hrsg.), *Computers and Democracy. A Scandinavian Challenge.* Avebury, Aldershot, 1989, 191–212.

[Flo89b] C. Floyd. Softwareentwicklung als Realitätskonstruktion. In: W. L. Lippe (Hrsg.), *Software-Entwicklung: Konzepte, Erfahrungen, Perspektiven.* Springer, Berlin, Heidelberg, New York, 1989, 1–20.

[Flo94] C. Floyd. Software-Engineering - und dann? *Informatik Spektrum* **17**(1) (1994), 29–38.

[For83] J. Forester. Critical Theory and Organizational Analysis. In: G. Morgan (Hrsg.), *Beyond Method - Strategies for Social Research.* Sage Publications, Beverly Hills, 1983, 234–246.

[Fou91] M. Foucault. *Die Ordnung des Diskurses.* Fischer TB Verlag, Frankfurt/Main, 1991. Orig. u.d.T.: L'ordre du discours, Gallimard, Paris 1972.

[Fuc93] N. Fuchs. Software Engineering still on the Way to an Engineering Discipline. In: H. D. Rombach, V. R. Basili und R. W. Selby (Hrsg.), *Experimental Software Engineering Issues: Critical Assessment and Future Directions*. Springer, Berlin, Heidelberg, New York, 1993, 19–22.

[Fus90] H. Fuss. Modellbildung. In: F. Krückeberg und O. Spaniol (Hrsg.), *Lexikon Informatik und Kommunikationstechnik*. VDI-Verlag, Düsseldorf, 1990, 405.

[FW94] H.-J. Fietkau und H. Weidner. Mediationsverfahren im Kreis Neuss. In: F. Claus und P. Wiedemann (Hrsg.), *Umweltkonflikte: Vermittlungsverfahren zu ihrer Lösung - Praxisberichte*. Blottner, Taunusstein, 1994, 99–118.

[FZBKS92] C. Floyd, H. Züllighoven, R. Budde und R. Keil–Slawik (Hrsg.). *Software Development and Reality Construction*. Springer, Berlin, Heidelberg, New York, 1992.

[Gie92] H.-J. Giegel (Hrsg.). *Kommunikation und Konsens in modernen Gesellschaften*. Suhrkamp, Frankfurt/Main, 1992.

[GK91] J. Greenbaum und M. Kyng (Hrsg.). *Design at Work: Cooperative Design of Computer Systems*. Lawrence Erlbaum Associates, Hillsdale, New Jersey, 1991.

[Gla93] R. L. Glass. In Defense of Adhocracy. *The Journal of Systems and Software* **22**(3) (1993), 149–150.

[Gog92] J. A. Goguen. The Denial of Error. In: C. Floyd et al. (Hrsg.), *Software Development and Reality Construction*. Springer, Berlin, Heidelberg, New York, 1992, 193–202.

[Goo94] G. Goos. Programmiertechnik zwischen Wissenschaft und industrieller Praxis. *Informatik Spektrum* **17**(1) (1994), 11–20.

[GP90] D. A. Gioia und E. Pitre. Multiparadigm Perspectives on Theory Building. *Academy of Management Review* **15**(4) (1990), 584–602.

[Gra93] T. Grams. Täuschwörter im Software-Engineering. *Informatik Spektrum* **16**(3) (1993), 165–166.

[Gre91] M. T. Greven. Macht und Politik in der 'Theorie des kommunikativen Handelns' von Jürgen Habermas. In: M. T. Greven (Hrsg.), *Macht in der Demokratie: Denkanstöße zur Wiederbelebung einer klassischen Frage in der zeitgenössischen Politischen Theorie*. Nomos, Baden-Baden, 1991, 213–238.

[Gru89] J. Grudin. Why Groupware Applications Fail: Problems in Design and Evaluation. *Office Technology and People* **4**(3) (1989), 245–264.

[Gru94]   J. Grudin. Groupware and Social Dynamics: Eight Challenges for Developers. *Communications of the ACM* **37**(1) (1994), 92–105.

[GW89]   D. C. Gause und G. M. Weinberg. *Exploring Requirements: Quality before Design.* Dorset House Publishing, New York, 1989.

[GW96]   B. Ganter und R. Wille. *Formale Begriffsanalyse - Mathematische Grundlagen.* Springer, Berlin, Heidelberg, New York, 1996.

[GWW87]   B. Ganter, R. Wille und K. E. Wolff (Hrsg.). *Beiträge zur Begriffsanalyse.* B. I. Wissenschaftsverlag, Mannheim, Wien, Zürich, 1987.

[H+93]   H. F. Hofmann et al. *Situated Software Design.* Bericht 93.18 des Instituts für Informatik, Universität Zürich, Zürich, 1993.

[H+94]   W. Hesse et al. Terminologie der Software-Technik. Ein Begriffssystem für die Analyse und Modellierung von Anwendungssystemen. Teil 1: Begriffssystematik und Grundlagen. *Informatik Spektrum* **17**(1) (1994), 39–47.

[Hab69]   J. Habermas. Erkenntnis und Interesse. In: J. Habermas, *Technik und Wissenschaft als Ideologie.* Suhrkamp, Frankfurt/Main, 1969, 146–168.

[Hab81]   J. Habermas. *Theorie des kommunikativen Handelns.* Suhrkamp, Frankfurt/Main, 1981.

[Hab83a]   J. Habermas. Diskursethik - Notizen zu einem Begründungsprogramm. In: J. Habermas, *Moralbewußtsein und kommunikatives Handeln.* Suhrkamp, Frankfurt/Main, 1983, 53–126.

[Hab83b]   J. Habermas. *Moralbewußtsein und kommunikatives Handeln.* Suhrkamp, Frankfurt/Main, 1983.

[Hab83c]   J. Habermas. Moralbewußtsein und kommunikatives Handeln. In: J. Habermas, *Moralbewußtsein und kommunikatives Handeln.* Suhrkamp, Frankfurt/Main, 1983, 127–205.

[Hab86]   J. Habermas. Entgegnung. In: A. Honneth und H. Joas (Hrsg.), *Kommunikatives Handeln - Beiträge zu Jürgen Habermas' 'Theorie des kommunikativen Handelns'.* Suhrkamp, Frankfurt/Main, 1986, 327–405.

[Hab91a]   J. Habermas. *Erläuterungen zur Diskursethik.* Suhrkamp, Frankfurt/Main, 1991.

[Hab91b]   J. Habermas. Erläuterungen zur Diskursethik. In: J. Habermas, *Erläuterungen zur Diskursethik.* Suhrkamp, Frankfurt/Main, 1991, 119–226.

[Hab91c] J. Habermas. Treffen Hegels Einwände gegen Kant auch auf die Diskursethik zu? In: J. Habermas, *Erläuterungen zur Diskursethik.* Suhrkamp, Frankfurt/Main, 1991, 9–30.

[Hab92] A. N. Habermann. Introductory Education in Programming. In: N. Habermann und W. Tichy (Hrsg.), *Future Directions in Software Engineering.* Dagstuhl-Seminar-Report 32, Wadern, 1992, 27.

[Hab95a] J. Habermas. Erläuterungen zum Begriff des kommunikativen Handelns. In: J. Habermas, *Vorstudien und Ergänzungen zur Theorie des kommunikativen Handelns.* Suhrkamp, Frankfurt/Main, 1995, 571–606.

[Hab95b] J. Habermas. *Vorstudien und Ergänzungen zur Theorie des kommunikativen Handelns.* Suhrkamp, Frankfurt/Main, 1995.

[Has88] H. Hastedt. *Das Leib-Seele-Problem. Zwischen Naturwissenschaft des Geistes und kultureller Eindimensionalität.* Suhrkamp, Frankfurt/Main, 1988.

[HBS91] W. Hesse, U. Bittner und J. Schnath. Untersuchungen zur Arbeitssituation und Werkzeugunterstützung von Software-Entwicklern. In: M. Frese et al. (Hrsg.), *Software für die Arbeit von morgen.* Springer, Berlin, Heidelberg, New York, 1991, 421–430.

[HC94] R. Harper und K. Carter. Keeping people apart - a research note. *Computer Supported Cooperative Work* **2** (1994), 199–207.

[HDK93] P. Hsia, A. Davis und D. Kung. Requirements Engineering: A Status Report. *IEEE Software* (November 1993), 75–79.

[Hen88] L. Hennen. *Kommunikation über Risiken der 'Neuen Informations- und Kommunikationstechnologien' - Themen und Strukturen einer gesellschaftlichen Kontroverse.* Arbeiten zur Risiko-Kommunikation, Heft 3, Forschungszentrum Jülich GmbH, Jülich, 1988.

[HJ86] A. Honneth und H. Joas (Hrsg.). *Kommunikatives Handeln - Beiträge zu Jürgen Habermas' 'Theorie des kommunikativen Handelns'.* Suhrkamp, Frankfurt/Main, 1986.

[HK89] R. Hirschheim und H. K. Klein. Four Paradigms of Information Systems Development. *Communications of the ACM* **32**(10) (1989), 1199–1216.

[HKN91] R. Hirschheim, H. K. Klein und M. Newman. Information Systems Development as Social Action: Theoretical Perspective and Practice. *OMEGA - International Journal of Management* **19**(6) (1991), 587–608.

[HL91] A. Hügli und P. Lübcke (Hrsg.). *Philosophielexikon. Personen und Begriffe der abendländischen Philosophie von der Antike bis zur Gegenwart.* Rowohlt, Reinbek, 1991. Orig. u.d.T.: Politikens filosofi leksikon, Politikens Forlag, Kopenhagen 1983.

[HM75] B. Hedberg und E. Mumford. The Design of Computer Systems: Man's Vision of Man as an Integral Part of the System Design Process. In: E. Mumford und H. Sackman (Hrsg.), *Human choice and computers.* IFIP Conference on Human Choice and Computers, North Holland, Amsterdam, 1975, 31–60.

[Hof92] D. Hoffmann. The Garmisch Conference - A Retrospective. In: N. Habermann und W. Tichy (Hrsg.), *Future Directions in Software Engineering.* Dagstuhl-Seminar-Report 32, Wadern, 1992, 7.

[HPR93] V. Hammer, U. Pordesch und A. Roßnagel. *Betriebliche Telefon- und ISDN-Anlagen rechtsgemäß gestaltet.* Springer, Berlin, Heidelberg, New York, 1993.

[HWW94] M. Heisel und D. Weber–Wulff. Korrekte Software: Nur eine Illusion? *Informatik Forschung und Entwicklung* 9 (1994), 192–200.

[Ill73] I. Illich. *Tools for Conviviality.* Perennial, Harper and Row, New York, 1973. Dt. u.d.T.: Selbstbegrenzung - Eine politische Kritik der Technik, Rowohlt, Reinbek, 1986.

[Inf89] Informatik und Verantwortung - Fachbereichsempfehlung des Arbeitskreises 8.3.3. der Gesellschaft für Informatik. *Informatik Spektrum* 12 (1989), 281ff. Wiederabgedruckt in W. Coy et al. (Hrsg.): Sichtweisen der Informatik, Vieweg, Braunschweig, Wiesbaden 1989, 311–326.

[Inf94] Gesellschaft für Informatik. *Ethische Leitlinien der Gesellschaft für Informatik.* Gesellschaft für Informatik, Bonn, 1994.

[Jan89] E. Jantsch. System, Systemtheorie. In: H. Seiffert und G. Radnitzky (Hrsg.), *Handlexikon zur Wissenschaftstheorie.* Ehrenwirth, München, 1989, 329–338.

[Jef93] R. Jeffery. A View on the Use of Three Research Philosophies to Address Empiricially Determined Weaknesses of the Software Engineering Process. In: H. D. Rombach, V. R. Basili und R. W. Selby (Hrsg.), *Experimental Software Engineering Issues: Critical Assessment and Future Directions.* Springer, Berlin, Heidelberg, New York, 1993, 111–115.

[JGL92] M. Jirotka, N. Gilbert und P. Luff. On the Social Organisation of Organisations. *Computer Supported Cooperative Work* 1(1-2) (1992), 95–118.

[Joa78] H. Joas. George Herbert Mead. In: D. Käsler (Hrsg.), *Klassiker des soziologischen Denkens, Band 2*. Beck, München, 1978, 7–39.

[Joh85] D. Johnson. *Computer Ethics*. Prentice Hall, Englewood Cliffs, NJ, 1985.

[JP93a] M. Jarke und K. Pohl. Vision Driven System Engineering. In: N. Prakash, C. Rolland und B. Pernici (Hrsg.), *Information System Development Process*. North-Holland, Amsterdam, 1993, 3–22. Proc. of the IFIP WG 8.1 Working Conf. on Inf. Syst. Dev. Process, Como, 1-3 Sept. 1993.

[JP⁺93b] M. Jarke, K. Pohl et al. Requirements Engineering: An Integrated View of Representations, Process and Domain. In: I. Sommerville und M. Paul (Hrsg.), *Software-Engineering - ESEC '93*. Springer, Berlin, Heidelberg, New York, 1993, 100–114.

[JP93c] M. Jarke und K. Pohl. Establishing Visions in Context. In: J. I. deGross, R. P. Bostrom und D. Robey (Hrsg.), *Proceedings of the 14th International Conference on Information Systems*. ICIS, ACM, New York, 1993, 23–34.

[Jun91] H. Jungermann. *Inhalte und Konzepte der Risikokommunikation*. Arbeiten zur Risiko-Kommunikation, Heft 24, Forschungszentrum, Jülich GmbH, 1991.

[JW90] H. Jungermann und P. Wiedemann. *Ursachen von Dissens und Bedingungen des Konsens bei der Beurteilung von Risiken*. Arbeiten zur Risiko-Kommunikation, Heft 12, Forschungszentrum Jülich GmbH, Jülich, 1990.

[KA93] J. E. Kendall und D. Avison. Emancipatory Research Themes in Information Systems Development. In: D. Avison, J. E. Kendall und J. I. DeGross (Hrsg.), *Human, Organizational and Social Dimensions of Information Systems Development (A-24)*. North-Holland, Amsterdam, 1993, 1–12. Proc. of the IFIP WG 8.2 Working Group Information Systems Development, Nordwijkerhout, 17-19 May 1993.

[Kai92] G. E. Kaiser. We Need to Measure the Quality of Our Work. In: N. Habermann und W. Tichy (Hrsg.), *Future Directions in Software Engineering*. Dagstuhl-Seminar-Report 32, Wadern, 1992, 9.

[Kel93] U. Kelter. Integrationsrahmen für Software-Entwicklungs- umgebungen. *Informatik Spektrum* 16(5) (1993), 281–285.

[Kem93] C. F. Kemerer. Bridging the Gap between Research and Practice in Software Engineering Management: Reflections on the

Staffing Factors Paradox. In: H. D. Rombach, V. R. Basili und R. W. Selby (Hrsg.), *Experimental Software Engineering Issues: Critical Assessment and Future Directions.* Springer, Berlin, Heidelberg, New York, 1993, 116–120.

[Ket92] M. Kettner. Bereichsspezifische Relevanz. Zur konkreten Allgemeinheit der Diskursethik. In: K.–O. Apel und M. Kettner (Hrsg.), *Zur Anwendung der Diskursethik in Politik, Recht und Wissenschaft.* Suhrkamp, Frankfurt/Main, 1992, 317–348.

[KH93] H. K. Klein und R. Hirschheim. The Application of Neohumanist Principles in Information Systems Development. In: D. Avison, J. E. Kendall und J. I. DeGross (Hrsg.), *Human, Organizational and Social Dimensions of Information Systems Development (A-24).* North-Holland, Amsterdam, 1993, 263–280. Proc. of the IFIP WG 8.2 Working Group Information Systems Development, Nordwijkerhout, 17-19 May 1993.

[KL73] W. Kamlah und P. Lorenzen. *Logische Propädeutik. Vorschule des vernünftigen Redens.* B. I. Wissenschaftsverlag, Mannheim, Wien, Zürich, 1973.

[Kla94] H. Klaeren. Probleme des Software-Engineering: Die Programmiersprache - Werkzeug des Software-Entwicklers. *Informatik Spektrum* **17**(1) (1994), 21–28.

[Kli89] R. Kling. Computerization as an Ongoing Social and Political Process. In: G. Bjerknes, P. Ehn und M. Kyng (Hrsg.), *Computers and Democracy - A Scandinavian Challenge.* Avebury, Aldershot, 1989, 117–136.

[Knu92] D. E. Knuth. Learning from our Errors. In: C. Floyd, H. Züllighoven et al. (Hrsg.), *Software Development and Reality Construction.* Springer, Berlin, Heidelberg, New York, 1992, 28–30.

[KP94] R. Keller und A. Poferl. Habermas und Müll - Zur gegenwärtigen Konjunktur von Mediationsverfahren (nicht nur) in den Sozialwissenschaften. *Wechselwirkung* (68) (1994), 34–40.

[KPR87] B. Kühnel, H. Partsch und K.–P. Reinshagen. Requirements Engineering - Versuch einer Begriffsklärung. *Informatik Spektrum* **10** (1987), 334–337.

[Krä88] S. Krämer. *Symbolische Maschinen: Die Idee der Formalisierung in geschichtlichem Abriß.* Wissenschaftliche Buchgesellschaft, Darmstadt, 1988.

[Kra89] H. Krauch. Systemanalyse. In: H. Seiffert und G. Radnitzky (Hrsg.), *Handlexikon zur Wissenschaftstheorie.* Ehrenwirth, München, 1989, 338–344.

[KW94] C. R. Karger und P. M. Wiedemann. Fallstricke und Stol-
persteine in Aushandlungsprozessen. In: F. Claus und P. M.
Wiedemann (Hrsg.), *Umweltkonflikte. Vermittlungsverfahren
zu ihrer Lösung.* Blottner, Taunusstein, 1994, 195–214.

[LaB94] E. V. LaBudde. Why is Requirements Engineering underused?
IEEE Software (March 1994) (1994), 6–7.

[Lam88] S. Lamnek. *Qualitative Sozialforschung - Band 1: Methodologie.* Psychologie Verlags Union, München, 1988.

[Lam89] S. Lamnek. *Qualitative Sozialforschung - Band 2: Methoden
und Techniken.* Psychologie Verlags Union, München, 1989.

[Leh80] M. M. Lehman. Programs, Life Cyles and Laws of Evolution.
Proc. IEEE **68** (1980), 1060–1076.

[Lei90] T. Leithäuser. Sprache und Wissen im Interdisziplinären Tech-
nikdialog. In: E. Senghaas–Knobloch und B. Volmerg (Hrsg.),
Technischer Fortschritt und Verantwortungsbewußtsein. Westdeutscher Verlag, Opladen, 1990, 194–218.

[LH88] K. Lyytinen und R. Hirschheim. Information Systems as Rational Discourse: An Application of Habermas's Theory of
Communicative Action. *Scandinavian Journal of Management*
4(1/2) (1988), 19–30.

[Lin93] D. R. Lindstrom. Five Ways to Destroy a Software Project.
IEEE Software (September 1993) (1993), 55–58.

[Lit93] B. Littlewood. Measurement-Based Modelling Issues: The Problem of Assuring Ultra-High Dependability. In: H. D. Rombach, V. R. Basili und R. W. Selby (Hrsg.), *Experimental Software Engineering Issues: Critical Assessment and Future Directions.* Springer, Berlin, Heidelberg, New York, 1993, 173–
176.

[LK85] K. Lyytinen und H. Klein. The Critical Theory of Jürgen Ha-
bermas as a Basis for a Theory of Information Systems. In:
E. Mumford, R. Hirschheim, G. Fitzgerald und T. W. Harper
(Hrsg.), *Research Methods in Information Systems, Proc. of
the IFIP WG 8.2 Colloquium, Manchester, 1-3 Sep. 1984.*
North-Holland, Amsterdam, 1985, 219–236.

[LK94] A. L. Luft und R. Kötter. *Informatik - Eine moderne Wissenstechnik.* B. I. Wissenschaftsverlag, Mannheim, Leipzig, Wien,
Zürich, 1994.

[LL91] J. Lee und K.-Y. Lai. What's in Design Rationale? *Human-
Computer Interaction* **6**(3) (1991), 251–280.

[LMK94] K. Lyytinen, P. Maaranen und J. Knuuttila. Groups are not Always the Same: An Analysis of Group Behaviors in Electronic Meeting Systems. *Computer Supported Cooperative Work* **2** (1994), 261–284.

[Lor87] P. Lorenzen. *Lehrbuch der konstruktiven Wissenschaftstheorie*. B. I. Wissenschaftsverlag, Mannheim, Wien, Zürich, 1987.

[LS92] B. Lutterbeck und R. Stransfeld. Ethik in der Informatik - Vom Appell zum Handeln. In: W. Coy et al. (Hrsg.), *Sichtweisen der Informatik*. Vieweg, Braunschweig, Wiesbaden, 1992, 367–380.

[LSS94] O. I. Lindland, G. Sindre und A. Solvberg. Understanding Quality in Conceptual Modeling. *IEEE Software* (March 1994) (1994), 42–49.

[Lud93] J. Ludewig. Sprachen für das Software-Engineering. *Informatik Spektrum* **16**(5) (1993), 286–294.

[Luf81] A. L. Luft. Software Engineering und konstruktive Wissenschaftstheorie - Ein Beitrag zur Methodologie des Software Engineering. *Angewandte Informatik* **3** (1981), 93–99.

[Luf82] A. L. Luft. Rationaler Sprachgebrauch und orthosprachliche Standardisierung als Grundlagen des Software-Engineering. *Informatik Spektrum* (5) (1982), 209–223.

[Luf88] A. L. Luft. *Informatik als Technikwissenschaft*. B. I. Wissenschaftsverlag, Mannheim, Wien, Zürich, 1988.

[LW91] P. Luksch und R. Wille. A Mathematical Model for Conceptual Knowledge Systems. In: H. H. Bock und P. Ihm (Hrsg.), *Classification, Data Analysis and Knowledge Organization*. Springer, Berlin, Heidelberg, New York, 1991, 156–162.

[LWZ84] R. Lindner, B. Wohak und H. Zeltwanger. *Planen, Entscheiden, Herrschen: Vom Rechnen zur elektronischen Datenverarbeitung*. Rowohlt Verlag, Hamburg, 1984.

[M+91] A. MacLean et al. Questions, Options and Criteria: Elements of Design Space Analysis. *Human-Computer Interaction* **6**(3) (1991), 201–250.

[M+93] N. Madhavji et al. Quantitative Measurements Based on Process and Context Models. In: H. D. Rombach, V. R. Basili und R. W. Selby (Hrsg.), *Experimental Software Engineering Issues: Critical Assessment and Future Directions*. Springer, Berlin, Heidelberg, New York, 1993, 67–72.

[Mah92a] A. Mahler. Software Engineering as a Managed Group Process. In: N. Habermann und W. Tichy (Hrsg.), *Future Directions in Software Engineering*. Dagstuhl-Seminar-Report 32, Wadern, 1992, 31–32.

[Mah92b] B. Mahr. Zur Diskussion um die Verantwortung in der Informationstechnik. In: W. Coy et al. (Hrsg.), *Sichtweisen der
Informatik.* Vieweg, Braunschweig, Wiesbaden, 1992, 355–360.

[Mar89] E. Martens. Das Subjekt der Computer-Ethik. In: M. Gatzemeier (Hrsg.), *Verantwortung in Wissenschaft und Technik.*
B. I. Wissenschaftsverlag, Mannheim, Wien, Zürich, 1989, 239–
255.

[Mar93] E. Martens. Computerethik. In: P. Schefe et al. (Hrsg.), *Informatik und Philosophie.* B. I. Wissenschaftsverlag, Mannheim,
Leipzig, Wien, Zürich, 1993, 141–154.

[Mas69] R. O. Mason. A Dialectical Approach to Strategic Planning.
Management Science 15(8) (1969), B-403 – B-414.

[Mat81] L. Mathiassen. *Systemudvikling og systemudviklingsmetode
(System Development and System Development Method).* 1981.
Dr. Scient. Thesis, University of Oslo, Published as DAIMI
PB-136, Dept. of Computer Science, Aarhus University 1981.

[McD91] J. A. McDermid (Hrsg.). *Software Engineer's Reference Book.*
Butterworth, Heinemann, 1991.

[ME79] I. I. Mitroff und J. R. Emshoff. On Strategic Assumption-
Making: A Dialectical Approach to Policy and Planning. *Academy of Management Review* 4(1979) (1979), 1–12.

[Mil85] R. K. Miles. Computer Systems Analysis: The Constraint of
the Hard Systems Paradigm. *Journal of Applied Systems Analysis* 12 (1985), 55–65.

[Min91] S. L. Minneman. *The Social Construction of a Technical Reality: Empirical Studies of Group Engineering Design Practice.*
Technischer Bericht SSL-91-22, Xerox Palo Alto Research Cen-
ter, Palo Alto, 1991. Zugl. Diss. Stanford University, 1991.

[Mit92] R. Mittermeir. How to See the Forest Behind the Big Tree.
In: N. Habermann und W. Tichy (Hrsg.), *Future Directions in
Software Engineering.* Dagstuhl-Seminar-Report 32, Wadern,
1992, 15.

[Mor83] G. Morgan. The Significance of Assumptions. In: G. Morgan
(Hrsg.), *Beyond Method - Strategies for Social Research.* Sage
Publications, Beverly Hills, London, 1983, 377–382.

[Mum77] L. Mumford. *Mythos der Maschine: Kultur, Technik und
Macht - Die umfassende Darstellung der Entdeckung und Entwicklung der Technik.* Fischer TB Verlag, Frankfurt/Main,
1977. Orig. u.d.T.: The Myth of the Machine.

[Mum87] E. Mumford. Sociotechnical Systems Design: Evolving Theory and Practice. In: G. Bjerknes, P. Ehn und M. Kyng (Hrsg.), *Computers and Democracy - A Scandinavian Challenge*. Avebury, Aldershot, 1987, 59–76.

[Nag92] M. Nagl. The State of the Art of Software Engineering: Analysis, Suggestions and Steps Towards a Solution. In: N. Habermann und W. Tichy (Hrsg.), *Future Directions in Software Engineering*. Dagstuhl-Seminar-Report 32, Wadern, 1992, 15–16.

[Nag93] M. Nagl. Software-Entwicklungsumgebungen: Einordnung und zukünftige Entwicklungslinien. *Informatik Spektrum* **16**(5) (1993), 273–280.

[Nak93] F. Nake. Von der Interaktion. Über den instrumentalen und den medialen Charakter des Computers. In: F. Nake (Hrsg.), *Die erträgliche Leichtigkeit der Zeichen*. Agis-Verlag, Baden-Baden, 1993, 165–190.

[Nau85] P. Naur. Programming as Theory Building. *Microprocessing and Microprogramming* **15** (1985), 253–261.

[Nau92] P. Naur. *Computing - A Human Activity*. ACM-Press, Addison Wesley, Reading, MA, 1992.

[Ngw91] O. Ngwenyama. The Critical Social Theory Approach to Information Systems: Problems and Challenges. In: H.-E. Nissen, H. Klein und R. Hirschheim (Hrsg.), *Information Systems Research: Contemporary Approaches and Emergent Traditions*. North-Holland, Amsterdam, 1991, 267–280.

[Nis94] H. Nissenbaum. Computing and Accountability. *Communications of the ACM* **37**(1) (1994), 72–80.

[Nö85] W. Nöth. *Handbuch der Semiotik*. J. B. Metzler, Stuttgart, 1985.

[NR69] P. Naur und B. Randell (Hrsg.). *Software Engineering*. Scientific Affairs Division, NATO, Brüssel, 1969.

[NS87] K. Nygaard und P. Sørgaard. The Perspective Concept in Informatics. In: G. Bjerknes, P. Ehn und M. Kyng (Hrsg.), *Computers and Democracy - A Scandinavian Challenge*. Avebury, Aldershot, 1987, 371–394.

[Nur88] M. I. Nurminen. *People or Computers: Three Ways of Looking at Information Systems*. Studentlitteratur, Chartwell-Bratt, Lund, 1988.

[Nyg86] K. Nygaard. Programm Development as a Social Activity. In: H.-J. Kugler (Hrsg.), *Information Processing '86. Proceedings* of the IFIP 10th World Computer Congress. North-Holland, Amsterdam, 1986, 189–198.

[Oeh93] K. Oehler. Charles Sanders Peirce. Beck'sche Reihe DENKER. C. H. Beck, München, 1993.

[OW89] G. Ortmann und A. Windeler (Hrsg.). Umkämpftes Terrain - Managementperspektiven und Betriebsratspolitik bei der Einführung von Computer-Systemen. Westdeutscher Verlag, Opladen, 1989.

[Pag91] B. Page. Diskrete Simulation - Eine Einführung mit MODULA-2. Springer, Berlin, Heidelberg, New York, 1991.

[Par91] H. Partsch. Requirements Engineering, Handbuch der Informatik, Band 5.5. R. Oldenbourg, München, Wien, 1991.

[Par94] D. L. Parnas. The Professional Responsibilities of Software Engineers. In: K. Brunnstein und E. Raubold (Hrsg.), IFIP 13th World Computer Congress, Volume 2. IFIP, Elsevier Science, North-Holland, Amsterdam, 1994, 332–339.

[Pas91] J. Pasch. Dialogischer Software-Entwurf. Dissertation. Technische Universität, Berlin, 1991.

[Pas94] J. Pasch. Software-Entwicklung im Team. Mehr Qualität durch das dialogische Prinzip bei der Projektarbeit. Springer, Berlin, Heidelberg, New York, 1994.

[PB95] J. Pasch und H. Biskup. Software-Engineering - Ausbildung für die Praxis? Informatik Spektrum 18(2) (1995), 84–94.

[Pei83] C. S. Peirce. Phänomen und Logik der Zeichen. Herausgegeben von H. Pape. Suhrkamp, Frankfurt/Main, 1983.

[Pei91] C. S. Peirce. Schriften zum Pragmatismus und Pragmatizismus. Herausgegeben von Karl-Otto Apel. Suhrkamp, Frankfurt/Main, 1991.

[Per87] C. Perrow. Normale Katastrophen - die unvermeidbaren Risiken der Großtechnik. Campus, Frankfurt, New York, 1987. Orig. u.d.T.: Normal Accidents - Living with High-Risk Technologies, Basic Books, New York 1984.

[Pfl94] J. Pflüger. Informatik auf der Mauer. Informatik Spektrum 17(4) (1994), 251–257.

[Pol85] M. Polanyi. Implizites Wissen. Suhrkamp, Frankfurt/Main, 1985. Orig. u.d.T.: The Tacit Dimension. Garden City, New York 1966.

[R+85] O. Renn et al. (Hrsg.). Sozialverträgliche Energiepolitik. Ein Gutachten für die Bundesregierung. HTV Edition Technik und sozialer Wandel, München, 1985.

[Rap89] F. Rapp. Technischer Wandel und ethische Postulate. In: M. Gatzemeier (Hrsg.), *Verantwortung in Wissenschaft und Technik.* B. I. Wissenschaftsverlag, Mannheim, Wien, Zürich, 1989, 130–146.

[Rau92] M. Rauterberg. Partizipative Modellbildung zur Optimierung der Software-Entwicklung. In: R. Studer (Hrsg.), *Informationssysteme und Künstliche Intelligenz.* Springer, Berlin, Heidelberg, New York, 1992, 113–128.

[RBS93a] H. D. Rombach, V. R. Basili und R. W. Selby. Experimental Software Engineering Issues: Preface. In: H. D. Rombach, V. R. Basili und R. W. Selby (Hrsg.), *Experimental Software Engineering Issues: Critical Assessment and Future Directions.* Springer, Berlin, Heidelberg, New York, 1993, V–XIII.

[RBS93b] H. D. Rombach, V. R. Basili und R. W. Selby (Hrsg.). *Experimental Software Engineering Issues: Critical Assessment and Future Directions.* Springer, Berlin, Heidelberg, New York, 1993.

[RD92] B. Ramesh und V. Dhar. Supporting Systems Development by Capturing Deliberations During Requirements Engineering. *IEEE Transactions on Software Engineering* **18**(6) (1992), 498–510.

[Rei92] F.-M. Reisin. *Kooperative Gestaltung in partizipativen Software-Projekten.* Peter Lang, Frankfurt/Main, 1992. Zugl. Diss., TU Berlin, 1990.

[Ren91] O. Renn. Risikokommunikation: Bedingungen und Probleme eines rationalen Diskurses über die Akzeptabilität von Risiken. In: J. Schneider (Hrsg.), *Risiko und Sicherheit technischer Systeme. Auf der Suche nach neuen Ansätzen.* Birkhäuser, Basel, Boston, Berlin, 1991, 193–210.

[Ren92] O. Renn. Die Bedeutung der Kommunikation und Mediation bei der Entscheidung über Risiken. *URP - DEP* (1992) (1992), 275–307.

[Ren93] O. Renn. Technik und gesellschaftliche Akzeptanz: Herausforderungen der Technikfolgenabschätzung. *GAIA* **2**(2) (1993), 67–83.

[Ren94] O. Renn. Wie kann man über Technik kommunizieren? In: H.-J. Bullinger (Hrsg.), *Technikfolgenabschätzung.* B.G. Teubner, Stuttgart, 1994, 175–210.

[Rit92] H. W. J. Rittel. *Planen Entwerfen Design. Ausgewählte Schriften zu Theorie und Methodik.* W. Kohlhammer, Stuttgart, Berlin, Köln, 1992.

[Roh91] B. Rohrmann. *Akteure der Risiko-Kommunikation.* Arbeiten zur Risiko-Kommunikation, Heft 23, Forschungszentrum Jülich GmbH, Jülich, 1991.

[Rom85] G.-C. Roman. A Taxonomy of Current Issues in Requirements Engineering. *IEEE Computer* (April 1985) (1985), 14–23.

[Rom92] H. D. Rombach. Experimentation in Software Engineering or How Can We Apply The Scientific Paradigm To Software Engineering? In: N. Habermann und W. Tichy (Hrsg.), *Future Directions in Software Engineering.* Dagstuhl-Seminar-Report 32, Wadern, 1992, 33–34.

[Rom93] H. D. Rombach. Software-Qualität und -Qualitätssicherung. *Informatik Spektrum* 16(5) (1993), 267–272.

[RW84]   H. W. J. Rittel und M. M. Weber. Planning Problems are Wicked Problems. In: N. Cross (Hrsg.), *Developments in Design Methodology.* John Wiley, New York, 1984, 135–144.

[RW92]   O. Renn und T. Webler. Anticipating Conflicts: Public Participation in Managing the Solid Waste Crisis. *GAIA* 1(2) (1992), 84–94.

[RW93]   O. Renn und T. Webler. Konfliktbewältigung durch Kooperation in der Umweltpolitik - Theoretische Grundlagen und Handlungsvorschläge. In: oikos Umweltökonomische Studenteninitiative an der Hochschule St. Gallen (Hrsg.), *Kooperationen für die Umwelt - Im Dialog zum Handeln.* Rüegger, St. Gallen, 1993, 11–52.

[RWHP90a] A. Roßnagel, P. Wedde, V. Hammer und U. Pordesch. *Digitalisierung der Grundrechte? - Zur Verfassungsverträglichkeit der Informations- und Kommunikationstechnik.* Westdeutscher Verlag, Opladen, 1990.

[RWHP90b] A. Roßnagel, P. Wedde, V. Hammer und U. Pordesch. *Die Verletzlichkeit der Informationsgesellschaft.* Westdeutscher Verlag, Opladen, 1990.

[Sau93] C. Sauer. Partial Abandonment as a Strategy for Avoiding Failure. In: D. Avison, J. E. Kendall und J. I. DeGross (Hrsg.), *Human, Organizational and Social Dimensions of Information Systems Development (A-24).* North-Holland, Amsterdam, 1993, 143–170.

[SB82]   W. Swartout und R. Balzer. On the Inevitable Intertwining of Specification and Implementation. *Communications of the ACM* 25(7) (1982), 438–440.

[SB92] K. Schmidt und L. Bannon. Taking CSCW seriously. Supporting Articulation Work. *Computer Supported Cooperative Work* **1**(1-2) (1992), 7–40.

[Sca93] W. Scacchi. Qualitative Techniques and Tools for Measuring, Analyzing and Simulating Software Processes. In: H. D. Rombach, V. R. Basili und R. W. Selby (Hrsg.), *Experimental Software Engineering Issues: Critical Assessment and Future Directions*. Springer, Berlin, Heidelberg, New York, 1993, 27–29.

[Sch73] H. Schnelle. *Sprachphilosophie und Linguistik*. Rowohlt, Reinbek, 1973.

[Sch87] S. J. Schmidt. Der Radikale Konstruktivismus: Ein neues Paradigma im interdisziplinären Diskurs. In: S. J. Schmidt (Hrsg.), *Der Diskurs des radikalen Konstruktivismus*. Suhrkamp, Frankfurt/Main, 1987, 11–88.

[Sch92] H. Schnädelbach. Positivismus. In: H. Seiffert und G. Radnitzky (Hrsg.), *Handlexikon zur Wissenschaftstheorie*. dtv-Verlag, München, 1992, 267–269.

[Sch94] D. Schuler. Community Networks: Building a New Participatory Medium. *Communications of the ACM* **37**(1) (1994), 38–51.

[See86] M. Seel. Die zwei Bedeutungen 'kommunikativer' Rationalität: Bemerkungen zu Habermas' Kritik der pluralen Vernunft. In: A. Honneth und H. Joas (Hrsg.), *Kommunikatives Handeln - Beiträge zu Jürgen Habermas' Theorie des kommunikativen Handelns*. Suhrkamp, Frankfurt/Main, 1986, 53–72.

[Sei87] T. B. Seiler. Begriffe von Begriff: Analysen und Konzeptionen von Begriffen in der psychologischen Forschung. In: B. Ganter, R. Wille und K. E. Wolff (Hrsg.), *Beiträge zur Begriffsanalyse*. B. I. Wissenschaftsverlag, Mannheim, Wien, Zürich, 1987, 95–116.

[Sei94] T. B. Seiler. Sind Begriffe nur zum Reden und beim Reden da? In: R. Wille und M. Zickwolff (Hrsg.), *Begriffliche Wissenssysteme - Grundlagen und Aufgaben*. B. I. Wissenschaftsverlag, Mannheim, Leipzig, Wien, Zürich, 1994, 89–116.

[SH94] S. B. Shum und N. Hammond. Argumentation-based Design Rationale: What Use at What Cost? *International Journal of Human-Computer Studies* **40** (1994), 603–652.

[Sid94] J. Siddiqi. Challenging Universal Truths of Requirements Engineering. *IEEE Software* (March 1994) (1994), 18–19.

[Sie92] D. Siefkes. *Formale Methoden und kleine Systeme: Lernen, leben und arbeiten in formalen Umgebungen.* Vieweg, Braunschweig, Wiesbaden, 1992.

[Sim73] H. A. Simon. The Structure of Ill-Structured Problems. *Artificial Intelligence* 4 (1973), 181–201.

[Sim81a] H. A. Simon. *Entscheidungsverhalten in Organisationen - eine Untersuchung von Entscheidungsprozessen in Management und Verwaltung.* Landsberg, 1981. Orig. u.d.T.: Administrative Behavior, New York 1976.

[Sim81b] H. A. Simon. *The Sciences of the Artificial.* The MIT Press, Cambridge, Massachussetts, 1981.

[SK93] E. Senghaas–Knobloch. Computergestützte Arbeit und eigensinnige Kooperation - Zur Bedeutung der betrieblichen Lebenswelt bei der Systemgestaltung. In: I. Wagner (Hrsg.), *Kooperative Medien.* Campus, Frankfurt, New York, 1993, 88–110.

[SM93] F. M. Shipman und C. C. Marshall. *Formality Considered Harmful: Experiences, Emerging Themes and Directions.* Technischer Bericht CU-CS-648-93, University of Colorado at Boulder, Department of Computer Science, Boulder, Co., 1993.

[SN93] D. Schuler und A. Namioka (Hrsg.). *Participatory Design: Principles and Practices.* Lawrence Erlbaum, Hillsdale, New Jersey, 1993.

[Som87] I. Sommerville. *Software-Engineering.* Addison Wesley (Deutschland), Bonn, 1987.

[SP93] I. Sommerville und M. Paul (Hrsg.). *Software-Engineering - ESEC 93.* Springer, Berlin, Heidelberg, New York, 1993. LNCS 717.

[Spi94] A. Spillner. Kann eine Krise 25 Jahre dauern? *Informatik Spektrum* 17(1) (1994), 48–52.

[SS91] H. Schmidt und G. Schischkoff (Hrsg.). *Philosophisches Wörterbuch.* Kröner, Stuttgart, 1991.

[SS93] R. Suhr und R. Suhr. *Software Engineering -Technik und Methodik.* R. Oldenbourg, München, Wien, 1993.

[SSR86] D. M. Schweiger, W. R. Sandberg und J. W. Ragan. Group Approaches for Improving Strategic Decision Making: A Comparative Analysis of Dialectical Inquiry, Devil's Advocacy and Consensus. *Academy of Management Journal* 29(1) (1986), 51–71.

[ST93] G. Schweizer und B. Thome. Informatiksystemtechnik (CB-SE): Gedanken zu einer Disziplin. *Informatik Spektrum* **16**(4) (1993), 215–221.

[Sta89a] H. Stachowiak. Modell. In: H. Seiffert und G. Radnitzky (Hrsg.), *Handlexikon zur Wissenschaftstheorie*. Ehrenwirth, München, 1989, 219–222.

[Sta89b] S. L. Star. The Structure of Ill-Structured Solutions. In: M. Huhns und L. Gasser (Hrsg.), *Distributed Artificial Intelligence*. Pitman, London, 1989, 37–54.

[Sta91] S. L. Star. Invisible Work and Silenced Dialogues in Knowledge Representation. In: I. V. Eriksson, B. A. Kitchenham und K. G. Tijdens (Hrsg.), *Women, Work and Computerization*. Helsinki, North-Holland, Amsterdam, 1991, 81–94.

[Ste93] W. Steinmüller. *Informationstechnologie und Gesellschaft: Einführung in die Angewandte Informatik*. Wissenschaftliche Buchgesellschaft, Darmstadt, 1993.

[Str92] R. Stransfeld. Ethik und Informatik. In: W. Coy et al. (Hrsg.), *Sichtweisen der Informatik*. Vieweg, Braunschweig, Wiesbaden, 1992, 303–310.

[Suc87] L. Suchman. *Plans and situated actions: the problem of human-machine communication*. Cambridge University Press, Cambridge, 1987.

[Suc94] L. Suchman. Do Categories have Politics? The Language/Action Perspective Reconsidered. *Computer Supported Cooperative Work* **2** (1994), 177–190.

[SvT81] F. Schulz von Thun. *Miteinander Reden 1: Störungen und Klärungen. Allgemeine Psychologie der Kommunikation*. rororo, Reinbek bei Hamburg, 1981.

[Tho92] K. Thoresen. Participative Design - A Typical Scandinavian Naivete? In: U. Andelfinger (Hrsg.), *Informationstechnik - Zur politischen Kultur ihrer Gestaltung*. THD Schriftenreihe Wissenschaft und Technik, Band 59, TH Darmstadt, Darmstadt, 1992, 59–66.

[Tic92] W. F. Tichy. What should we teach Software Engineers? In: N. Habermann und W. Tichy (Hrsg.), *Future Directions in Software Engineering*. Dagstuhl-Seminar-Report 32, Wadern, 1992, 28–29.

[Tic93] W. F. Tichy. On Experimental Computer Science. In: H. D. Rombach, V. R. Basili und R. W. Selby (Hrsg.), *Experimental Software Engineering Issues: Critical Assessment and Future*

Directions. Springer, Berlin, Heidelberg, New York, 1993, 30–32.

[Tou75] S. Toulmin. *Der Gebrauch von Argumenten.* Scriptor, Kronberg/Taunus, 1975. Orig. u.d.T.: The Uses of Argument, Cambridge University Press, Cambridge, 1958.

[Ueb91a] R. Ueberhorst. Sicherheitsphilosophische Verständigungsaufgaben. In: J. Schneider (Hrsg.), *Risiko und Sicherheit technischer Systeme - Auf der Suche nach neuen Ansätzen.* Birkhäuser, Basel, Boston, Berlin, 1991, 23–28.

[Ueb91b] R. Ueberhorst. Technologiepolitische Verständigungsprobleme als Herausforderung für neue parlamentarische Arbeitsformen. In: J. Schneider (Hrsg.), *Risiko und Sicherheit technischer Systeme - Auf der Suche nach neuen Ansätzen.* Birkhäuser, Basel, Boston, Berlin, 1991, 177–181.

[Ulr87] P. Ulrich. *Transformation der ökonomischen Vernunft. Fortschrittsperspektiven der modernen Industriegesellschaft.* Haupt-Verlag, Bern, Stuttgart, 1987.

[Val87] R. Valk. Der Computer als Herausforderung an die menschliche Rationalität. *Informatik Spektrum* 10 (1987), 57–66.

[VDI89] V.-H. *Der Ingenieur in Beruf und Gesellschaft.* VDI (Hrsg.). *Handlungsempfehlung: Sozialverträgliche Gestaltung von Automatisierungsvorhaben.* VDI-Verlag, Düsseldorf, 1989.

[VDI91] VDI. *VDI-Richtlinie 3780 "Technikbewertung - Begriffe und Grundlagen".* Beuth-Verlag, Berlin, 1991.

[vH72] H. von Hentig. *Magier oder Magister? Über die Einheit der Wissenschaft im Verständigungsprozeß.* Ernst Klett, Stuttgart, 1972.

[Vol93] H. Volkmann. Code of Conduct: Berufsauffassung und Berufsethik in der Informatik. In: R. Wilhelm (Hrsg.), *Information - Technik - Recht: Rechtsgüterschutz in der Informationsgesellschaft.* S. Toeche-Mittler, Darmstadt, 1993, 157–182.

[VSK92] B. Volmerg und E. Senghaas–Knobloch. *Technikgestaltung und Verantwortung - Bausteine für eine neue Praxis.* Westdeutscher Verlag, Opladen, 1992.

[Wag73] H. Wagner. Begriff. In: H. Krings, H. M. Baumgartner und C. Wild (Hrsg.), *Handbuch philosophischer Grundbegriffe.* Kösel, München, 1973, 191–209.

[Wag93] I. Wagner. A Web of Fuzzy Problems: Confronting the Ethical Issues. *Communications of the ACM* 36(4) (1993), 94–101.

[WC94] P. M. Wiedemann und F. Claus. Konfliktvermittlung bei umweltrelevanten Vorhaben - Ein Resümee. In: F. Claus und P. M. Wiedemann (Hrsg.), *Umweltkonflikte. Vermittlungsverfahren zu ihrer Lösung.* Blottner, Taunusstein, 1994, 228–235.

[Web80] M. Weber. *Wirtschaft und Gesellschaft: Grundriss der verstehenden Soziologie.* Hg. von J. Winckelmann. J. C. B. Mohr, Tübingen, 1980. Hg. von J. Winckelmann.

[Wed87] H. Wedekind. Gibt es eine Ethik der Informatik? Zur Verantwortung des Informatikers. *Informatik Spektrum* **10** (1987), 324–328.

[Wei78] J. Weizenbaum. *Die Macht der Computer und die Ohnmacht der Vernunft.* Suhrkamp, Frankfurt/Main, 1978. Orig. u.d.T.: Computer Power and Human Reason - From Judgement to Calculation. Freeman, San Francisco 1976.

[Wen93] S. Wendt. Defizite im Software-Engineering. *Informatik Spektrum* **16**(1) (1993), 34–38.

[WF89] T. Winograd und F. Flores. *Erkenntnis Maschinen Verstehen. Zur Neugestaltung von Computersystemen.* Rotbuch Verlag, Berlin, 1989. Orig. u.d.T.: Understanding Computers and Cognition, Ablex Publishing Corporation, 1986.

[WFN94] P. M. Wiedemann, S. Femers und W. Nothdurft. Kommunikatives Konfliktmanagement: Trainingsmöglichkeiten. In: F. Claus und P. M. Wiedemann (Hrsg.), *Umweltkonflikte. Vermittlungsverfahren zu ihrer Lösung.* Blottner, Taunusstein, 1994, 215–227.

[WH89] P. M. Wiedemann und L. Hennen. *Schwierigkeiten bei der Kommunikation über technische Risiken.* Arbeiten zur Risiko-Kommunikation, Heft 9, Forschungszentrum, Jülich, 1989.

[Wie91] P. M. Wiedemann. *Strategien der Risiko-Kommunikation und ihre Probleme.* Arbeiten zur Risiko-Kommunikation, Heft 25, Forschungszentrum Jülich GmbH, Jülich, 1991.

[Wie94] P. M. Wiedemann. Mediation bei umweltrelevanten Vorhaben: Entwicklungen, Aufgaben und Handlungsfelder. In: F. Claus und P. M. Wiedemann (Hrsg.), *Umweltkonflikte. Vermittlungsverfahren zu ihrer Lösung.* Blottner, Taunusstein, 1994, 177–194.

[Wil82] R. Wille. Restructuring lattice theory: an approach based on hierarchies of concepts. In: I. Rival (Hrsg.), *Ordered Sets.* Reidel, Dordrecht, Boston, 1982, 445–470.

[Wil87] R. Wille. Bedeutungen von Begriffsverbänden. In: B. Ganter,
         R. Wille und K. E. Wolff (Hrsg.), *Beiträge zur Begriffsanalyse.*
         B. I. Wissenschaftsverlag, Mannheim, Wien, Zürich, 1987, 161–
         212.

[Wil89] R. Wille. Knowledge acquisition by methods of formal concept
         analysis. In: E. Diday (Hrsg.), *Data analysis, learning symbolic
         and numeric knowledge.* Nova Science Publishers, New York,
         Budapest, 1989, 365–380.

[Wil92a] R. Wille. Begriffliche Datensysteme als Werkzeug der Wis-
         senskommunikation. In: H. H. Zimmermann, H.-D. Luckhardt
         und A. Schulz (Hrsg.), *Mensch und Maschine - Informationel-
         le Schnittstellen der Kommunikation.* Universitätsverlag Kon-
         stanz, Konstanz, 1992, 63–73.

[Wil92b] R. Wille. Concept Lattices and Conceptual Knowledge Sy-
         stems. *Computers & Mathematics with Applications* 23 (1992),
         493–515.

[Wil93] R. Wilhelm (Hrsg.). *Information - Technik - Recht:
         Rechtsgüterschutz in der Informationsgesellschaft. Beiträge
         zur juristischen Informatik, Band 18.* S. Toeche-Mittler,
         Darmstadt, 1993.

[Wil94] R. Wille. Plädoyer für eine philosophische Grundlegung
         der Begrifflichen Wissensverarbeitung. In: R. Wille und
         M. Zickwolff (Hrsg.), *Begriffliche Wissenssysteme - Grundla-
         gen und Aufgaben.* B. I. Wissenschaftsverlag, Mannheim, Leip-
         zig, Wien, Zürich, 1994, 11–26.

[Wil95] R. Wille. *Begriffsdenken: Von der griechischen Philosophie bis
         zur Künstlichen Intelligenz heute.* Preprint 1724, FB Mathe-
         matik, TH Darmstadt, Darmstadt, 1995.

[Win94] T. Winograd. Categories, Disciplines and Social Coordination.
         Computer Supported Cooperative Work 2 (1994), 191–197.

[Wit84] L. Wittgenstein. *Werkausgabe, Band 1: Tractatus logico-
         philosophicus - Philosophische Untersuchungen.* Suhrkamp,
         Frankfurt/Main, 1984.

[Wit94] J. Witt. Praxis des Software-Engineering - heute und morgen.
         Informatik Spektrum 17(1) (1994), 53–58.

[WO92]   F. Weltz und R. G. Ortmann. *Das Softwareprojekt - Projekt-
         management in der Praxis.* Campus, Frankfurt/Main, New
         York, 1992.

[WR93]   J. L. Wynekoop und N. L. Russo. System Development Me-
         thodologies: Unanswered Questions and the Research-Practice

Gap. In: J. I. deGross, R. P. Bostrom und D. Robey (Hrsg.), *Proceedings of the 14th International Conference on Information Systems.* ICIS, ACM, New York, 1993, 181–190.

[WZ94] R. Wille und M. Zickwolff (Hrsg.). *Begriffliche Wissenssysteme - Grundlagen und Aufgaben.* B. I. Wissenschaftsverlag, Mannheim, Leipzig, Wien, Zürich, 1994.

[YZ80] R. Yeh und P. Zave. Specifying Software Requirements. *Proceedings IEEE* **68**(9) (1980), 1077–1085.

[Zei84] B. P. Zeigler. *Theory of Modelling and Simulation.* Robert E. Krieger Publishing Company, Malabar, FL., 1984. Original Edition: John Wiley Sons, 1976.

[Zem93] H. Zemanek. Philosophische Wurzeln der Informatik im Wiener Kreis. In: P. Schefe et al. (Hrsg.), *Informatik und Philosophie.* B. I. Wissenschaftsverlag, Mannheim, Leipzig, Wien, Zürich, 1993, 85–120.

[Zic91] M. Zickwolff. *Rule Exploration: First Order Logic in Formal Concept Analysis.* PhD Thesis, TH Darmstadt, 1991.

[Zic92] M. Zickwolff. *Begriffliche Wissenssysteme in der Künstlichen Intelligenz.* Preprint 1506, FB Mathematik, Technische Hochschule, Darmstadt, 1992.

[Zic94] M. Zickwolff. Zur Rolle der Formalen Begriffsanalyse in der Wissensakquisition. In: R. Wille und M. Zickwolff (Hrsg.), *Begriffliche Wissenssysteme - Grundlagen und Aufgaben.* B. I. Wissenschaftsverlag, Mannheim, Leipzig, Wien, Zürich, 1994, 173–190.

[Zus93] H. Zuse. Support of Experimentation by Measurement Theory. In: H. D. Rombach, V. R. Basili und R. W. Selby (Hrsg.), *Experimental Software Engineering Issues: Critical Assessment and Future Directions.* Springer, Berlin, Heidelberg, New York, 1993, 137–140.

Namenverzeichnis

Ralf Klischewski

Anarchie – ein Leitbild für die Informatik

Von den Grundlagen der Beherrschbarkeit zur selbstbestimmten Systementwicklung

Frankfurt/M., Berlin, Bern, New York, Paris, Wien, 1996. 252 S., 22 Abb.
Europäische Hochschulschriften: Reihe 41, Informatik. Bd. 24
ISBN 3-631-30976-7   br. DM 79.--*

Informatiker in der Praxis sollen wissenschaftliche Methoden und Technologien im letztlich nicht beherrschbaren sozialen Kontext erfolgreich anwenden. Fruchtbare, zielführende Selbstorganisation und unproduktives Chaos sind dabei unverzichtbare bzw. unvermeidbare soziale Bedingungen der Systementwicklung und -nutzung, ohne daß diese bisher in der Theorie der Informatik berücksichtigt wurden. Der Begriff Anarchie – gedacht als ein herrschaftsfreier sozialer Raum mit allen Chancen und Risiken – ermöglicht als Gegenpol zu den an maschineller Beherrschbarkeit orientierten Grundlagen der Informatik eine praxisangemessene Theoriebildung zur Informationstechnikgestaltung: Diskurs versus Algorithmus, akteursorientierte Systembildung und Methodenanwendung jenseits der Beherrschbarkeit werden als innovative Sichtweisen entwickelt und beispielhaft auf die Softwarequalitätssicherung angewandt.

Aus dem Inhalt: Konzepte: Akteure – Leitbilder – Techniknutzungspfad · Grundlagen: Diskurs versus Algorithmus – Konstituierung von Systemperspektiven – Methoden jenseits der Beherrschbarkeit · Lösungen: Softwarequalitätssicherung – Modellbildung – Vernetzung · Handlungsorientierungen: Selbstbestimmte Systemgestaltung · Leitbilddiskurs

Frankfurt/M · Berlin · Bern · New York · Paris · Wien
Auslieferung: Verlag Peter Lang AG
Jupiterstr. 15, CH-3000 Bern 15
Telefon (004131) 9402131
*inklusive Mehrwertsteuer
Preisänderungen vorbehalten